표 준 주 기 율 표

Periodic Table of the Elements

표기법:

원자 번호 기호 원소명(국문) 원소명(영문) 표준 원자량

1	2	3	4	5	6	7	8	9
1 H 수소 hydrogen [1.007; 1.009]								
3 Li 리튬 lithium [6.938; 6.997]	4 Be 베릴륨 beryllium 9.012							
11 Na 소듐 sodium 22.99	12 Mg 마그네슘 magnesium 24.31							
19 K 포타슘 potassium 39.10	20 Ca 칼슘 calcium 40.08	21 Sc 스칸듐 scandium 44.96	22 Ti 타이타늄 titanium 47.87	23 V 바나듐 vanadium 50.94	24 Cr 크로뮴 chromium 52.00	25 Mn 망가니즈 manganese 54.94	26 Fe 철 iron 55.85	27 Co 코발트 cobalt 58.93
37 Rb 루비듐 rubidium 85.47	38 Sr 스트론튬 strontium 87.62	39 Y 이트륨 yttrium 88.91	40 Zr 지르코늄 zirconium 91.22	41 Nb 나이오븀 niobium 92.91	42 Mo 몰리브데넘 molybdenum 95.96(2)	43 Tc 테크네튬 technetium	44 Ru 루테늄 ruthenium 101.1	45 Rh 로듐 rhodium 102.9
55 Cs 세슘 caesium 132.9	56 Ba 바륨 barium 137.3	57-71 란타넘족 lanthanoids	72 Hf 하프늄 hafnium 178.5	73 Ta 탄탈럼 tantalum 180.9	74 W 텅스텐 tungsten 183.8	75 Re 레늄 rhenium 186.2	76 Os 오스뮴 osmium 190.2	77 Ir 이리듐 iridium 192.2
87 Fr 프랑슘 francium	88 Ra 라듐 radium	89-103 악티늄족 actinoids	104 Rf 러더포듐 rutherfordium	105 Db 더브늄 dubnium	106 Sg 시보귬 seaborgium	107 Bh 보륨 bohrium	108 Hs 하슘 hassium	109 Mt 마이트너륨 meitnerium

57 La 란타넘 lanthanum 138.9	58 Ce 세륨 cerium 140.1	59 Pr 프라세오디뮴 praseodymium 140.9	60 Nd 네오디뮴 neodymium 144.2	61 Pm 프로메튬 promethium	62 Sm 사마륨 samarium 150.4	63 Eu 유로퓸 europium 152.0
89 Ac 악티늄 actinium	90 Th 토륨 thorium 232.0	91 Pa 프로트악티늄 protactinium 231.0	92 U 우라늄 uranium 238.0	93 Np 넵투늄 neptunium	94 Pu 플루토늄 plutonium	95 Am 아메리슘 americium

참조) 표준 원자량은 2011년 IUPAC에서 결정한 새로운 형식을 따른 것으로 [ ] 안에 표시된 숫자는 2 종류 이상의 안정한 동위원소가 존재하는 경우에 지각 시료에서 발견되는 자연 존재비의 분포를 고려한 표준 원자량의 범위를 나타낸 것임.

10	11	12	13	14	15	16	17	18
								2 He 헬륨 helium 4.003
			5 B 붕소 boron [10.80; 10.83]	6 C 탄소 carbon [12.00; 12.02]	7 N 질소 nitrogen [14.00; 14.01]	8 O 산소 oxygen [15.99; 16.00]	9 F 플루오린 fluorine 19.00	10 Ne 네온 neon 20.18
			13 Al 알루미늄 aluminium 26.98	14 Si 규소 silicon [28.08; 28.09]	15 P 인 phosphorus 30.97	16 S 황 sulfur [32.05; 32.08]	17 Cl 염소 chlorine [35.44; 35.46]	18 Ar 아르곤 argon 39.95
28 Ni 니켈 nickel 58.69	29 Cu 구리 copper 63.55	30 Zn 아연 zinc 65.38(2)	31 Ga 갈륨 gallium 69.72	32 Ge 저마늄 germanium 72.63	33 As 비소 arsenic 74.92	34 Se 셀레늄 selenium 78.96(3)	35 Br 브로민 bromine 79.90	36 Kr 크립톤 krypton 83.80
46 Pd 팔라듐 palladium 106.4	47 Ag 은 silver 107.9	48 Cd 카드뮴 cadmium 112.4	49 In 인듐 indium 114.8	50 Sn 주석 tin 118.7	51 Sb 안티모니 antimony 121.8	52 Te 텔루륨 tellurium 127.6	53 I 아이오딘 iodine 126.9	54 Xe 제논 xenon 131.3
78 Pt 백금 platinum 195.1	79 Au 금 gold 197.0	80 Hg 수은 mercury 200.6	81 Tl 탈륨 thallium [204.3; 204.4]	82 Pb 납 lead 207.2	83 Bi 비스무트 bismuth 209.0	84 Po 폴로늄 polonium	85 At 아스타틴 astatine	86 Rn 라돈 radon
110 Ds 다름슈타튬 armstadtium	111 Rg 뢴트게늄 roentgenium	112 Cn 코페르니슘 copernicium		114 Fl 플레로븀 flerovium		116 Lv 리버모륨 livermorium		

64 Gd 가돌리늄 gadolinium 157.3	65 Tb 터븀 terbium 158.9	66 Dy 디스프로슘 dysprosium 162.5	67 Ho 홀뮴 holmium 164.9	68 Er 어븀 erbium 167.3	69 Tm 툴륨 thulium 168.9	70 Yb 이터븀 ytterbium 173.1	71 Lu 루테튬 lutetium 175.0

96 Cm 퀴륨 curium	97 Bk 버클륨 berkelium	98 Cf 캘리포늄 californium	99 Es 아인슈타이늄 einsteinium	100 Fm 페르뮴 fermium	101 Md 멘델레븀 mendelevium	102 No 노벨륨 nobelium	103 Lr 로렌슘 lawrencium

General Chemistry

일반화학

● 일반화학교재편집위원회 ●

도서출판 대학서림

머리말

대학에서 일반화학을 배우는 학과는 점차 증가하고, 따라서 수강 학생 수도 늘어가고 있다. 다년간 기초화학교육을 담당하여 온 경험에 비추어 보면, 화학교재는 내용에 있어서 기본원리는 물론이고 응용되어져야 하며, 또한 학생 스스로 이해할 수 있어 쉽게 흥미를 잃지 않도록 쓰여져야 하는 등 강의의 길잡이가 되어야 한다. 이 책은 이러한 점을 감안하여 이공계통에 필수적이며, 화학전반의 기초적인 내용으로 이해하기 쉽도록 여러 방안을 검토한 결과 다음과 같은 주안점을 가지고 편집하였다.

1. 일반화학 전반에 대하여 기초적인 분야 즉, 원소와 주기율표, 화학결합, 산과 염기의 개념 등과, 특히 전형원소, 전이원소 등 특정분야에 대해서는 자세하게 서술하였고,
2. 환경문제 해결의 필요성을 인식하여 환경화학 부분을 수질화학과 대기화학으로 크게 나누어 그 기초적인 내용을 다루었으며,
3. 각 장마다 예제 문제를 실어 내용을 익힌 후 바로 문제를 접함으로써 학습효과를 높여 보려하였으며, 특히 연습문제는 각 단원의 내용을 이해하면 충분히 풀 수 있도록 하였다.
4. 본 교과서에 사용한 단위는 SI 단위를 사용하였고, 기타 필요한 자료들은 부록으로 실었다.

끝으로 개정판 발행을 서둘러 주신 대학서림의 윤진영 회장님과 편집부 여러분께 심심한 사의를 표하며 독자 여러분들의 많은 조언과 격려를 부탁드리는 바이다.

2019. 01

차 례

제 1 장 화학의 기본개념

1.1 물질의 분류

물질을 분류하는 데에는 두 가지 방법이 있다. 즉, 물질은 화학적인 조성에 따라 순물질(단체와 화합물) 또는 혼합물로 분류할 수 있으며, 물리적인 상태에 따라 고체, 액체, 기체로 분류할 수 있다.

(1) 화학적 조성에 의한 분류

모든 물질은 순물질과 혼합물로 나눌 수가 있다. **순물질**(pure substance)이란 홑원소 물질이나 화합물이 단독으로 있을 때를 말하며, 고유의 성질을 갖는다.

예를 들면, 대기압 하에서 물은 100℃에서 끓고 0℃에서 얼게 되며 밀도는 4℃에서 1.00 g/cm^3이다.

혼합물(mixture)은 어떤 비율로 함께 혼합된 두 개 혹은 그 이상의 물질로 구성될 수 있다. 두 개의 물질이 결합하여 화합물을 형성할 때 다른 성질을 지닌 새로운 물질들이 생성된다. 그러나 혼합물에서는 모든 물질들이 그들 각자의 개별적인 성질을 유지한다.

균일혼합물(homogeneous mixture)은 완전히 뒤섞여서 혼합물의 조성이 균일한 것을 말하며 보통 **용액**(solution)이라고 부른다. **불균일 혼합물**(heterogeneous mixture)은 전체적으로 균일하지 않으며 물리적으로 각각의 성분들이 분리되어 있다.

예를 들면, 철가루와 황가루 또는 철과 모래를 함유하고 있는 시료는 불균일 혼합물이다.

두 종류 이상의 원소(원자)가 화합하여 일정한 성분비를 이루며, 분해하면 두 종류 이상의 순물질이 되는 물질을 **화합물**(compounds)이라고 한다.

$$2NaCl \underset{\text{화합}}{\overset{\text{전기분해}}{\rightleftarrows}} 2Na + Cl_2$$

또 수소나 산소 등과 같이 한 종류의 성분만으로 된 물질이 **단체**(simple substance)이고, 단체나 화합물을 구성하는 성분을 **원소**(element)라고 한다.

그 예로는 수소, 산소, 철, 황 등이 있으며, 지금까지 알려져 있는 원소는 이 책의 앞표지에 있다.

표 1.1 물질의 분류

- 물질
  - 순물질 →
    - 단 체: 철, 구리, 산소, 오존, 요오드 …
    - 분해 ↑↓ 혼합
    - 화합물: 물, 암모니아, 염화나트륨, 에탄올 …
  - 분리 ↑↓ 혼합 (정제)
  - 혼합물 →
    - 균일혼합물(용액): 설탕물, 소금물, 기체혼합물 …
    - 불균일혼합물: 연기, 흙, 대리석 …

문제 1.1 **다음을 순물질, 균일혼합물, 불균일혼합물로 구분하여라.**

(a) 구리금속 (b) 소금물 (c) 밀가루반죽 (d) 진흙

(2) 물리적 상태에 의한 분류

물을 냉각하면 얼음이 되고, 가열하면 수증기로 된다. 이와 같이 모든 물질에는 기체(수증기), 액체(물), 고체(얼음)의 세 가지 상태가 존재한다. 이와 같은 다른 형태들을 물질의 상태(state of matter)라고 한다. 물질의 상태의 특성은 표 1.2와 같다.

상(phase, 相)이라는 용어는 물질과 물질 사이에 경계가 있는 물질의 상태를 말한다. 균일혼합물은 한 가지의 상으로 구성되나, 불균일 혼합물은 두 가지 이상의 상으로 구성되어 있다. 예를 들면, 물 위에 기름이 떠 있는 것, 공기 중에 먼지가 떠 있는 것, 물과 얼음이 섞여 있는 것, 흙탕물 등이다.

그림 1.1은 한 가지 이상의 상으로 되어 있는 물질의 예를 설명해 주고 있다.

표 1.2 물질의 상태

물질의 상태	일반적인 성질
기체 (gas)	유동성과 압축성이 있고 비교적 낮은 밀도를 갖는다. 분자, 원자, 이온들은 거의 빈 공간을 불규칙적으로 끊임없이 운동을 한다.
액체 (liquid)	유동성은 있으나 압축성은 없으며 밀도는 고체와 비슷하다. 분자, 원자, 이온들은 조밀하게 배열되어 있고 불규칙적으로 끊임없이 운동을 한다.
고체 (solid)	굳음성을 가지나 압축성은 없으며 밀도가 크다. 분자, 원자, 이온들은 조밀하게 밀집되어 있고 위치가 고정되어 있다.

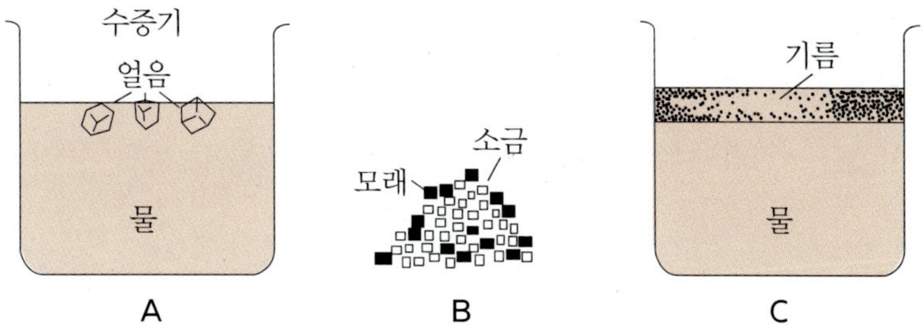

(A) 수증기, 얼음 및 물, (B) 모래와 소금, (C) 기름과 물의 상(phase)으로 되어 있다.

그림 1.1 한 가지 이상의 상(phase)으로 되어 있는 물질

(3) 혼합물의 분리

혼합물을 분리하여 불순물을 제거하고 순수한 물질로 만들기 위하여 행하는 조작을 **정제**(purification)라고 한다. 혼합물을 순수한 물질로 분리하려면 물질의 성질에 따라 침전법, 거름법, 추출법, 증류법, 재결정법 및 크로마토그래피법 등을 사용한다. 또 물 속에 녹아있는 미량의 이온을 제거하는 이온교환수지법도 있다.

1) 고체와 액체 혼합물의 분리정제
   ① 여과(거름) / 원심분리기 사용하여 분리
   ② 증류(distillation)
2) 고체 혼합물의 분리정제
   ① 재결정(recrystallization)
   ② 승화(sublimation)
   ③ 추출(extraction)
3) 액체 혼합물의 분리
   ① 분별깔대기 사용
   ② 분별증류(fractional distillation)
4) 기체 혼합물의 분리정제
   ① 흡수법
   ② 액화법
5) 그 밖의 방법
   ① 투석(dialysis)
   ② 이온교환 수지 사용
   ③ 흡착(absorption)

① 여과(거름)

여과(filtration)는 액체 속에 있는 고체(침전)를 거름종이와 깔때기를 사용하여 분리하는 방법이다. 예로서 물과 염화은의 분리, 흙탕물로부터 흙과 물의 분리 등이 있다.

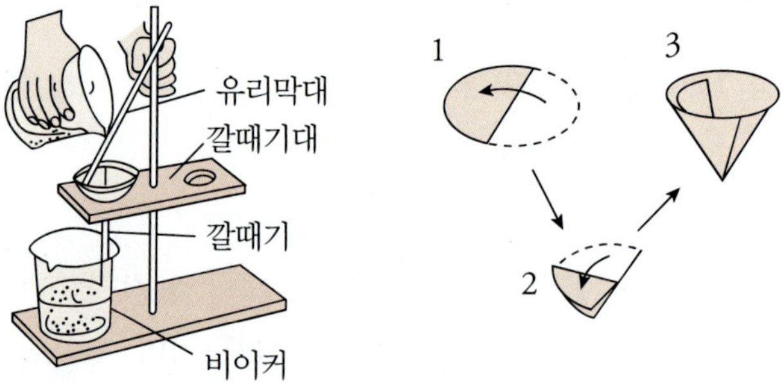

그림 1.2 여과에 의한 분리 및 거름종이 접는 법

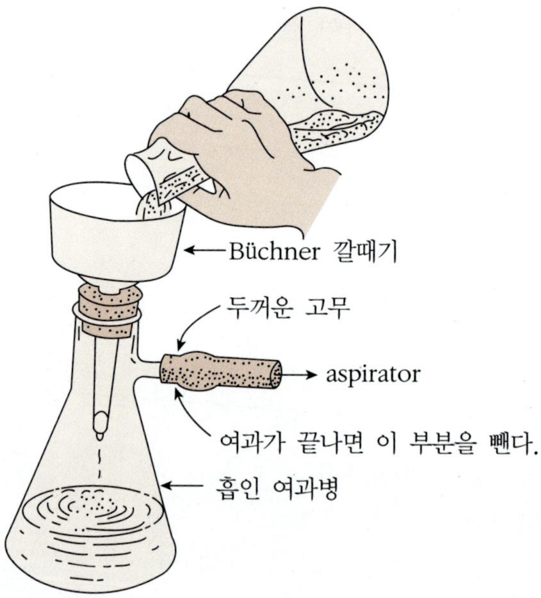

그림 1.3 흡인여과장치

② 증류

휘발성 액체에 열을 가하여 온도를 높이면 액체는 끓게 되어 기체상태나 증기상태로 변화하며, 이것을 냉각시켜 다시 액체로 만드는 조작을 말한다. 이와 같이 물질의 비등점(boiling point) 차이를 이용하여 용액을 각각의 성분으로 분리하는 방법을 증류(distillation)라 한다. 증류장치는 그림 1.4에 나타내었다. 예를 들면 증류플라스크에 염화나트륨 용액을 넣고 가열하면 물이 증발하여 냉각기로 들어가며 염화나트륨 결정만 남게 된다. 냉각기 속에서는 수증기가 냉각 응축되어 순수한 물이 플라스크에 모아진다.

균일하게 혼합된 액체를 가열하여 분리할 때는 증류법으로는 완전분리를 할 수 없으며 이때는 분별증류(fractional distillation)를 사용한다. 끓는점이 다른 액체 혼합물의 용액을 증류하며 끓는점이 낮은 물질부터 차례로 분리된다. 예를 들면 원유로부터 가솔린, 경유, 등유 등으로 분리하며 석유화학공업 등에서 이용된다.

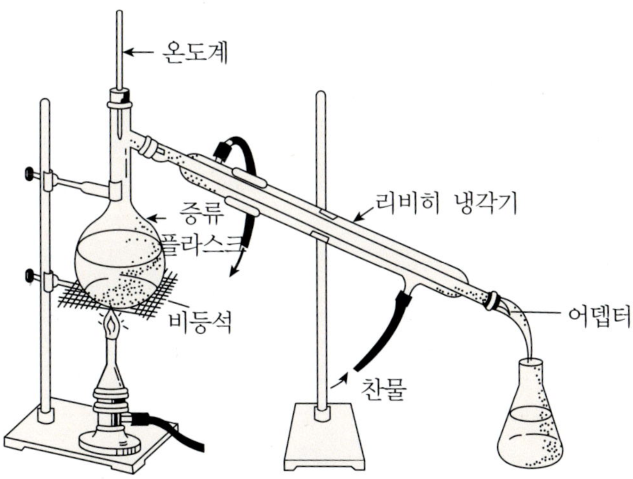

그림 1.4 **간단한 증류 장치**

③ 크로마토그래피

크로마토그래피법은 ppm 또는 그 이하의 농도인 공기오염물질을 분석 또는 승용차 배출장치에 대한 배기검사에 이용되고 있다. 분리하기 매우 어려운 혼합물도 쉽게 분리할 수 있는 크로마토그래피법에는 관크로마토그래피(column chromatography), 종이크로마토그래피(paper chromatography), 얇은 층 크로마토그래피(thin layer chromatography) 등이 있으며 최근에는 간단한 물질로부터 복잡한 물질로 분리하는 **기체 크로마토그래피**(gas chromatography)가 있다.

문제 1.2 그림은 혼합물을 정제하는 실험장치이다. 각 경우에 알맞은 방법을 골라라.

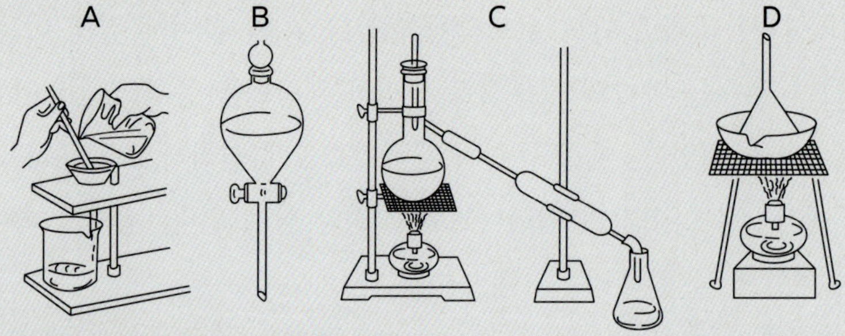

① 소금과 장뇌의 혼합물 ② 요오드화납 침전 수용액
③ 물과 에터의 불균일물 ④ 에탄올과 메탄올의 혼합물

1.2 밀도

물질의 밀도는 그 물질의 질량과 부피를 측정하여 결정할 수 있다. 밀도(density)는 단위당 부피 그 물질의 질량으로서 정의된다. 다시 말해서 밀도는 질량을 부피로 나눈 값이다.

$$\text{밀도}(d) = \frac{\text{질량}(g)}{\text{부피}(cm^3)}$$

밀도는 주로 g/ml 혹은 g/cm^3의 단위로 표시된다.

기체와 같이 밀도가 작은 물질의 밀도는 g/ℓ의 단위를 사용한다. 예를 들어 철의 밀도가 7.9 g/ml이므로 철 1 ml의 질량이 7.9 g임을 말한다(표 1.3).

표 1.3 일반적인 물질의 밀도 (0℃, 1기압)

고 체		액 체		기 체	
물질	밀도 (g/ml)	물질	밀도 (g/ml)	물질	밀도 (g/ℓ)
납	11.4	수은	13.6	공기	1.3
철	7.9	브롬	3.1	산소	1.43
구리	8.9	물	1.00	질소	1.25
염화나트륨	2.1	벤젠	0.88	헬륨	0.18
얼음	0.917	에틸알코올	0.79	수소	0.09

예제 **알코올의 밀도를 측정하기 위하여 얻은 자료로부터 알코올의 밀도를 구하여라.**

빈 플라스크의 질량 : 48.9 g
플라스크 + 에틸알코올의 질량 : 65.2 g
처음 뷰렛의 눈금 : 1.3 cm^3
나중 뷰렛의 눈금 : 31.7 cm^3

풀이 알코올의 질량은,
65.2 g − 48.9 g = 16.3 g
나중 눈금에서 처음 눈금을 뺀 것이 알코올의 부피이므로,
31.7 cm^3 − 1.3 cm^3 = 30.4 cm^3
따라서 알코올의 밀도는,

$$\text{밀도} = \frac{\text{질량}}{\text{부피}} = \frac{16.3\text{g}}{30.4\text{cm}^3} = 0.536\text{g/cm}^3$$

문제 1.3 **구리조각의 질량은 26.3 g이고 부피는 1.36 ㎖이다. 구리조각의 밀도는 얼마인가?**

1.3 온도

열이란 에너지의 형태이다. 온도는 차가움이나 뜨거움을 나타내주는 것이다. 즉, 온도는 차가운 물체와 뜨거운 물체를 접촉시키면 온도가 같아질 때까지 열은 높은 곳에서 낮은 곳으로 계속 흐른다.

미터계에서는 섭씨(Celsius, ℃) 온도눈금이 사용된다. 순수한 물의 어는점과 끓는점은 0℃와 100℃이다. 영국계에서는 화씨(Fahrenheit, °F)로 표시된 온도이다. 이 눈금으로 물의 어는점과 끓는점은 32°F와 212°F로 정의된다. 섭씨와 화씨 온도눈금 사이에 온도를 변화하면 다음과 같다.

$$^\circ\text{C} = \frac{5}{9}(^\circ\text{F} - 32)$$

$$^\circ\text{F} = \frac{9}{5}(^\circ\text{C}) + 32$$

제 3의 온도계에서는 절대(kelvin, K)온도가 있는데 이것은 SI계에 속한다. 절대온도 눈금에서 물의 어는점은 273.15K이며, 끓는점은 373.15K이다.

섭씨 눈금처럼 이것은 100도 차이이다. 이 숫자는 이론적으로 도달 가능한 최저의 온도를 절대온도 0도로 만들기 위해 실험적으로 결정된 것이다. 이 이유 때문에 절대온도 0도는 절대영도(absolute zero)로 알려져 있다.

절대온도와 섭씨온도 눈금 사이의 온도를 변환하기 위해서 다음의 식을 사용한다.

$$K = 0℃ + 273.15$$

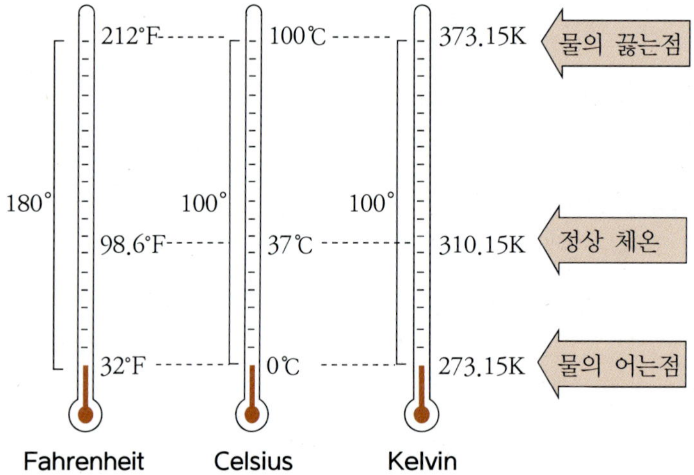

그림 1.5 **화씨온도, 섭씨온도 그리고 절대온도 눈금의 비교**

예제 **TV에서 서울의 온도는 86℉, 부산의 온도는 35℃가 되겠다고 예보하였다.**
(a) 서울의 온도를 섭씨 온도로
(b) 부산의 온도를 화씨 온도로 바꾸어라.

풀이

$$℃ = \frac{5}{9}(°F - 32) = \frac{5}{9}(86 - 32) = 30℃$$

$$°F = \frac{9}{5}℃ + 32 = \frac{9}{5}(35) + 32 = 95℃$$

문제 1.4 **다음의 각 온도를 K 또는 ℃로 바꾸어라.**

(a) 100℃ (b) 0℃ (c) 0 K (d) 298 K

1.4 비중

비중(specific gravity)은 동일 부피의 물의 질량에 대한 어떤 물의 질량의 비율이다. 단순하게 비중은 그 온도에서 물의 밀도와 어떤 물질의 밀도를 비교하며 흔히 물의 밀도에 대한 다른 액체의 밀도를 비교하는데 이용된다. 물의 표준밀도는 4℃일 때 1.0000 g/ml의 값을 가지므로 미터법에서 비중은 단위가 없다.

$$\text{비중} = \frac{\text{물질의 밀도 g/ml}}{\text{4℃ 물의 밀도 g/ml}}$$

예제 **밀도가 13.6 g/ml인 수은의 비중은 얼마인가?**

풀이 $\text{비중} = \dfrac{13.6\,\text{g/ml}}{1.0000\,\text{g/ml}} = 13.6$

문제 1.5 **밀도가 7.9 g/ml인 철의 비중은 얼마인가?**

1.5 비열

비열(specific heat)은 어떤 물질 1 g을 1℃ 상승시키는데 필요한 칼로리를 측정한 것으로써 열의 양을 설명할 때 사용된다.

$$\text{비열} = \text{칼로리(cal)} \div \text{그램(gram)} \div \text{온도변화℃}$$

혹은

$$\text{비열} = \frac{\text{cal}}{\text{g}\Delta T}(\text{cal/g℃})$$

여기서 ΔT는 T_1(초기온도)에서 T_2(나중온도)의 온도변화를 나타낸다($\Delta T = T_2 - T_1$).

표 1.4 여러 물질의 비열 (cal/g℃)

고 체		액 체	
얼음	0.492	물	1.000
알루미늄	0.215	메틸알콜	0.60
유리	0.12 ~ 0.20	에틸알콜	0.581
구리	0.092	석유	0.51
놋쇠	0.090	휘발유	0.50
금	0.031	올리브유	0.471

예제 320 cal의 열을 사용하여 400 g의 수은을 20℃에서 30℃로 올렸다. 수은의 비열은?

풀이 $$\text{비열} = \frac{\text{cal}}{\text{g}\Delta\text{T}} = \frac{320\,\text{cal}}{400\,\text{g}(30℃ - 20℃)} = 0.080\,\text{cal/g℃}$$

1.6 단위환산

세계적으로 널리 쓰고 있는 측정 단위계에는 영국 단위계(British system)와 미터계(meteric system)가 있다. 영국 단위계는 피트(feet), 파운드(pound), 캘론(gallons) 등의 단위를 사용한다. 서로 다른 단위계를 사용함으로서 혼선이 일어나 최근에는 국제측정단위계(International System of Measurements) 혹은 SI(System of International unit : 국제단위계)단위계라고 불리는 국제 표준 미터 단위계가 전세계적으로 사용되고 있다.

SI 단위계는 새로운 측정 단위계가 아니라 과거의 미터 단위계를 간편하게 현대화하여 만든 것이다. 길이의 기본적 단위는 m이고 km는 10^3m이며 mm는 10^{-3}m이다. 부피의 단위는 liter(ℓ)를 사용하며 1 ℓ는 10^3ml이며 ml는 cm^3와 같다. 1 ℓ는 1 dm^3(1세제곱데시미터)의 부피를 말한다. 1리터는 1,000 밀리리터 또는 1,000세제곱센티미터와 같다.

$$1\ell = 1{,}000\,\text{ml} = 1{,}000\,\text{cm}^3 = 1\,\text{dm}^3$$

표 1.5 미터와 SI계에서 사용되는 접두사

인 자	접두사	기 호	예
10^{9}	giga	G	gigameter (Gm) = 1×10^{9}m
10^{6}	mega	M	megameter (Mm) = 1×10^{6}m
10^{3}	kilo	k	killometer (km) = 1×10^{3}m
10^{2}	hecto	h	hectometer (hm) = 1×10^{2}m
10	deka	da	dekameter (dam) = 1×10 m
10^{-1}	deci	d	decimeter (dm) = 1×10^{-1}m
10^{-2}	centi	c	centimeter (cm) = 1×10^{-2}m
10^{-3}	mili	m	millimeter (mm) = 1×10^{-3}m
10^{-6}	micro	μ	micrometer (μm) = 1×10^{-6}m
10^{-9}	nano	n	nanometer (nm) = 1×10^{-9}m

표 1.6 SI계에서 기본단위

단위종류	단위이름	기호
길 이	meter	m
질 량	kilogram	kg
시 간	second	s
온 도	kelvin	K
물질의 양	mole	mol
전 류	ampere	A
발광 광도	candela	cd

현대과학에서는 동·서양이 따로 없고 같은 지구촌에서 기거하거나 각각 사용하는 언어가 다르고 따라서 각각 단위(unit)도 다르다. 그러므로 세계는 상대의 정보를 이해하기 위해서는 단위를 자기의 단위로 환산하여야 그것의 척도를 알 수 있을 것이다. 따라서 단위환산은 꼭 필요한 것이며 환산인자(conversion factor)를 이용하여 모든 형태가 이루어진다.

예를 들면, 달걀 두 줄이 몇 개이냐고 묻는다면 '20개이다'라고 대답하는데, 환산인자는 사용하고 있는 것이다.

$$\text{달걀 1줄} = \text{10개이므로}$$

$$\text{달걀 2}\cancel{\text{줄}} \times \frac{\text{10개}}{\text{달걀 1}\cancel{\text{줄}}} = \text{20개이다.}$$

한 변의 길이가 S인 정육면체를 부피를 V라 하면 V = S^3이 된다. S = 5.00 cm이면 부피는 V = 5.00^3 cm^3가 된다. 여기에서 부피 단위에 대해서는 그대로 cm^3가 된다. 그러나 부피를 같은 용적의 단위인 liter(ℓ)로 표현하고자 할 때에는 다음과 같다.

$$1\ell = 10^3 cm^3$$
$$V = 5.00^3 \cancel{cm^3} \times \frac{1\ell}{10^3 \cancel{cm^3}} = 125 \times 10^{-3}\ell = 0.125\ell$$

1 ℓ/$10^3$$cm^3$의 인자가 cm^3를 ℓ로 바꿀 수 있기 때문에 환산인자이다.

표 1.7 영국단위계와 미터계간의 관계

단위의 종류	영국단위계	미 터 계
길 이	1 mile	1.61 km
	1 ft	60.48 cm
	1 in	2.54 cm
질 량	1 lb	453.6 g
	1 oz	28.35 g
부 피	1 gal	3.785 ℓ
	1 qt	0.94 ℓ

예제 신생아의 키는 18.5 inch이다. 이것을 cm 및 m로 나타내어라.

풀이 1.00 inch = 2.54 cm이므로

(a) $18.5\ \cancel{inch} \times \frac{2.54\ cm}{1\ \cancel{inch}} = 47.0\ cm$

(b) $18.5\ \cancel{inch} \times \left(\frac{2.54\ \cancel{cm}}{1\ \cancel{inch}}\right)\left(\frac{1\ m}{100\ \cancel{cm}}\right) = 0.470\ m$

문제 1.6 50.5 g을 kg과 mg으로 각각 환산하여라.

1.7 측정 오차

(1) 측정값에서의 유효숫자

10 g 단위로 되어있는 저울로 물건을 달아 1.23 kg이라는 측정값을 얻었다고 하면, 이때 측정값에 들어있는 숫자 1, 2, 3은 눈금을 읽어서 얻은 것이다.

이런 숫자를 유효숫자(significant figure)라고 한다.

이 측정값을 g 단위로 고치면 1,230 g이 되는데, 이때 끝자리에 있는 0은 눈금을 읽어서 얻은 것이 아니므로 유효숫자가 아니다. 그러나 바늘이 정확히 1,230 g에 있을 경우 0은 유효숫자이다. 이것을 kg 단위로 고쳐 쓸 때는 1.230 kg과 같이 0을 써야 한다.

계산된 결과 중 유효수의 정확한 수를 얻기 위하여 계산기에 의해 얻어진 답의 비유효수는 반올림한다.

(a) 만일 비유효수가 5 이하일 경우, 이 숫자는 생략한다. 예를 들어, 4개의 유효수를 가진 32.233은 32.23이다.

(b) 만일 비유효수가 5 이상일 경우, 마지막 유효수를 하나 더하고 이 숫자는 생략한다. 예를 들어, 4개의 유효수를 가진 32.236은 32.24가 된다.

(c) 만일 비유효수가 5(또는 0이 뒤따라오는 5)일 경우, 유효수의 마지막 자리가 홀수일 경우 하나를 더하고 5를 생략하며, 유효수 마지막 자리가 짝수일 경우 아무런 변화없이 5를 생략한다. 예를 들어, 32.235의 4자리수의 유효수는 32.24이며, 32.225의 4자리 유효수는 32.22이다.

예를 들면,

5,005 cm	5, 0, 0, 5는 유효숫자
500 cm	5는 유효숫자이나 0, 0은 불확실
0.005 kg	5는 유효숫자이나 앞에 세 개의 0은 측정해서 얻은 것이 아니다.
0.050 g	5와 다음 0은 유효숫자

문제 1.7 다음 각 측정값에서 유효 숫자는 몇 개나 되는가?

(a) 123 cm (b) 200.2 m (c) 200 km (d) 1.230 km

문제 1.8 **다음 각 숫자들을 유효숫자가 3자리가 되게 반올림하여라.**

(a) 76.992 (b) 0.22484 (c) 0.00556993

(2) 측정값의 계산

측정값을 계산할 때 항상 유효숫자에 대해 유의하여야 한다. 측정값의 계산에서 불확실성이 결과에 어떻게 제시하는지 다음 규칙을 따르면 된다.

① 측정값의 계산에서 덧셈과 뺄셈

덧셈과 뺄셈에 있어서 23.45 cm에서 끝자리 숫자 5가 불확실하고 53.4 cm에서는 4가 불확실하다. 그러므로 두 측정값을 합하면 76.85 cm의 값을 얻는다. 이때 8은 불확실하고 5는 별다른 의미가 없다. 그러므로 이 숫자는 사사오입하여 76.9 cm로 표시하여야 한다.

$$\begin{array}{r} 23.45\text{ cm} \\ +\ 53.4\text{ cm} \\ \hline 76.85\text{ cm} \end{array} = 76.9\text{ cm} \qquad \begin{array}{r} 22.22\text{ cm} \\ -\ 0.211\text{ cm} \\ \hline 22.009\text{ cm} \end{array} = 22.01\text{ cm}$$

$$\begin{array}{r} 12.102\text{ cm} \\ -\ 10.6\text{ cm} \\ \hline 1.502\text{ cm} \end{array} = 1.5\text{ cm}$$

② 측정값의 계산에서 곱셈과 나눗셈

곱셈과 나눗셈에 있어서 계산결과는 유효숫자의 자릿수가 적은 측정값과 같은 자릿수를 나타낸다.

$$2.370 \times 5.667 = 13.43079 = 13.43$$

$$2.236 \times 1.2 = 2.6832 = 2.7$$

$$8.3 \times 0.629 \div 12.03 = 0.43397339 = 0.43$$

$$128 \div 0.73 = 175.3 = 1.8 \times 10^2$$

문제 1.9 **다음의 측정값을 계산하여라.**

(a) 25 + 1.278 + 127.1 + 5.45
(b) 19.57 − 1.286
(c) 13.6 × 0.04
(d) 67.0 ÷ 563
(e) 11.12 × 8.46

1.8 지수표기법

우리가 매우 큰 또는 매우 작은 수들을 사용할 때 그 수들은 지수형(또는 과학적 기호)으로 전환시켜 쓰고 있다. 지수형으로 쓰여지는 숫자들은 1과 10사이의 계수(coefficient)라고 부르는 숫자들에 10배를 곱해주는 힘으로 표현된다. 지수는 숫자 10이 증가된 힘이며 숫자 10 다음에 어깨글자로 쓰여진다.

$$3.65 \times 10^{3}$$ ← 지수

만일 지수가 양의 수일 때, 그것은 계수가 숫자 10에 의해 곱해진 회수가 몇 번인가를 표시한다.

예를 들면,

$$10^{3} = 1 \times 10^{3} = 1 \times 10 \times 10 \times 10 = 1000$$
$$3.5 \times 10^{6} = 3.5 \times 10 \times 10 \times 10 \times 10 \times 10 \times 10 = 3{,}500{,}000$$

만일 지수가 음의 수일 때, 그것은 계수가 숫자 10에 의해 몇 번이 나누어 졌는가를 말해준다.

예컨대,

$$10^{-3} = 1 \times 10^{-3} = \frac{1}{10 \times 10 \times 10} = 0.001$$
$$3.5 \times 10^{-6} = \frac{3.5}{10 \times 10 \times 10 \times 10 \times 10 \times 10} = 0.0000035$$

표 1.8 지수표기법

수	지수형	수	지수형
10	1×10^{1}	35	3.5×10^{1}
100	1×10^{2}	345	3.45×10^{2}
1,000	1×10^{3}	4,400	4.4×10^{3}
10,000	1×10^{4}	34,500	3.45×10^{4}
100,000	1×10^{5}	650,000	6.5×10^{5}
1,000,000	1×10^{6}	6,450,000	6.45×10^{6}
0.1	1×10^{-1}	0.2	2×10^{-1}
0.01	1×10^{-2}	0.022	2.2×10^{-2}
0.001	1×10^{-3}	0.002	2×10^{-3}
0.0001	1×10^{-4}	0.00052	5.2×10^{-4}
0.00001	1×10^{-5}	0.000082	8.2×10^{-5}
0.000001	1×10^{-6}	0.0000092	9.2×10^{-6}
	1×10^{-7}	0.0000002	2×10^{-7}

(1) 지수형 수들의 곱셈

지수형으로 표현된 두 가지의 수를 곱할 때는

1. 두 계수를 곱한다.
2. 그리고 두 지수를 더하여 새로운 10의 지수를 만든다.

예를 들면,

(a) $(1 \times 10^4) \times (1 \times 10^6) = 1 \times 10^{(4+6)} = 1 \times 10^{10}$

(b) $(4 \times 10^2) \times (6 \times 10^5) = (4 \times 6) \times 10^{(2+5)} = 24 \times 10^7 = 2.4 \times 10^8$

(c) $(2 \times 10^4) \times (3 \times 10^{-6}) = (2 \times 3) \times 10^{[4+(-6)]} = 6 \times 10^{-2}$

(b)의 예에서 표현된 지수형처럼 계수는 1과 10 사이의 수로 나타내야 하기 때문에 우리는 계수를 다시 줄여쓰고 있다.

(2) 지수형 수들의 나눗셈

지수형으로 표현된 두 가지 수를 나눌 때는

1. 두 계수를 나눈다.
2. 그리고 분자의 지수로부터 분모의 지수를 뺀다.

예를 들면,

(a) $\dfrac{1 \times 10^6}{1 \times 10^4} = \dfrac{1}{1} \times 10^{(6-4)} = 1 \times 10^2$

(b) $\dfrac{8 \times 10^7}{2 \times 10^5} = \dfrac{8}{2} \times 10^{(7-5)} = 4 \times 10^2$

(c) $\dfrac{8 \times 10^4}{3 \times 10^{-2}} = \dfrac{8}{3} \times 10^{[4-(-2)]} = 2.67 \times 10^6$

(d) $\dfrac{4 \times 10^{-3}}{8 \times 10^2} = \dfrac{4}{8} \times 10^{(-3-2)} = 0.5 \times 10^{-5} = 5 \times 10^{-6}$

문제 1.10 **다음을 정산하여 지수형으로 바꾸어라.**

(a) $\dfrac{(3 \times 10^3)(8 \times 10^{10})}{(6 \times 10^4)(1 \times 10^6)}$

(b) $\dfrac{(1.5 \times 10^2)(4 \times 10^6)}{(5 \times 10^{10})(2.5 \times 10^5)}$

(c) $\dfrac{(2 \times 10^{-6})(4.5 \times 10^{-2})}{(1.4 \times 10^{-11})(1 \times 10^5)}$

문제 1.11 다음 수를 지수표기법으로 나타내어라.

(a) 10.0×10^{-5} (b) 0.010×10^{-3} (c) 101×10^{-5}

연습문제

1.1 다음을 혼합물, 화합물, 단체로 구분하여라.

(a) 우유 (b) 소금 (c) 화강암 (d) 공기
(e) 설탕물 (f) 물 (g) 다이아몬드 (h) 철

1.2 설탕 50 ml와 물 50 ml를 잘 섞어 주었다. 부피는?

1.3 다음 변화가 물리적 변화인지 화학적 변화인지 구별하여라.

(a) 알코올의 증발 (b) 나무잎의 연소
(c) 유리의 파손 (d) 우유의 발효

1.4 화학적 방법으로 분해할 수 없는 물질은?

(a) 은, 질소, 철 (b) 물, 금, 수소
(c) 황, 설탕, 에탄올 (d) 수은, 헬륨, 황산나트륨

1.5 지시된 단위로 환산하여라.

(a) 404 g을 kg으로 (b) 11.2 ℓ를 ml로
(c) 1,234 km를 m로 (d) 0.3 m를 cm로
(e) 15 cm를 mm로 (f) 123 mg을 g으로

1.6

(a) 5.00 ml의 검체가 44.5 g인 니켈의 밀도는 얼마인가?
(b) 밀도가 1.70 g/ml인 어떤 액체 42.5 kg의 부피는 얼마인가?
(c) 소변 50.0 ml의 검체가 50.5 g이다. 소변의 밀도와 비중은 얼마이며 소변은 물보다 밀도가 더 높은가 낮은가?

1.7 다음에 주어진 수들의 유효수를 써라.

(a) 456.8 (b) 0.004 (c) 1.504 (d) 62.0

(e) 0.27890 (f) 2.0002 (g) 8.00×10^4 (h) 45.67

1.8 다음의 측정값을 계산하여라.

(a) 17.01 + 13.2 + 327.845 (b) 256 − 139.48

(c) 15.79 × 13.6 (d) 67.84 ÷ 4.6

1.9 다음 수를 지수표기법으로 나타내어라.

(a) 456.78

(b) 0.00045

(c) 890,000

(d) 0.00009

(e) 0.00497(유효숫자 2개)

(f) 0.0003825(유효숫자 3개)

(g) 238,000(유효숫자 3개)

(h) 242,700(유효숫자 2개)

제 2 장 원자의 구조

일반적으로 원자는 많은 종류의 입자로 이루어졌다는 사실을 알고 있다. 그러나 우리는 주로 다음의 세 가지의 입자에 대해서 이야기 하겠다.

양성자, 중성자, 전자 : 양성자와 전자는 전하를 띠는 입자이지만 중성자는 전하를 띠지 않는다. 양성자는 + 전하를 띠는 가장 작은 단위인데 전자의 − 전하를 중화시킬 수 있다. +, −라고 하는 용어는 전하의 서로 반대되는 개념인데 양성자와 전자가 발견되기 50년 전에 이미 Ben Franklin에 의해서 처음으로 사용되었다. 양성자들은 서로 반발하고 양성자와 전자는 친화력이 있다.

원자는 양성자와 중성자를 포함하는 작고 밀도가 큰 핵으로 구성되어 있다. 양성자끼리는 서로 반발하기 때문에 당신은 아마도 무엇이 핵을 서로 잡고 있는지 궁금할 것이다. 비록 아무도 핵력에 대해서 완전히 알지 못하지만 중성자는 양성자를 잡아주는 중요한 역할을 한다. 전자는 핵을 둘러싸는 부분에 위치하는데 원자의 대부분은 빈 공간이다. 원자에서 원자 내 입자들의 상대적인 위치에 대한 생각을 하기 위해서는 당신이 큰 야구경기장에 있다고 생각하면 된다.

만약 당신이 벼룩을 2루 base에 놓았다고 하면 이것은 원자의 핵을 나타내고, 가장 가까운 전자는 스탠드의 상단부에 있는 먼지 얼룩 정도이다.

2.1 돌턴의 원자설

원자는 원소의 가장 기본적인 단위체로서 그 원소의 모든 성질을 갖춘 입자로 정의한다. 1803년 영국의 John Dalton에 의해 제안된 원자설(atomic theory)은 다음과 같다.

① 원소는 매우 작고 더 이상 쪼갤 수 없는 원자(atom)로 구성되어 있다.

② 같은 원소의 원자들은 크기, 모양, 질량 등이 같다.

③ 화학반응에서는 원자들이 생성되거나 파괴되지 않는다.

④ 서로 다른 원소의 원자들은 간단한 정수비로 결합하여 화합물을 만든다. (예 ; CO_2에서 C : O = 1 : 2)

⑤ 서로 다른 원소의 원자들이 서로 다른 비율로 결합하여 다른 화합물을 만들 수 있다. (예 ; CO와 CO_2)

과학의 발달로 현재 수정한 사항은

① 원자는 더 작은 입자(전자, 양성자, 중성자)로 나누어진다.

② 같은 종류의 원자에도 동위원소가 존재한다.

2.2 원자의 구성요소

돌턴은 물질을 이루는 궁극적 입자가 원자라고 믿었으며, 원자는 더 이상 깨지지 않는 입자라고 생각하였다. 이러한 파괴 될 수 없는 원자 모델의 생각은 거의 100여 년 동안 지속되었으나 과학의 발달로 원자를 구성하는 더 작은 입자들이 발견되기에 이르렀다.

과학자들은 비록 아주 미세하긴 하지만 원자가 그 보다 훨씬 더 작은 입자로 쪼개질 수 있지 않을까 하고 생각하게 되었다.

여기서는 화학자에게 특별한 관심거리가 되는 원자의 구성입자 성질을 기술하고 그것들이 어떻게 결합해서 각종 원소의 원자를 형성하는지를 살펴보겠다.

표 2.1 원자를 구성하는 입자들

입 자 명	원자 내 위치	전 하	기 호	상대질량(amu)
양성자	핵	1+	p, ${}^{1}_{1}P$, ${}^{1}_{1}H$	1
전자	핵주위	1−	e, e^{-}, ${}^{\ 0}_{-1}e$	$\frac{1}{1837}$
중성자	핵	0	n, ${}^{1}_{0}n$	1

(1) 전자

1978년 영국의 화학자인 Crookes는, 기체의 압력이 아주 낮은 유리관의 양 끝에 전극을 두어 방전시켰더니 (−)극에서 (+)극으로 흐르는 광선이 있음을 발견하였다. 이 선을 음극선이라 하는데, 전기장이나 자기장에 의하여 그 진로가 구부러지는 사실로 보아 음극선은 (−) 전기를 띤 입자임을 알게 되었다.

음극선이 입자라는 것을 실험적으로 증명하기 위하여 Thomson은 질량과 전하를 별도로 측정할 수 없었으나 전장과 자장의 세기를 교묘히 조절함으로써 전자의 전하(e)와 질량(m)의 비(比)를 측정할 수 있었다.

음극선은 (−)전하를 가진 입자의 흐름이며, 이 입자의 전하대 질량비(e/m)값은 항상 1.76×10^{8}C/g임을 밝혀내고 이 입자를 전자(electron)라고 명명하였다.

미국인 Robert A. Millikan은 1909년에 처음으로 전자의 전하를 측정하였다. Millikan의 기름방울 실험에서 여러 번 반복한 결과 기름방울이 갖는 전하량은 항상 -1.60×10^{-19}

coulomb(쿨롱)의 정수배임을 알게 되었다(기준 전하량을 −1로 나타내기도 한다). 그러므로 이 값이 가능한 최소의 음전하, 즉 전자 한 개의 전하이다. 전자의 질량은 e/m의 값과 e의 값에서 계산할 수 있다.

$$e/m = -1.76 \times 10^{8}\,\mathrm{C/g}$$

$$m = \frac{-1.60 \times 10^{-19}\,\mathrm{C}}{-1.76 \times 10^{8}\,\mathrm{C/g}} = 9.11 \times 10^{-28}\,\mathrm{g}$$

전자의 질량은 수소원자 질량의 $\frac{1}{1837}$이다.

전자 1개의 전하량 1.60×10^{-19}C은 흔히 기준전하량 −1로 나타내기도 한다.

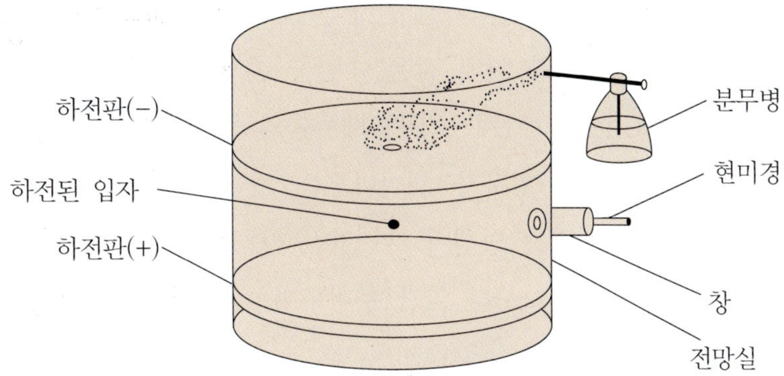

밀리컨은 하전된 기름방울이 중력과 전기력이 균형을 이룰 때 중간에 머무는 것으로부터 전자 1개의 전하량이 -1.60×10^{-19}C이라는 것을 밝혀냈다.

그림 2.1 Millikan기름방울 실험

(2) 양성자

독일의 물리학자 E. Goldstein은 음극선과 같은 기체의 방전관에 기체를 넣고 방전시키면 양극에서 음극으로 흐르는 양이온의 흐름, 즉 양극선(canalray)이 생기는 것을 발견하였다. 이때 기체가 수소일 때 가장 가벼운 양극선의 입자가 생기며 이때의 입자 H^+을 **양성자**(proton)라고 한다. 가장 가벼운 양극선 입자는 H^+으로 Rutherford가 양성자로 명명하였다.

양성자의 전하량은 전자가 띠고 있는 전하량과 같고 부호가 반대인 $+1.60 \times 10^{-19}$ coulomb이다.

(+)이온의 성질은 기체에 따라 다르므로 e/m가 일정하지 않으며, 수소기체를 사용하면 가장 작은 질량을 갖는 (+)전기를 띤 입자가 생성된다. 따라서 양성자는 (+)전하를, 전자는

(-)전하를 띠고 있다고 말할 수 있다.

$$e/m = +9.58 \times 10^4 \mathrm{C/g}$$

$$m = \frac{+1.60 \times 10^{-19} \mathrm{C/g}}{+9.58 \times 10^4 \mathrm{C/g}} = 1.67 \times 10^{-24} \mathrm{g}$$

양성자의 질량은 전자보다 약 1,837배 크다.

원자핵 속에 존재하는 양성자의 수를 그 원자의 원자번호라고 하며, 양성자의 기호는 P 또는 ${}^1_1\mathrm{H}$으로 표시하며, H^+은 양성자를 의미한다.

(3) 중성자

Rutherford는 여러 원자핵의 질량을 조사하여 원자핵 질량의 거의 절반이 양성자의 질량에 해당함을 알게 되었다. 따라서, 그는 어떤 원자핵에는 전하가 없고 양성자의 질량과 거의 같은 질량을 가진 입자가 양성자와 거의 같은 수만큼 존재할 것이라고 암시했다. 실제로, 1932년 영국의 과학자 J. Chadwick(채드윅)는 베릴륨의 원자핵을 α 입자로 사격하였더니 큰 에너지를 가진 전하가 없는 입자가 튀어나오는 것을 발견하고, 이 입자를 **중성자**(neutron)라고 하였다. 이 중성자는 양성자보다 약간 큰 질량을 가지고 있다.

질량은 1.675×10^{-24}g으로 양성자보다 약간 무거우며, 전자의 1,839배 무겁다.

[참고] 중간자(meson) : 일본의 유카와히데키가 핵 내의 양성자와 중성자가 뭉쳐 있을 수 있게 하는 핵력을 나타내는 물질이다.
기호는 m, 질량은 전자의 약 200배이다.

(4) 원자핵

1911년에 Rutherford는 매우 얇은 금, 백금, 은, 구리 등의 박막을 α-선으로 때렸다. 그런데, 대부분의 α-입자들은 그대로 직진하여 통과하였으나 약간의 입자들은 큰 각도로 구부러지고 심지어는 되돌아오는 것들이 나타났다.

원자는 대부분이 빈 공간이며, 중심에 양전하가 빽빽이 모여 있는 작은 덩어리가 존재하는 것을 알아내고 **원자핵**(atomic nucleus)이라고 하였다.

원자핵은 원자부피의 10^{-15}이다.

Rutherford는 이러한 실험 결과를 토대로, 원자의 중심에는 그의 질량의 대부분을 차지하고 양전하를 띤 원자핵이 존재하고, 이 핵 주위의 비교적 먼 거리에 핵의 양전하와 균형을 이룰 수 있는 충분한 수의 전자가 배치되어 있다고 가정했다.

Rutherford는 이 전자들이 핵의 주위를 빠른 속도로 회전하며, 이 운동으로 인한 원심력은 양으로 하전된 핵과 음으로 하전된 전자 사이의 정전기적인력과 균형을 유지하고 있는 것으로 생각했다. 그리고, 이처럼 빨리 움직이는 전자들의 음전하는 핵 주위에 마치 구형의 구름처럼 분포되어 있다고 가정했다.

이와 같은 원자핵 모형이 밝혀지자 1913년 영국의 물리학자 Moseley는 여러 금속박을 α선 대신 X선 충격 실험으로 오늘날의 **원자핵 모형**을 확립하였다.

원자 한 개의 지름은 1×10^{-8}~3×10^{-8}cm 정도이며, 원자핵의 지름은 1×10^{-13}~1×10^{-12}cm 정도로 원자를 잠실야구장 크기로 확대시키면 핵은 그 안의 모래알 크기이다.

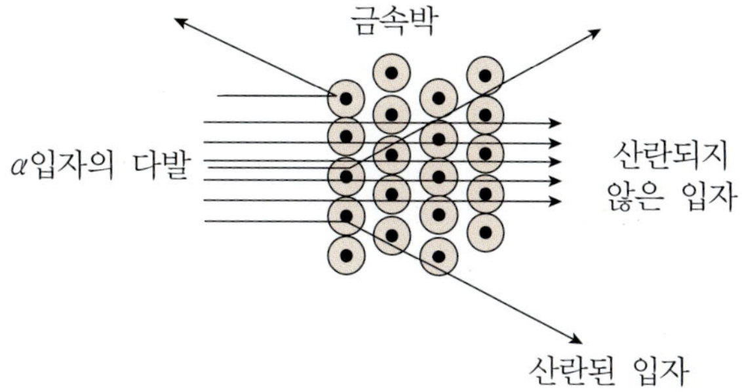

그림 2.2 Rutherford의 α 입자 산란실험

문제 2.1 Rutherford가 α-입자 산란실험으로 알아낸 사실은?

2.3 원자번호

어느 원소가 원자의 특성을 나타내주게 하는 것은 그 원자의 양성자수이다.

어느 원소의 원자번호(atomic number)는 그 원소의 원자핵 내의 양성자의 수를 나타내는 것이다. 중성 원자에서 양성자수는 전자수와 동일하기 때문에 원자번호는 원자에 있는 전자수의 수를 가리켜야 한다. 예를 들면 나트륨은 원자번호가 11이다. 따라서 각 나트륨의 중성원자는 핵 내에 11개의 양성자를 가지고 있고 핵 주위에 11개의 전자를 가지고 있다. 그러나 얼마나 많은 전자(또는 중성자)가 있건 간에 그 원소의 본질은 항상 핵 내에 존재하는 양성자의 수, 즉 원자번호에 의해 결정된다.

원자번호 = 양성자의 수 = 전자의 수

표 2.2 1번~20번 원자의 이름과 기호

원자번호	이 름	원자기호	원자번호	이 름	원자기호
1	수소원자	H	11	나트륨원자	Na
2	헬륨원자	He	12	마그네슘원자	Mg
3	리튬원자	Li	13	알루미늄원자	Al
4	베릴륨원자	Be	14	규소원자	Si
5	붕소원자	B	15	인원자	P
6	탄소원자	C	16	황원자	S
7	질소원자	N	17	염소원자	Cl
8	산소원자	O	18	아르곤원자	Ar
9	플루오르원자	F	19	칼륨원자	K
10	네온원자	Ne	20	칼슘원자	Ca

2.4 질량수

양성자, 중성자, 전자는 매우 작은 입자이다. 양성자와 중성자는 1.7×10^{-24}g의 질량을 가진다. 전자는 더 가벼워서 양성자 무게의 1/1837밖에 되지 않는다.

실제로, 원자에서 전자의 무게는 양성자나 중성자에 비해서 가볍기 때문에 원자의 질량을 계산할 때 무시해도 된다. 우리는 질량수(mess number)를 원자의 양성자 수와 중성자 수의 합으로 정의한다.

질량수 = 양성자수(원자번호) + 중성자수

화학자들은 원자의 질량수와 원자번호를 표시할 때 간단히 표시한다. 예를 들면 탄소의 원자는 6개의 양성자와 중성자를 가진다. 따라서 원자번호는 6이고 질량수는 12이다. 화학자들은 탄소 원자는 12의 질량수를 가지고 있다고 생각하여 탄소 12, ^{12}C 또는 $^{12}_{6}C$로 표기하며, 이때 $^{12}_{6}C$에서 위의 숫자는 질량수, 아래의 숫자는 원자번호를 나타낸다.

예제 15개의 양성자와 16개의 중성자를 가지는 원자의 원자번호, 질량수, 기호는?

풀이 원자번호 = 15, 질량수 = 31, 기호 = P

문제 2.2 $^{39}_{19}K$ 과 $^{23}_{11}Na^{+}$ 의 양성자수, 중성자수, 전자수를 구하라.

2.5 동위원소

같은 종류의 원소로, 원자핵 속의 양성자의 수는 같으나 중성자의 수가 다른 원소, 즉 원자번호는 같으나 질량수가 다른 원소를 **동위원소**(동위체)라 한다. 중성자를 갖고 있지 않은 수소를 **프로티움**(protium, 질량수 1)이라 하는데 자연계에서 99.9%를 차지하며, 두 번째로 중성자가 1개이고 질량수가 2인 **중수소**(deuterium)로 자연계에 약 0.1%를 차지한다. 세 번째는 중성자수가 2, 양성자수가 1 따라서 질량수가 3인 방사능 원소로 **삼중수소**(tritium)라 부르며 자연계에 극소량 존재한다.

자연계에 존재하는 대부분의 원소(1번~92번 $_{92}U$까지 92종)는 2개 이상의 동위원소를 가지고 있으며, 이들의 존재하는 비율은 거의 일정하며, 그 화학적 성질은 같으나 물리적 성질에 있어서는 약간씩 차이가 있다.

[참고] 동중원소(isobar) : 질량수는 같으나 원자번호가 다른 원소를 동중원소라 한다.
$_{6}C^{14}$와 $_{7}N^{14}$은 원자번호는 서로 다르나 질량수는 14로 같다.

표 2.3 동위원소와 원자량

원소	동위원소 기호	원자핵의 구성		질량수	동위원소의 원자량 ($_6C^{12}$=12)	동위원소의 존재비	평균 원자량
		양성자수	중성자수				
수소	$_1H^1$ $_1H^2$	1 1	0 1	1 2	1.00783 2.01410	99.985 0.015	1.00797
탄소	$_6C^{12}$ $_6C^{13}$	6 6	6 7	12 13	12 12.99856	98.892 1.108	12.01115
염소	$_{17}Cl^{35}$ $_{17}Cl^{37}$	17 17	18 20	35 37	34.9888 36.9659	75.4 24.6	35.453

2.6 전자 배치

우리는 원자를 음전하를 가진 전자에 둘러싸인 작고 밀접한 양전하의 핵이라고 정의했다. 그리고 중성인 원자는 핵에 같은 수의 전자와 양성자를 포함 한다는 것을 이미 알고 있다. 따라서 중성 상태에서 전자의 수는 그 원소의 원자 수와 같다. 양성자와 전자는 가장 훌륭한 현미경으로도 볼 수 없을 만큼 작기 때문에 핵주위의 전자 배치를 알기 위해서는 다양한 이론적인 모델에 의존해야 한다.

(1) 보어 모델

원자에 대한 첫 번째 모델은 1900년대 초 Niels Bohr에 의해 개발된 행성모델(planetary model)이다. 이 모델은 Ernest Rutherford의 실험결과 이론을 근거로 해서 만들어졌다. 그 후 이 이론은 조금만 수정이 되었고, 보어의 간단한 모델을 이해하는데 큰 도움을 주었다. 그는 원자를 행성이 태양주위를 도는 것처럼 전자가 작고, 단단한 핵주위를 도는 것이라고 했다. Bohr의 모델에서 전자는 핵주위의 어떤 위치에만 존재하게 된다. 이런 각각의 위치는 어떤 에너지 값과 일치하는데 이것을 **에너지 준위**(energy level) 또는 **에너지 각**(energy shell)이라고 한다. 핵에 제일 근접한 전자는 가장 낮은 에너지 상태를 가지고 있다. 핵에서 멀리 떨어진 전자일수록 더 높은 에너지 상태를 가진다.

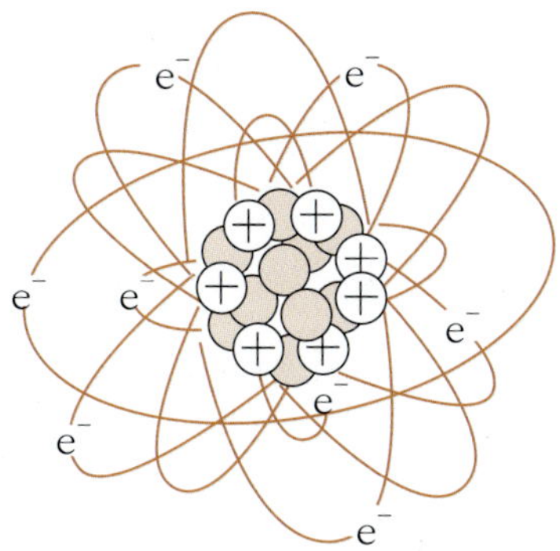

그림 2.3 **보어의 원자 모델은 무겁고 양전하를 가지는 핵과 핵주위의 궤도를 도는 전자로 구성되어 있다.**

우리는 전자가 가지는 에너지를 계단을 올라가면서 가지는 위치 에너지와 비교할 수 있다. 더 높이 올라갈수록 더 많은 위치 에너지를 가지게 된다. 또한 각 계단을 오르려면 일을 해야만 하고 계단 사이에 위치할 수는 없다.

비슷하게 전자도 원자의 특정한 에너지 준위 사이에서는 발견되지 않는다.

한 에너지 준위에서 다른 에너지 준위로 옮겨가려면, 전자는 두 준위 사이의 에너지 차이에 해당되는 양의 에너지를 얻어야만 한다.

원자 내의 에너지 준위는 숫자로 표시될 수 있는데 첫 번째 에너지 준위는 핵에서 제일 가까운 곳이다. 에너지 준위가 증가할수록 핵에서 더 멀리 떨어진 곳에 위치하고 전자는 더 많은 에너지를 가지게 된다. 그러나 자연 상태에서 이런 최대 수는 존재하지 않는다.

표 2.4 **원자의 에너지 준위**

에너지 준위 수(주양자수)	1	2	3	4	5	6	7
이론상 존재할 수 있는 전자의 최대수($2n^2$)	2	8	18	32	50	72	98
자연에 실제 존재하는 전자의 최대수	2	8	18	32	32	18	8

각 중성자들은 원자번호와 같은 수의 전자를 가지고 있다. 주기율표상 처음 20개의 원소를 살펴보면 전자들은 다음의 법칙에 따라서 에너지 준위가 정해진다.

① 중성 상태에서 전자의 수는 원자번호와 같다.

② 에너지 준위 1에서부터 시작해서 전자는 낮은 에너지 준위부터 채워진다. 한 에너지 준위가 채워지면 전자는 다음 준위에 채워지게 된다. 예를 들면, 나트륨은 11의 원자번호를 가지기 때문에 11개의 전자를 가진다. 이들 전자들 중 두 개는 첫 번째 에너지 준위에 채워지게 된다. 두 번째 에너지 준위는 8개의 전자로 채워진다. 그러면 한 개의 전자가 남게 되는데 이것은 세 번째 에너지 준위에 들어간다.

③ 처음 18개의 원소의 경우 이 방식이 지켜진다(표 2.5). 그러나 19, 20번째 원소의 경우 19, 20번째 전자는 세 번째 에너지 준위에 들어가지 않는다. 그 이유는 이 에너지 준위도 8개의 전자 이상을 채울 수가 없기 때문이다. 대신 이 전자들은 네 번째 에너지 준위에 들어간다.

20 이상의 원자번호를 가지는 원자의 전자 배열을 알기 위해서는 또 다른 법칙이 필요하다. 그러나 생체 내에는 대부분의 원소가 21 이하의 원자번호를 가지기 때문에 생명체들을 연구할 때에는 이런 법칙이 필요하지 않다.

표 2.5 원자 번호 21 이하인 원소들의 전자 배치

원 소	원자번소	에너지 준위 전 자 배 치						
		1	2	3	4	5	6	7
Hydrogen, H	1	1						
Helium, He	2	2						
Lithium, Li	3	2	1					
Berylium, Be	4	2	2					
Boron, B	5	2	3					
Carbon, C	6	2	4					
Nitrogen, N	7	2	5					
Oxygen, O	8	2	6					
Fluorine, F	9	2	7					
Neon, Ne	10	2	8					
Sodium, Na	11	2	8	1				
Magnesium, Mg	12	2	8	2				
Aluminum, Al	13	2	8	3				
Silicon, Si	14	2	8	4				
Phosphorus, P	15	2	8	5				
Sulfur, S	16	2	8	6				
Chlorine, Cl	17	2	8	7				
Argon, Ar	18	2	8	8				
Potassium, K	19	2	8	8	1			
Calcium, Ca	20	2	8	8	2			

정상적인 원자에서 모든 전자는 가능한 한 낮은 에너지 준위에서 발견된다. 이러한 원자를 **바닥상태**(ground state)에 있다고 한다. 만약 원자가 외부로부터 에너지를 흡수하면 어떤 전자는 두 에너지 준위 사이의 에너지 차이에 해당되는 양의 에너지를 얻을 수 있다. 정상상태의 원자보다 1~2개의 전자가 더 높은 에너지 상태의 원자를 **들뜬상태**(exited state)라고 한다. 여기된 원자는 불안정해서 에너지를 내면서 다시 낮은 에너지 준위로 돌아오게 된다. 전자가 한 에너지 준위에서 다른 준위로 떨어지면서 내는 빛은 두 준위 사이의 에너지 차이에 해당하는 만큼의 에너지나 파장을 가진다.

만약 원자에 충분한 양의 에너지가 공급되면 전자 중의 한 개는 원자로부터 완전히 떨어져 나가서 양성자보다 한 개 적은 전자를 가지는 원자가 된다. 이런 입자는 더 이상 중성 상태가 아니며 양이온이라고 불리우는 양으로 하전된 입자가 된다. 이온(ion)은 원자가 전자를 잃거나 얻음으로써 형성되는 양, 음으로 하전된 입자이다.

(2) 원자궤도(오비탈)

원자의 간단한 행성 model은 Bohr에 의해 발견되었지만 나중에 발견된 실험 data를 설명하지 못했다. 따라서 1920년대 후반에 Erwin Schrodinger, P.A.M. Dirac, Werner Heisenberg 등이 원자의 새로운 모델인 양자역학적 모델을 제창했다. 이 모델은 상당히 복잡한 수학적인 기본을 가지고 있으며 이 이론의 일부는 Bohr에 의해 발전된 원자의 개념을 변화시켰다.

비록 Bohr 원자는 핵 주위를 도는 전자로 묘사되었지만 과학자들은 전자들의 위치와 속도를 정확하게 밝히지 못했다.

따라서 전자의 위치는 다음과 같이 정확한 경로로 묘사될 수 없었다. 대신 과학자들은 1~2개의 전자를 발견할 수 있는 확률이 큰 부분을 지정했다. 이런 확률부분을 **원자궤도**(atomic orbitals)라고 한다(핵 주위의 어떤 공간에서 전자가 발견될 확률함수나 그 공간적인 모형).

각 에너지 준위는 1개 이상이 원자 궤도로 구성된 에너지 준위를 가지고 있다.

일반적으로 s궤도함수의 전자는 수소 원자의 경우와 같이 항상 구대칭의 공간 영역에 분포되었다고 생각되지만, p궤도함수의 전자는 그림 2.4과 같이 아령 모양의 공간 영역에 분포되었다고 생각되므로, 방향성이 다르고, 에너지 상태는 똑같은 세 가지의 p_x, p_y, p_z 궤도 함수를 가지게 되고, 각 궤도 함수마다 전자가 2개까지 들어갈 수 있다.

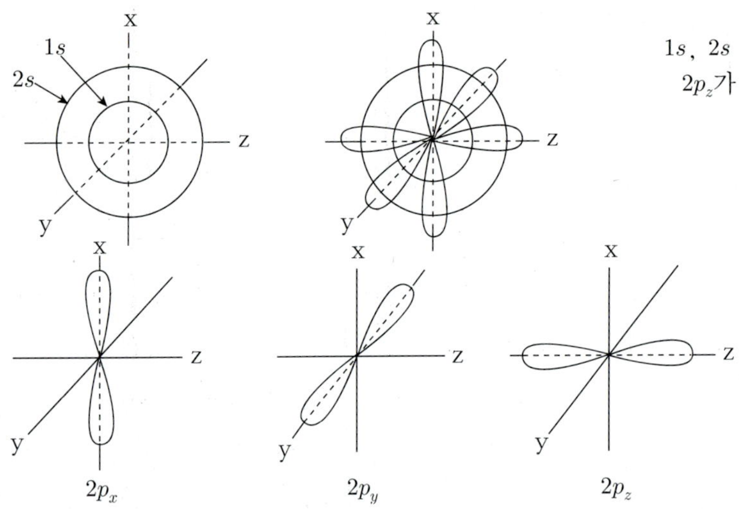

그림 2.4 s 궤도함수와 p 궤도함수의 입체 모형

전자 껍질의 에너지 준위는 K < L < M < N …… 순으로 증가하고, 같은 전자 껍질 속에서 오비탈의 에너지 준위는 $s < p < d < f$ …… 의 차례로 증가한다. 그런데 실제로는 각 껍질에 있는 모든 전자들의 에너지 준위가 서로 비슷할 뿐 모두 같지는 않다. 따라서 어떤 껍질의 가장 높은 에너지 준위가 서로 비슷할 뿐 모두 같지는 않다. 따라서 어떤 껍질의 가장 높은 에너지 준위는 다음 껍질의 가장 낮은 에너지 준위보다 더 높은 경우도 있다. 그림에서 3d의 에너지 준위가 4s보다 높은 경우가 바로 그것이다(전자 껍질 핵주위에 특정한 에너지를 가진 전자는 원형제도를 따라 운동한다).

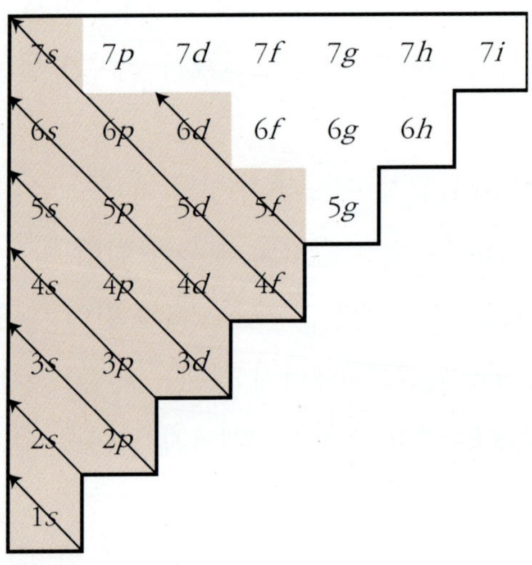

그림 2.5 원자오비탈을 채우는 순서

그러므로 전자들이 오비탈에 채워질 때는 서로 낮은 에너지 준위의 오비탈을 차지하려고 하기 때문에 앞의 전자 껍질이 다 채워지기도 전에 새로운 껍질이 먼저 채워지기도 한다.

전자가 오비탈에 채워지는 순서는 에너지 준위에 따라 정해진다. 즉 $1s < 2s < 2p < 3s < 3p < 4s < 3d < 4p < 5s < 4d < 5p < 6s$ …… 순으로 전자가 채워진다.

주양자수가 작은 $3d$ 오비탈이 $4s$ 오비탈 보다 에너지 준위가 높다.

즉, $4s$ 오비탈이 $3d$ 오비탈보다 먼저 전자가 채워진다.

원자 번호 1인 수소 원자와 원자 번호 2인 헬륨 원자는 모두 $1s$ 오비탈(K-껍질)에 들어간다. 원자 번호 3인 리튬은 $1s$ 오비탈에 2개 $2s$ 오비탈에 1개가 들어간다. 원자 번호 4인 베릴륨은 $1s$ 오비탈에 2개, $2s$ 오비탈에 2개가 들어간다. 원자 번호 5인 붕소(B)의 마지막 전자 1개는 $2p$ 오비탈에 3개의 오비탈 가운데 어느 하나의 오비탈, 즉 예를 들면 $2p_x$에 들어가고, 원자 번호 6인 탄소의 마지막 전자 1개는 $2p_x$에 들어가지 않고, 같은 준위에 있는 $2p_y$에 들어간다. 다음 원자인 7번 질소의 마지막 전자 1개는 역시 $2p_x$나 $2p_y$에는 들어가지 않고 다른 오비탈인 $2p_z$에 들어간다.

표 2.6 각 전자 부껍질의 최대 수용 전자수

전자 부껍질	s	p	d	f
오비탈의 수	1 □	3 □□□	5 □□□□□	7 □□□□□□□
최대 수용 전자수	2	6	10	14
표시 방법	s^2	p^6	d^{10}	f^{14}

표 2.7 각 전자 껍질의 전자 부껍질과 오비탈수

전자껍질	K	L		M		
주양자수(n)	1	2		3		
전자 부껍질	s	s	p	s	p	d
오 비 탈	$1s$	$2s$	$2p$	$3s$	$3p$	$3d$
공간 배위	s	s	p_x, p_y, p_z	s	p_x, p_y, p_z	d_1, d_2, d_3, d_4, d_5
오비탈의 수	1	4		9		
그림 표시 방법	□	□	□□□	□	□□□	□□□□□

•□의 칸 수는 오비탈의 수를 나타낸다.

표 2.8 원자의 전자 배치(바닥 상태에서)

주기	원자 번호	원소 기호	1s	2s	2p	3s	3p	3d	4s	전자배치
1	1	H	[↑]							$1s^1$
	2	He	[↑↓]							$1s^2$
2	3	Li	[↑↓]	[↑]						$1s^22s^1$
	4	Be	[↑↓]	[↑↓]						$1s^22s^2$
	5	B	[↑↓]	[↑↓]	[↑][ ][ ]					$1s^22s^22p^1$
	6	C	[↑↓]	[↑↓]	[↑][↑][ ]					$1s^22s^22p^2$
	7	N	[↑↓]	[↑↓]	[↑][↑][↑]					$1s^22s^22p^3$
	8	O	[↑↓]	[↑↓]	[↑↓][↑][↑]					$1s^22s^22p^4$
	9	F	[↑↓]	[↑↓]	[↑↓][↑↓][↑]					$1s^22s^22p^5$
	10	Ne	[↑↓]	[↑↓]	[↑↓][↑↓][↑↓]					$1s^22s^22p^6$
3	11	Na	[↑↓]	[↑↓]	[↑↓][↑↓][↑↓]	[↑]				$1s^22s^22p^63s^1$
	12	Mg	[↑↓]	[↑↓]	[↑↓][↑↓][↑↓]	[↑↓]				$1s^22s^22p^63s^2$
	13	Al	[↑↓]	[↑↓]	[↑↓][↑↓][↑↓]	[↑↓]	[↑][ ][ ]			$1s^22s^22p^63s^23p^1$
	14	Si	[↑↓]	[↑↓]	[↑↓][↑↓][↑↓]	[↑↓]	[↑][↑][ ]			$1s^22s^22p^63s^23p^2$
	15	P	[↑↓]	[↑↓]	[↑↓][↑↓][↑↓]	[↑↓]	[↑][↑][↑]			$1s^22s^22p^63s^23p^3$
	16	S	[↑↓]	[↑↓]	[↑↓][↑↓][↑↓]	[↑↓]	[↑↓][↑][↑]			$1s^22s^22p^63s^23p^4$
	17	Cl	[↑↓]	[↑↓]	[↑↓][↑↓][↑↓]	[↑↓]	[↑↓][↑↓][↑]			$1s^22s^22p^63s^23p^5$
	18	Ar	[↑↓]	[↑↓]	[↑↓][↑↓][↑↓]	[↑↓]	[↑↓][↑↓][↑↓]			$1s^22s^22p^63s^23p^6$
4	19	K	[↑↓]	[↑↓]	[↑↓][↑↓][↑↓]	[↑↓]	[↑↓][↑↓][↑↓]		[↑]	$1s^22s^22p^63s^23p^64s^1$
	20	Ca	[↑↓]	[↑↓]	[↑↓][↑↓][↑↓]	[↑↓]	[↑↓][↑↓][↑↓]		[↑↓]	$1s^22s^22p^63s^23p^64s^2$
	21	Sc	[↑↓]	[↑↓]	[↑↓][↑↓][↑↓]	[↑↓]	[↑↓][↑↓][↑↓]	[↑] ⋯⋯ (□ 5개)	[↑↓]	$1s^22s^22p^63s^23p^63d^14s^2$
전자껍질			K	L		M			N	

이와 같이 같은 에너지 준위에 있는 오비탈이 여러 개가 있고, 여기에 여러 개의 전자가 들어갈 때는 모든 오비탈에 분산(같은 spin으로)되고자 한다.

이것을 훈트(Hund)의 법칙이라 한다.

원자 번호 19인 칼륨(K)은 $1s^2$, $2s^2$, $2p^6$, $3s^2$, $3p^6$로서 18개의 전자를 채우고 나머지 19번째의 전자는 $3d$에 들어가지 않고, 3d보다 에너지 준위가 낮은 $4s$ 오비탈에 전자 1개가 들어가서 가전자가 1개로 된다.

예제

(a) $_9F$ 의 궤도그림과 전자배치에 대해서 써라.
(b) $_7N$ 의 바닥상태의 전자배치에 대해서 써라.

풀이

(a) $1s^2\ 2s^2\ 2p^5$
(b) $1s^2\ 2s^2\ 2p_x{}'\ 2p_y{}'\ 2p_z{}'$

문제 2.3

$_{11}$Na와 $_{11}Na^+$의 궤도 그림과 전자배치에 대해서 써라.

2.7 원소의 주기율표

라듐에 대해서 이야기 할 때 각 원소의 화학적 성질은 원소의 전자 배치에 의존한다는 것을 알고 있다. 모든 화학원소의 전자 배치를 기억한다는 것은 분명히 힘든 일이다. 그러나 조금만 신경을 써보면 비슷한 점에 따라서 화학 원소를 써내려가는 순서가 있음을 밝혀낼 수 있다. 이 방법은 반복되는 성질 또는 주기성(periodicity)을 이용하는 것인데 이것은 1869년 소련 과학자인 Dmitri Mendeleev에 의해 만들어졌다. 그는 그 당시 알려져 있던 원소들을 원자량과 주기성을 나타내는 화학적 성질에 따라서 표를 만들었다. 이 표를 읽어 내려가 보면 반복되는 화학적 성질을 발견할 수 있을 것이다. 그러나 Mendeleev의 이 주기율표에는 주기적인 성질이 정확히 나타나지 않는 부분 때문에 gap으로 남아있는 부분이 있었다. 그는 이 gap이 그때까지 발견되지 않은 원소이리라 생각하여 여백으로 남겨놓았다. 45년이 경과하는 동안 Mendeleev의 주기율표는 원소들의 원자량이 아닌 원자 번호에 의해 약간씩 재배치되었고, 그 결과 주기율표의 왼쪽 부분에 남아있던 일부 불규칙성이 해소되었다.

그 후 이러한 문제를 해결해준 과학자는 영국의 과학자 Moseley였다.

Moseley는 원자들을 원자량의 순서가 아닌 **원자번호순으로 배열**하여 주기율표를 만들었으며, 이것을 오늘날에도 사용하고 있다. 주기율표에서 가로줄을 **족**(group)이라 하고, 세로줄을 **주기**(period)라고 한다.

1(I A)~2(IIA), 13(IIIA)~18(0)족은 **전형원소**(representative elements)라고 하며, 표(그림 2.6) 중앙에 있는 10원소의 3줄을 **전이원소**(transition elements)라고 한다.

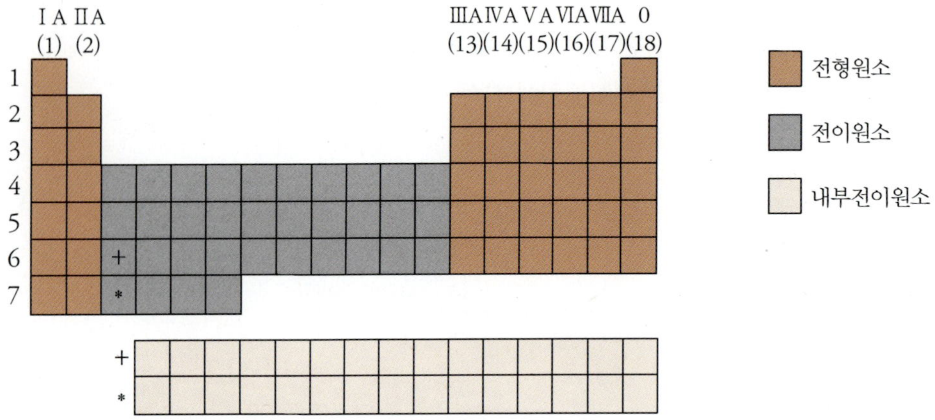

그림 2.6 전형원소, 전이원소, 내부전이원소의 주기표 상에서의 위치

2.8 원자가 전자

한 원자가 다른 원자와 반응하거나 결합할 때에는 가장 바깥 전자껍질에 있는 전자들이 관여 하므로 이 전자들을 **원자가전자**(valence electrom)라고 한다.

① 원자가전자 = 최외각전자(가장 바깥 껍질 전자)
② s전자와 p전자로 구성 : 전자 1개에서 최대 8개 전자
③ 화학 반응에 관여하여 원자의 화학적 성질을 결정
④ 원소기호의 상하좌우에 원자가전자를 점으로 찍어 낸 것으로, 전자점식(Lewis식)이라고도 하는데 화학반응 및 결합을 설명할 때에 편리하다.

문제 2.4 다음 원자들 중 원자가전자가 가장 많은 것은?

(a) $_{9}F$ (b) $_{10}Ne$ (c) $_{11}Na$ (d) $_{12}Mg$

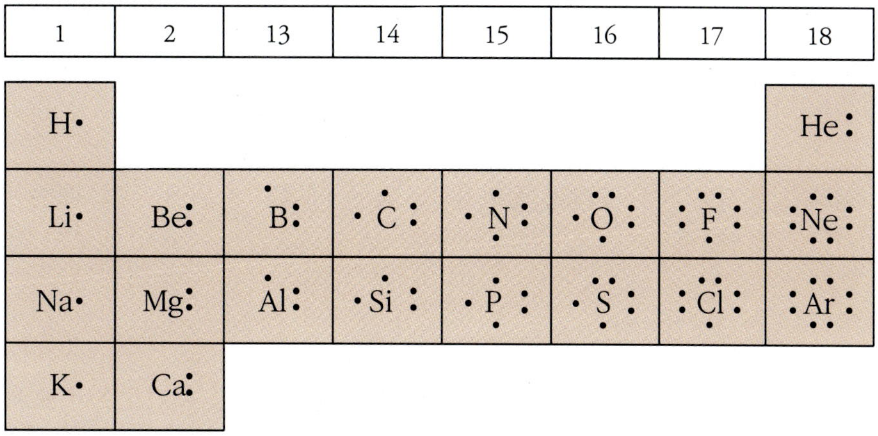

그림 2.7 **원자의 전자점식**

연습문제

2.1 정상 상태의 원자보다 1~2개의 전자가 더 높은 에너지 준위에 있을 때는 무엇이라고 하는가?

2.2 8개, 9개, 10개의 중성자를 가진 산소의 세 가지 동위원소를 핵기호로써 표시하여라.

2.3 원소 $^{238}_{92}U$ 의 양성자수, 중성자수, 전자수를 구하라.

2.4 $^{19}_{9}F^-$ 의 양성자수, 중성자수, 전자수를 구하라.

2.5 다음 분자중 구성하는 원자수가 가장 작은 것은?

(a) 산소 (b) 물 (c) 일산화탄소 (d) 과산화수소

2.6 다음의 전자 배치를 가지고 있는 원소는 무엇인가?

$1s^2 2s^2 2p^6 3s^2 3p^6 4s^2 3p^5$

2.7 다음 원소들의 중성 상태에서 궤도그림과 전자배치를 써라.

(a) $_{17}Cl$

(b) $_{17}Cl^-$

2.8 다음 Cl^-의 원자가전자는?

2.9 산소와 오존은 어떤 관계인가?

제 3 장 화학식과 화학방정식에 의한 계산

화합물은 명명에 의하여 그리고 화학식에 의해 구별·확인된다.

몇몇 간단한 화합물들은 체계적인 방법으로 어떻게 명명되었는지를 알아보고 이를 바탕으로 반응물과 생성물의 양적 관계를 나타내고 있는 완결된 반응식을 써서 화학반응이 방정식으로 어떻게 표시되는지를 알 수 있다.

이 장에서의 목적은 완결된 화학반응식을 쓰는 방법과 해석하는 방법을 배우는 데 있다. 그렇게 하기 위해서는 반응물과 생성물의 조성을 화학식으로 표시해야 한다.

즉 반응물과 생성물의 양적관계를 정립하는 데에는 몰(mole)의 개념을 이용한다.

3.1 화학의 기본법칙

(1) 원자에 관한 법칙

화학반응이 일어날 때 질량관계를 조사하면 질량보존의 법칙, 일정성분비의 법칙, 배수비례의 법칙이 성립함을 알 수 있다. 이들은 원자설로 설명이 가능하며 역사적으로 이 법칙들을 설명하기 위해 원자설(atomic theory)이 제안되었다.

① 질량보존의 법칙

질량보존의 법칙은 많은 자연과학법칙 중에서도 가장 기초적인 것이다. 1772년 프랑스의 화학자 A.L. Lavoisier(1743~1794)는 여러 가지 실험을 하는 동안에 만약 화학반응에 관여하는 모든 물질과 모든 생성물을 고려한다면 질량의 변화는 결코 일어나지 않는다고 생각하게 되었다. 그래서 그는 이 생각을 "질량은 창조되지도 않고 소멸되지도 않는다. 다만 어떤 물질로부터 다른 물질로 이동할 따름이다."라고 하는 **질량보존의 법칙**(law of conservation of mass)으로 정리하였다.

화학반응에 적용해 볼 경우 모든 화학변화에 있어서 반응물질의 질량의 총합은 반응후 생성물질의 질량의 총합과 같다는 것을 의미한다. 물의 합성에서 수소 4.0 g과 산소 32.0 g이 반응하면 물 36.0 g이 생긴다. 수소와 산소의 전체질량은 반응하여 생긴 물의 질량과 같다.

$$2H_2 + O_2 \rightarrow 2H_2O$$

$$\underbrace{4.0\,g + 32.0\,g}_{\text{반응 전 전체질량}} = \underbrace{36.0\,g}_{\text{반응 후 전체질량}}$$

문제 3.1 Mg 2.4 g을 완전연소 시켰더니 MgO 4.0 g이 생겼다. 사용된 산소는 몇 g인가? 또, 이 사실로부터 원자의 어떤 성질을 알 수 있는가?

② 일정성분비의 법칙

1799년 프랑스의 화학자 J. L. Proust(1754~1826)는 천연으로 산출되는 물질에 대해서 외관이 다르고 산출장소가 다르더라도 그 성분비는 항상 일정하다는 것을 강조했다. 이를테면 시베리아산이나 페루산의 염화은도 동일한 조성을 갖고 있었다.

Proust가 정리한 "주어진 하나의 화합물의 성분원소의 질량비는 항상 일정하다."고 하는 법칙은 **일정성분비의 법칙**(law of constant composition) 또는 **정비례의 법칙**이라고 한다.

예를 들면 12.0 g의 탄소와 32.0 g의 산소가 반응하여 44.0 g의 이산화탄소를 만들며, 또 44.0 g의 이산화탄소가 분해하여 탄소 12.0 g과 산소 32.0 g이 생긴다. 따라서 화합물인 이산화탄소는 언제나 탄소와 산소가 3 : 8의 질량비로 화합된 것이라고 할 수 있다.

$$C + O_2 \rightarrow CO_2$$

$$12\,g : 32\,g \Rightarrow 3 : 8$$

문제 3.2 탄소가 연소하여 이산화탄소로 될 때 질량비는 3 : 8이다.
탄소 9 g과 산소 16 g을 반응시키면 이산화탄소 몇 g이 생기는가?
또 이 중에서 반응하지 않고 남아있는 물질과 질량은 몇 g인가?

③ 배수비례의 법칙

"두 종류의 원소 A, B가 화합하여 두 종류 이상의 화합물을 만들 때 각 화합물에서 A의 일정량에 대한 B의 양은 간단한 정수비를 이룬다."

이것은 1803년 영국의 과학자 J. Dalton(1766~1844)이 발견한 **배수비례의 법칙**(law of multiple proportion)으로 원자설에 의해 예측되어 발견한 법칙이다.

예를 들면 탄소와 산소로 이루어진 CO와 CO_2에서 탄소 12 g과 반응하는 산소의 질량비는 $O : O_2$ = 16 g : 32 g = 1 : 2로 간단한 정수비가 성립한다.

문제 3.3 황 32.0 g은 조건에 따라 산소 32.0 g 또는 48.0 g과 반응하여 각각 SO_2와 SO_3를 생성한다.
이사실로부터 배수비례의 법칙을 설명하여라.

(2) 분자에 관한 법칙

① 기체반응의 법칙

1808년 Sorbonne 대학 교수인 J. L. Gay-Lussac(1778~1850)은 실험을 통하여 같은 온도와 같은 압력 밑에서 1부피의 질소와 1부피의 산소가 반응하여 2부피의 일산화질소가 생성된다. 반응 전과 반응 후의 부피를 비교하면 이들 부피 사이에는 간단한 정수비 1 : 1 : 2로 된다.

$$\underset{1\text{부피}}{N_2(g)} + \underset{1\text{부피}}{O_2(g)} \rightarrow \underset{2\text{부피}}{2NO(g)}$$

즉, "일정한 온도와 일정한 압력 밑에서 서로 반응하는 기체 또는 반응에 의해서 생성되는 기체의 부피 사이에는 간단한 정수비가 성립한다." 이것을 **기체반응의 법칙**(law of gas reaction)이라고 한다.

예제 온도와 압력이 일정할 때 수소 10 ml와 산소 10 ml를 반응시킬 때 수증기가 생성된 후 남는 기체는 몇 ml인가?

풀이 $2H_2(g) + O_2(g) \rightarrow 2H_2O(g)$
화학반응식에서는 계수의 비가 부피의 비가 되므로
수소 : 산소 : 수증기 = 2부피 : 1부피 : 2부피이므로
= 2 : 1 : 2 = 10 : 5 : 10
즉, 수증기 10 ml가 생성되고 산소 5 ml가 남는다.

② 아보가드로의 법칙

이탈리아의 물리학자 A. Avogadro(1776~1856)는 돌턴의 원자설을 바탕으로 하여, 게이뤼삭의 기체반응의 법칙을 설명하기 위하여 2개 이상의 원자로서 이루어져 있는 분자가 구성단위로 되어 있다는 분자설(molecule theory)을 주장하였다. 아보가드로는 온도와 압력이 같으면 모든 기체는 같은 부피 속에 같은 수의 분자를 포함한다는 생각 아래 수소와 산소

에서 수증기가 생기는 부피간의 관계를 그림 3.1과 같이 설명하였다. 이것에 의하면 계수의 비가 2 : 1 : 2이므로 부피의 비도 2 : 1 : 2이다.

이것을 화학식으로 나타내면

$$2H_2(g) + O_2(g) \rightarrow 2H_2O(g)$$

아보가드로의 법칙은 실험적 발판으로 출발된 것이 아니라 기체반응의 법칙을 설명하기 위하여 제출된 가설로 출발된 것이며 그후 실험과 검증을 통하여 증명되어, 현재는 기체 물질에 관한 기본법칙으로 쓰인다.

즉, "모든 기체는 그 종류에 관계없이 같은 온도, 같은 압력에서 같은 부피속에 같은 수의 분자가 포함된다." 이것을 **아보가드로의 법칙**(Avogadro's law)이라고 한다.

실험에 의하면 표준상태(0℃, 1 atm)에서의 모든 기체는 22.4 ℓ 부피 속에는 6.02×10^{23}개의 분자가 포함되어 있으며, 이 수를 **아보가드로수**(Avogadro's number)라고 한다.

원자의 경우 원자량에 g을 붙인 질량에는 아보가드로수 만큼 원자들이 들어있다.

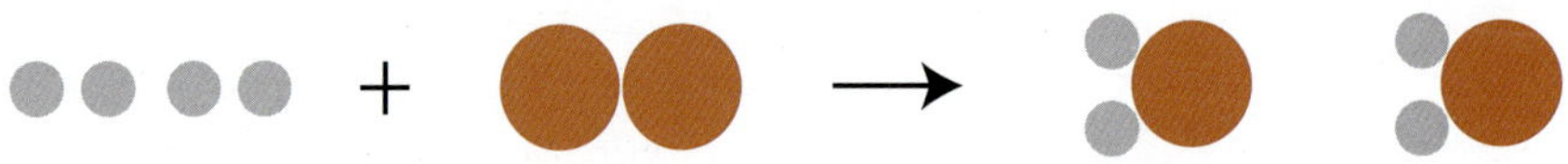

그림 3.1 분자설에 의한 기체반응의 법칙

예제 **표준상태(0℃, 1 atm)에서 염소기체 22.4 cm^3 속에는 몇 개의 염소분자가 들어 있을까?**

풀이 아보가드로의 법칙에 의하면 표준상태에서의 모든 기체는 22.4 ℓ 부피 속에는 6.02×10^{23}개의 분자가 포함되어 있다.
따라서 표준상태에서 22.4 cm^3 속에 포함되어 있는 염소분자의 수는

$$6.02 \times 10^{23}(\text{개}) \times \frac{22.4\,cm^3}{22400\,cm^3} = 6.02 \times 10^{20}(\text{개})$$

3.2 원자량, 분자량, 화학식량

(1) 원자량

원자의 무게는 지극히 작은 것이어서 실질적으로 이용하기가 어려우며 어떤 한 원자의 일정한 질량과 각 원자의 질량을 비교함으로써 상대적으로 원자량을 표시한다.

처음에는 $^{1}_{1}H$의 원자량을 1로 기준하여 원자량을 정하였고 이어서 자연에 존재하는 $^{16}_{8}O$의 질량을 16으로 정하여 원자량을 사용하였으나 산소의 동위원소는 3종류로 구성되어 있어서 원자량이 차이가 나므로 1962년 IUPAC에서 $^{12}_{6}C$원자를 기준으로 정하였다.

질량수가 1인 수소원자 1개의 질량은 1.67×10^{-24}g이고 질량수가 12인 탄소원자 1개의 질량은 1.99×10^{-23}g으로서 수소원자의 약 12배의 질량을 갖는다. 원자 1개의 질량은 대단히 작은 값이므로 질량수가 12인 $^{12}_{6}C$의 원자량을 12.00으로 정하고, 이것을 기준으로 하여 비교한 다른 원자의 상대적 질량을 원자량(atomic weight)이라 한다. 수소의 원자량이 1이라는 것은 수소원자의 질량이 1g이라는 뜻이 아니고 ^{1}H원자 1개의 질량은 ^{12}C원자 1개 질량의 1/12이 되므로, $^{12}C= 12.00$이라고 하면 $^{1}H= 1$이라는 뜻이다.

자연계에 존재하는 $^{12}_{6}C$와 $^{13}_{6}C$의 존재비는 98.9%와 1.1%이다.

$$\text{탄소의 평균 원자량은} = 12\times\frac{98.9}{100}+13\times\frac{1.1}{100} = 12.011\text{이다.}$$

주기율표상의 원자량도 이와 같은 평균 원자량인 것이다.

문제 3.4 자연계에 존재하는 염소의 질량은 35, 37인 동위원소로 되어 있다. 각각 비율은 75.4%, 24.6%인 혼합물이다. 염소의 원자량은 얼마인가?

(2) 분자량

질량수가 12인 $^{12}_{6}C$의 원자량은 12.00로, 이것을 기준으로 하여 비교한 다른 분자의 상대적 질량을 분자량(molecular weight)이라 한다. 즉, 한 분자가 $^{12}_{6}C$의 한 원자에 비하여 얼마나 무거운가를 나타내는 숫자이다. 예를 들면, 물의 분자량이 18이라는 것은 물 분자가 탄소원자보다 18/12만큼 무겁다는 것을 뜻한다.

분자는 원자가 모여서 이루어지기 때문에 분자량은 그 분자 속에 들어있는 모든 원자들의 원자량의 총합이다.

O_2 의 분자량 = 2×(산소의 원자량) = 2× 16.00 = 32.00

$KClO_3$의 분자량 = (칼륨의 원자량) + (염소의 원자량) + 3×(산소의 원자량)
= 39.10 + 35.45 + 3× 16.00 = 122.55

문제 3.5

(a) NH_3 1몰에는 N원자 (　　)몰과 H원자(　　)몰이다.

(b) NH_3는 (　　)원자 분자이다.

문제 3.6

다음 물질의 분자량을 구하여라.

(a) CO_2　(b) N_2　(c) SO_3　(d) H_2SO_4

(3) 화학식량

분자로 존재하지 않는 이온결정 물질의 경우에는 그 화학식으로부터 각 원자의 원자량의 총합을(조성식에 포함된 각 원자의 원자량의 총합) **화학식량**(formula weight) 또는 간단히 **식량**이라 한다.

NaCl의 화학식량 = 23.0 + 35.5 = 58.5

$MgSO_4$의 화학식량 = 24.3 + 32.0 + 4× 16.0 = 120.3

이온식 중에 포함된 각 원자의 원자량의 총합을 **이온식량**이라고 한다.

Na^+ 의 이온식량 = 23.0

CO_3^{2-} 의 이온식량 = 12.0 + 3× 16.0 = 60.0

3.3 화학식

물질을 구성하는 원자나 분자를 원소 기호를 사용하여 표시한 식을 화학식(chemical formula)이라 한다. 화학식에는 실험식, 분자식, 시성식, 구조식이 있다.

(1) 실험식(조성식)

분자 속에 포함된 원자의 종류와 그 수를 가장 간단한 정수의 비로 표시한 식을 **실험식**(empirical formula) 또는 **조성식**이라 한다.

아세트산의 분자식은 $C_2H_4O_2$이지만 원자 간의 구성비는 1 : 2 : 1이므로 실험식은 CH_2O이다.

단, NaCl과 같은 이온 화합물은 구성단위가 분자로 되어 있는 것이 아니고, Na^+과 Cl^-의 집합체이므로 실험식은 NaCl이다.

(이온결정물질 : NaCl, $(NH_4)_2SO_4$, $MgCl_2$, K_2SO_4)

실험식을 구하는 법 :

순물질 속에 포함된 성분원소의 조성을 알고 있으면, 이것을 성분원소의 원자량으로 나누어 실험식을 구할 수 있다.

예제 **질량으로 산소 60.0%, 황 40.0%를 포함하고 있는 화합물의 실험식을 구하여라.**

풀이 시료를 100 g으로 잡으면 화합물 속에 들어있는 백분율과 수 값이 같으므로 편리하다.

$$\text{O의 몰수} = 60.0\,\text{g} \times \frac{1\,\text{mol}}{16.0\,\text{g}} = 3.75\,\text{mol}$$

$$\text{S의 몰수} = 40.0\,\text{g} \times \frac{1\,\text{mol}}{32.0\,\text{g}} = 1.25\,\text{mol}$$

각 원자의 몰수비를 정수의 비로 표시하면

O : S = 3.75 : 1.25 = 3 : 1이다.

따라서 실험식은 SO_3이다.

(2) 분자식

분자 속에 들어있는 원자들을 같은 원자끼리 한데 모아서 나타낸 식을 분자식(molecular formula)이라 한다.

예컨대 아세틸렌과 벤젠은 CH라는 실험식으로 표시되지만 분자식은 C_2H_2와 C_6H_6이다.

분자식을 구하는 법 :

실험식에 n을 곱한 값이 분자식이므로 이것은 분자량만 알면 다음 등식으로 구할 수 있다.

$$(\text{실험식}) \times n = \text{분자식}$$

여기서 실험식의 식량을 알고 분자량을 알면 n의 값을 구할 수 있으므로 분자식을 구할 수 있다.

표 3.1 분자식과 실험식

물 질	인	물	아세트산	벤젠	아세틸렌	이산화일질소	사산화이질소
분자식	P_4	H_2O	$C_2H_4O_2$	C_6H_6	C_2H_2	NO_2	N_2O_4
실험식	P	H_2O	CH_2O	CH	CH	NO_2	NO_2

예제 **어떤 화합물을 분석한 결과 탄소가 92.3%, 수소가 7.7%이며 분자량은 78 amu.이다. 이 화합물의 분자식을 구하여라.**

풀이 탄소와 수소의 원자수의 비는 각 원소의 질량수를 원자량으로 나눈값의 비이다.

$C : H = \frac{92.3}{12} : \frac{7.7}{1} = 7.7 : 7.7 = 1 : 1$이다.

따라서 실험식은 CH이며 분자식은 $(CH)_n = 78$

$\therefore 13 \times n = 78$　　　$\therefore n = 6$이므로 분자식은 C_6H_6이다.

(3) 시성식

분자 속에 들어있는 기(radical)의 결합상태를 나타내어 성질을 나타낸 식을 **시성식**(rational formula)이라 한다.

시성식은 유기화합물에서 많이 이용되며, 분자식만으로는 물질의 성질을 알 수가 없으나 시성식으로는 물질의 성질을 알 수 있다.

예를 들어, 분자식이 C_2H_6O란 물질에는 −OH기와 −O−기를 표시하기 위하여 C_2H_5OH와 CH_3OCH_3의 화합물임을 알 수 있다.

표 3.2 분자식과 시성식

물질	메탄올	아세트산	아세트알데하이드	아세톤	다이메틸에터
분자식	C_3H_4O	$C_2H_4O_2$	C_2H_4O	C_3H_6O	C_2H_6O
시성식	CH_3OH	CH_3COOH	CH_3CHO	CH_3COCH_3	CH_3OCH_3

(4) 구조식

분자식을 구성하고 있는 원자의 결합상태나 배열상태를 원자가와 같은 수의 선으로 나타낸 것을 **구조식**(structural formula)이라 한다.

다시 말하면 분자 속의 원자배치를 나타낸 식이다.

표 3.3 분자식과 구조식

분자식	N_2	C_2H_6	C_2H_6O	$C_2H_4O_2$
구조식	$N \equiv N$	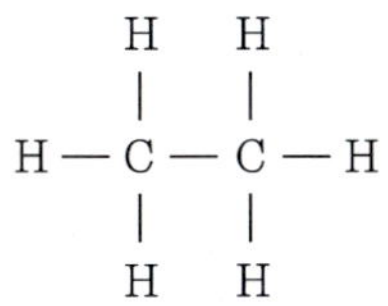	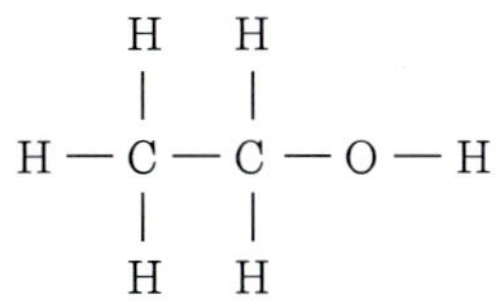	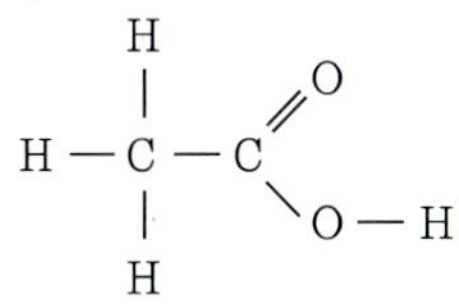

(5) 이온식

이온을 구성하는 원자의 종류와 수를 원소기호를 써서 표시하고, 이온의 전하수도 함께 나타낸 식을 **이온식**(ionic formula)이라고 한다.

Na^+, Cl^-, CO_3^{2-}, NH_4^+ ⋯

이온이름	나트륨이온	염화이온	탄산이온		암모늄이온		인산이온	
이온식	Na^+	Cl^-	CO_3^{2-}		NH_4^+		PO_4^{3-}	
원자의 종류	Na	Cl	C	O	N	H	P	O
원자의 수	1	1	1	3	1	4	1	4
전하량	1+	1−	2−		1+		3−	

3.4 당량

"어떤 원소가 수소 1.008 g(11.2 ℓ) 또는 산소 8 g(5.6 ℓ)과 결합 또는 치환할 수 있는 원소의 양"을 그 원소의 **당량**(equivalent weight)이라 하며 단위가 없다. 여기에 g단위를 붙인 것을 **g당량**이라 한다.

원소의 당량도 그 원소의 원자량을 원자가로 나눈 값과 같아야 할 것이다.

그러므로 당량·원자가·원자량과의 관계는 다음식이 성립한다.

$$\text{원소의 당량} = \frac{\text{원자량}}{\text{원자가}},\ \text{원자량} = \text{당량} \times \text{원자가}$$

1) 원자, 이온의 당량: $Al^{3+} = \frac{27}{3} = 9\text{g}$

2) 분자의 당량: $H_2SO_4 = \frac{98}{2} = 49\text{g}$

$$Ca(OH)_2 = \frac{74}{2} = 37\text{g}$$

3.5 몰의 개념

원자, 분자 및 이온에 의해 화합물이 반응할 때 입자의 질량은 너무 작아 그들의 수를 세는 것은 불가능하다. 그러나 원자, 분자 및 이온의 질량을 알아냄으로써 그 수를 계산할 수 있다. 수를 나타내는 데는 몰(mole)을 사용한다.

화학식에서 1몰은 언제나 Avogadro수의 단위가 들어있다(1몰은 6.02×10^{23}개를 포함하고 있는 물질의 양이다).

고로 연필 1다스라 하면 연필 12자루를 말하듯이, 수소원자 1 mol은 6.02×10^{23}개의 H원자를 포함한다.

∴ 1몰 : 입자 6.023×10^{23}개의 모임을 말한다.

$$\text{원자, 분자, 이온} \Rightarrow \boxed{1\ \text{mol}} \Rightarrow 6.02 \times 10^{23}\text{개}$$

$$\begin{matrix}\text{수소} \\ 1.008\ \text{g}\end{matrix} \longrightarrow \begin{cases} 0.5\ \text{mol} \\ 11.2\ \ell \\ 3 \times 10^{23}\text{개} \end{cases} \qquad \begin{matrix}\text{산소} \\ 8\ \text{g}\end{matrix} \longrightarrow \begin{cases} 1/4\ \text{mol} \\ 5.6\ \ell \\ 1.5 \times 10^{23}\text{개} \end{cases}$$

(1) 1 g 원자

원자량에 g을 붙인 값을 1 g 원자(원자 1몰)라고 한다. 따라서 탄소의 원자량은 12.00이므로 12.00 g의 탄소에는 탄소원자 6.02×10^{23}개가 포함되며 1g 원자량에 해당된다. 즉, 탄소

24.00 g은 1.204 × 10^{24}개의 탄소원자가 포함되며, 2 g 원자량이다(1 g 원자량은 Avogadro 수 만큼의 원자의 질량의 총합이다.). 탄소 1g 원자량은 12.00 g이므로 탄소원자 1개의 질량은 다음과 같다.

$$\therefore \text{원자1개의질량} = \frac{\text{원자량}}{6.02 \times 10^{23}}$$

$$\text{탄소원자 1개의 질량} = \frac{12.00\,g}{6.02 \times 10^{23}} = 1.99 \times 10^{-23}\,g$$

표 3.4 원자량과 g 원자량

원　자	원 자 량	1 g 원자량	원 자 수	원자 1개의 질량
H	1.01	1.01 g	6.02×10^{23}	1.68×10^{-24}g
O	16.00	16.00 g	6.02×10^{23}	2.66×10^{-23}g

(2) 1 g 분자

분자량에 g을 붙인 값을 1 g 분자(분자 1몰)라고 한다. 분자도 원자와 같이 6.02 × 10^{23}개의 분자의 모임을 하나의 단위로 한다. 예를 들면 이산화탄소 1 g 분자량은 44 g이며 6.02 × 10^{23}개의 분자가 들어있다. 따라서, 이산화탄소 1개의 질량은 다음과 같다.

$$\therefore \text{분자1개의질량} = \frac{\text{분자량}}{6.02 \times 10^{23}}$$

$$\text{이산화탄소 1개의 질량} = \frac{44\,g}{6.02 \times 10^{23}} = 7.31 \times 10^{-23}\,g$$

표 3.5 분자량과 g분자량

분 자	분 자 량	1g 분자량	부피(1몰)	원자수	분 자 수	분자 1개의 질량
O_2	32.00	32.00 g	22.4 ℓ	$2 \times 6.02 \times 10^{23}$	6.02×10^{23}	5.32×10^{-23}g
CO_2	44.00	44.00 g	22.4 ℓ	$3 \times 6.02 \times 10^{23}$	6.02×10^{23}	7.31×10^{-23}g

(3) 1 g 화학식량과 g 이온식량

이온결합 물질의 화학식량에 g단위를 붙인 값을 1 g 화학식량이라 하며 이온량에 g단위로 표시한 값을 g이온식량이라 한다.

염화나트륨 1몰이 물에 녹아서, 분자 전부가 전리되어 이온으로 되었다면 Na^+은 1몰, Cl^-도 같은 양의 1몰이 생긴다. Na^+ 23 g을 나트륨 이온 1몰(1 g 이온)이라 하며, Na^+ 6.02×10^{23}개의 질량에 해당된다.

$NaCl$	$\rightarrow$	Na^+	$+$	Cl^-
1몰(6.02×10^{23}개)		1몰(6.02×10^{23}개)		1몰(6.02×10^{23}개)
(58.5 g)		(23 g)		(35.5 g)
(화학식량)				

문제 3.7 **다음 물질에서 2몰의 질량은 얼마인가?**

(a) H_2SO_4　　(b) C_2H_5OH　　(c) $NaCl$

문제 3.8

(a) 수소기체 2.02 g은 몇 g 원자량이며 그 속에는 몇 개의 원자가 있는가?
(b) H_2O분자 1개의 질량은 얼마이며, 1 g 중에는 몇 개의 분자가 있는가?
(c) $CaCl_2$ 0.5몰 속의 총 이온수는?
(d) H_2O 분자 2몰 속에 들어있는 원자의 총 개수는?
(e) 산소분자 2몰 속의 산소 분자수는?

3.6 화학식 만들기와 명명

① 이온 화합물로부터 화학식을 쓸 경우 먼저 양이온과 음이온의 전하량의 균형을 맞춘다.

(a) ①+ ⟶ ②−
Na ⟵ ⟶ O = Na_2O

(b) ③+ ⟶ ②−
Al ⟵ ⟶ SO_4 = $Al_2(SO_4)_3$

② 원자단(Radical)

화학변화가 일어날 때에 분해 또는 파괴되지 않고, 마치 한 원자처럼 한 분자에서 다른 분자로 이동하는 원자의 집단을 **원자단** 또는 기(基)라고 한다.

$$Ag\boxed{NO_3} + NaCl \longrightarrow AgCl + Na\boxed{NO_3}$$

NO_3^-는 마치 한 원자와 같은 행동을 하며, 이것을 질산기라고 한다.

표 3.6 자주 사용하는 원자단

원자단	기 호	원자단	기 호	원자단	기 호
수산기	OH^-	탄산기	CO_3^{2-}	인산기	PO_4^{3-}
황산기	SO_4^{2-}	염소산기	ClO_3^-	붕산기	BO_3^{3-}
질산기	NO_3^-	과망간산기	MnO_4^-	중크롬산기	$Cr_2O_7^{2-}$
암모늄기	NH_4^+	크롬산기	CrO_4^{2-}	아세트산기	CH_3COO^-

③ 무기 화합물의 명명법

두 가지 원소로 된 화합물(이성분 화합물)에서는 음성 원소명에 "소"는 생략하고 −화(ide)를 붙이며 양성 원소명을 부른다.

Na_2O	산화나트륨(sodium oxide)
HCl	염화수소(hydrogen chloride)

양성 원소가 두 가지 이상의 원자가를 가진 경우에는 양성 원소의 끝의 ( ) 안에 로마 숫자로 원자가를 적어 넣어 구별한다.

$FeCl_2$	염화철(Ⅱ) (iron(Ⅱ) chloride)
$FeCl_3$	염화철(Ⅲ) (iron(Ⅲ) chloride)

비금속 원소로 된 화합물에서는 원소의 원자수를 표시하기 위해 mono(일), di(이), tri(삼)를 표시하여 사용한다.

N_2O	일산화이질소(dinitrogen oxide)
NO_2	이산화질소(nitrogen dioxide)
N_2O_3	삼산화이질소(dinitrogen trioxide)

세 가지 원소로 된 화합물(삼성분화합물)에서는 음성 부분을 먼저 부르고 나중에 양성부분을 부른다.

Na_2CO_3	탄산나트륨(sodium carbonate)
$KClO_3$	염소산칼륨(potassium chlorate)

Acid의 명명법은 음이온에 산소가 포함되어 있는 산소산과 포함되어 있지 않은 수소산인 경우에 서로 다르다.

① 산소산인 경우 중심원자의 원소 이름 끝에 산을 붙여 부른다(이때에 중심원소의 이름 "소"는 생략한다).

HNO_3(nitric acid)
H_3BO_3(boric acid)

② 수소산인 경우 화합물 끝에 산을 붙인다.

HF	플루오르화 수소산(hydrofluoric acid)
H_2S	황화수소산(hydrogen sulfide)

자주 사용하는 시약의 원소명

NaOH(sodium hydroxide)
KOH(potassium hydroxide)
$KMnO_4$(potassium permanganate)
$Na_2C_2O_4$(sodium oxalate)
$Na_2S_2O_3$(sodium thiosulfate)
H_2SO_4(sulfuric acid)
HCl(hydrochloric acid)
HNO_3(nitric acid)
$C_2H_4O_2$(oxalic acid)

문제 3.9 **다음 화합물을 화학식으로 써라.**

(1) 산화나트륨 (2) 육플루오르화황 (3) 산화구리(Ⅰ)(Ⅱ)
(4) 산화철(Ⅱ)(Ⅲ) (5) 중크롬산칼륨 (6) 황화철(Ⅲ)
(7) 수산화칼슘 (8) 플루오르화수소 (9) 황산구리-5수화물
(10) 황산알루미늄 (11) 인산칼슘 (12) 십산화사인

3.7 화학반응식

물질이 화학변화를 일으켜서 새로운 물질이 생기는 변화를 화학식으로 나타내는 것을 화학반응식(chemical equation)이라 한다.

수소가 연소해서 물이 되는 반응을 반응식으로 나타내면 다음과 같다.

(1) 반응 전의 물질은 왼쪽에 쓰고, 반응 후의 물질은 오른쪽에 쓰며, 이 사이를 화살표로 연결한다.

$$H_2(g) + O_2(g) \rightarrow H_2O(\ell)$$

(2) 반응 전의 물질과 반응 후의 물질이 원자수가 같도록 하기 위하여 계수를 사용한다.

$$2\,H_2(g) + O_2(g) \rightarrow 2\,H_2O(\ell)$$

(3) 화학반응에서는 (g) : 기체(gas), (ℓ) : 액체(liquid), (s) : 고체(solid), (aq) : 수용액(aqueous)이라는 약자를 사용하여 물리적 상태를 나타낸다.

화학반응식에서 계수를 구하는 방법은 분수법과 미정 계수법이 있다.

메탄(CH_4)이 연소하여 이산화탄소가 생성되는 반응은 다음과 같다.

$$CH_4 + O_2 \rightarrow CO_2 + H_2O$$

C … 왼쪽 오른쪽 모두 1이다.

H … 왼쪽은 4, 오른쪽은 2이므로 H_2O의 계수는 2

$$CH_4 + O_2 \rightarrow CO_2 + 2\,H_2O$$

O … 오른쪽 O의 총수는 4개이므로, 왼쪽 O_2를 4 O로 만들기 위하여 계수는 2이다.

따라서 $CH_4 + 2\,O_2 \rightarrow CO_2 + 2\,H_2O$

미정 계수법으로 다음 반응식의 계수를 구하여라.

$$\mathrm{A\,Cu + B\,HNO_3} \rightarrow c\,\mathrm{Cu(NO_3)_2} + d\,\mathrm{H_2O} + e\,\mathrm{NO}$$

다음 각 원자에 대하여 연립방정식을 만든다.

Cu … A → c ·· ①

H … B → $2d$ ·· ②

N … B → $2c + e$ ································ ③

O … 3B → $bc + d + e$ ···························· ④

B = 1로 하면 ②에서 $d = \frac{1}{2}$이다.

식 ④로부터 $3 \times 1 \rightarrow 6c + \frac{1}{2} + e$ ·········· ⑤

식 ⑤에서 식 ③을 빼면

$$\begin{array}{l} 3 = 6c + \frac{1}{2} + \cancel{e} \\ -\ \ 1 = 2c + \cancel{e} \\ \hline 2 = 4c + \frac{1}{2} \quad \rightarrow \quad 1.5 = 4c \end{array}$$

$c = \frac{1.5}{4} \rightarrow \frac{3}{8}$ 이므로 식 ①에서 A는 $\frac{3}{8}$

식 ③에서는 $1 \rightarrow 2 \times \frac{3}{8} + e \qquad \therefore e = \frac{1}{4}$이다.

$$\therefore \frac{3}{8}\mathrm{Cu} + \mathrm{HNO_3} \rightarrow \frac{3}{8}\mathrm{Cu(NO_3)_2} + \frac{1}{2}\mathrm{H_2O} + \frac{1}{4}\mathrm{NO}$$

분모를 정리하여 분수를 없앤다.

$$3\mathrm{Cu} + 8\mathrm{HNO_3} \rightarrow 3\mathrm{Cu(NO_3)_2} + 4\mathrm{H_2O} + 2\mathrm{NO}$$

문제 3.10 **다음 화학반응식의 계수를 맞추어라.**

(a) $C_2H_2 + O_2 \rightarrow CO_2 + H_2O$

(b) $C_6H_{12}O_6 + O_2 \rightarrow CO_2 + H_2O$

3.8 화학반응식에서의 양적계산

화학반응식이 나타내는 뜻은 다음과 같다.

	$2H_2$	+	O_2	→	$2H_2O$
① 반응물질과 생성물질 ································	수소	+	산소	→	물(수증기)
② 질량 불변의 법칙(무게) ····························	2×2 g	+	32 g	=	2×18 g
③ 일정 성분비의 법칙(무게비) ······················	1 g	:	8 g	:	9 g
④ 기체 반응의 법칙(부피비) ························	2부피	:	1부피	:	2부피
⑤ 아보가드로의 법칙(분자수) ························	2분자	+	1분자	=	2분자
⑥ 각 물질의 몰수의 비 ································	2몰	+	1몰	→	2몰
	$\begin{pmatrix} 2\times 2\,g \\ 2\times 22.4\,\ell \\ 2\times 6\times 10^{23}개 \end{pmatrix}$		$\begin{pmatrix} 1\times 32\,g \\ 1\times 22.4\,\ell \\ 1\times 6\times 10^{23}개 \end{pmatrix}$		$\begin{pmatrix} 2\times 18\,g \\ 2\times 22.4\,\ell \\ 2\times 6\times 10^{23}개 \end{pmatrix}$

(1) 질량관계

화학 반응식에서는 질량 보존의 법칙이 성립되므로, 반응 물질과 생성 물질 중 어느 하나의 질량이 주어지면 비례식에 의해 나머지 하나의 질량을 계산할 수 있다.

액체 연료인 메탄올(CH_3OH) 100 g이 연소할 때 생기는 이산화탄소의 질량은 다음과 같은 관계로 구할 수 있다.

① 화학 반응식을 쓴다.

$$2CH_3OH + 3O_2 \rightarrow 2CO_2 + 4H_2O$$

② 필요한 물질의 분자식 밑에 분자량에 의한 질량을 표시한다.

$$\begin{array}{ccc} 2CH_3OH + 3O_2 & \rightarrow & 2CO_2 + 4H_2O \\ 2\times 32.0\,g & & 2\times 44.0\,g \end{array}$$

③ 문제에서 주어진 물질의 질량을 그 분자식 밑에 적어서 구하려는 물질의 질량을 x로 놓고, x의 값을 계산한다.

$$2CH_3OH + 3O_2 \rightarrow 2CO_2 + 4H_2O$$
$$2\times32.0\text{ g} \quad : \quad 2\times44.0\text{ g}$$
$$100\text{ g} \quad : \quad x\text{ g}$$
$$\therefore x = \frac{2\times44.0}{2\times32.0}\times100 = 137.5(\text{g})$$

(2) 부피관계

반응 물질과 생성 물질이 기체인 반응에서는 기체 반응의 법칙이 성립되므로, 반응 물질과 생성 물질 중 어느 하나의 부피가 주어지면 나머지 하나의 부피를 계산할 수 있다.

기체 연료인 **프로페인(C_3H_8) 200 ℓ를 연소할** 때, 이산화탄소가 0℃, 1 atm에서 몇 ℓ생기는가를 알아보자.

모든 기체는 0℃, 1 atm에서 1 mol의 부피가 22.4 ℓ인 것을 염두에 두고, 다음 단계에 의하여 계산할 수 있다.

① 화학반응식을 쓴다.
② 계수로부터 부피를 적는다.
③ 비례식을 만든다.
④ x를 구한다.

$$C_3H_8+5O_2 \rightarrow 3CO_2+4H_2O$$
$$22.4\ \ell \quad : \quad 3\times22.4\ \ell$$
$$200\ \ell \quad : \quad x\ \ell$$
$$\therefore x = \frac{3\times22.4\times200}{22.4} = 600(\ell)$$

또, 다른 방법으로 기체의 mol수를 생각하면, 간단하게 계산할 수 있다.

$$C_3H_8+5O_2 \rightarrow 3CO_2+4H_2O$$
$$1\text{ mol} \quad : \quad 3\text{ mol}$$
$$200\ \ell \quad : \quad x$$
$$1 : 3 = 200 : x$$
$$\therefore x = 3\times200 = 600(\ell)$$

(3) 질량과 부피의 관계

어떤 물질의 질량을 알고 있으면, 기체 상태에 있는 다른 물질의 부피를 구할 수 있고, 반대로 어떤 기체의 부피를 알고 있으면, 다른 물질의 질량을 구할 수 있다.

염소산칼륨($KClO_3$)을 가열하면 산소가 생성되는데, 0℃, 1 atm에서 200 g의 $KClO_3$가 분해할 때 생성되는 O_2의 부피를 다음과 같은 단계로 계산해 보자.

① 화학 반응식을 쓴다.

$$2KClO_3 \rightarrow 2KCl + 3O_2$$

② 2 mol의 $KClO_3$에서 3 mol의 O_2가 생성되므로, 이들에 해당하는 $KClO_3$의 질량과 O_2의 부피를 계산한다.

$$\begin{array}{ccc} 2KClO_3 & \rightarrow & 2KCl + 3O_2 \\ 2\times122.6\ g & & 3\times22.4\ \ell \end{array}$$

③ 200 g의 $KClO_3$로부터 생성되는 O_2의 부피를 x라 하고, 비례식을 만들어 x를 계산한다.

$$2\times 122.6\ g : 3\times 22.4\ \ell = 200\ g : x$$

$$\therefore x = 54.8(\ell)$$

문제 3.11 아세틸렌 400 g이 연소하는데 몇 g의 산소가 필요한가?
이때 발생하는 CO_2 기체는 0℃, 1 atm에서 몇 ℓ인가?

연습문제

3.1 탄소와 산소가 화합하여 이산화탄소로 될 때 서로 반응하는 질량비는 3 : 8이다. 그러면 15 g의 탄소가 반응할 때 필요한 산소는 몇 g인가?

3.2 H_2O와 H_2O_2에서 일정량의 수소와 화합하는 산소의 질량비는?

3.3 $N_2 + 3H_2 \rightarrow 2NH_3$와 같은 기체반응에서 부피비는 화학반응에서 무엇과 일치하는가?

3.4 0℃, 1 atm에서 수소 6.02×10^{23}개 차지하는 부피는 몇 ℓ 인가?

3.5 NaOH는 어떤 이온으로 구성되어 있는가?

3.6 다음 이온의 이름을 적어라.

(a) H_3O^+ (b) ClO_3^- (c) PO_4^{3-}
(d) MnO_4^- (e) CrO_4^{2-} (f) OH^-

3.7 에틸렌 분자는 C원자 2개, H원자 4개로 구성된다.
에틸렌의 실험식과 분자식은?

3.8 다음 화학식을 구조식으로 나타내어라.

(a) NH_3 (b) C_2H_4 (c) C_2H_2 (d) CH_3OCH_3

3.9 아세트산의 실험식, 분자식, 시성식, 구조식을 써라.

3.10 다음 화합물에서 밑줄친 원소의 원자가를 구하여라.

(a) $\underline{C}O_2$　　(b) $\underline{Cu}SO_4$　　(c) $\underline{Ca}CO_3$　　(d) $\underline{Al}_2O_3$

3.11 다음을 계산하여라.

(a) 에틸알코올(C_2H_5OH) 3.5 mol의 그람수

(b) 프로페인(C_3H_8) 11 g의 몰수

(c) 산소분자 1개의 질량과 산소분자 1 g 중에는 몇 개의 분자가 있는가?

3.12 뷰테인 가스(C_4H_{10}) 29 g이 있을 때 29 g 속에 들어있는 C_4H_{10}의 몰수와 분자수는?

3.13 표준상태(0℃, 1 atm)에서 프로페인(C_3H_8) 5.6 ℓ가 있다. 이 기체의 몰수와 분자수, 질량수를 구하여라.

3.14 CO_2 22 g이 있다. 다음 물음에 답하여라.

(a) 몰수는?

(b) 22 g 속에 들어있는 CO_2의 분자수는?

(c) 들어있는 C원자수는?

(d) 들어있는 O원자수는?

제 4 장 기 체

기체는 수소나 헬륨처럼 대부분 색깔도 없고 냄새도 없으나 이산화탄소와 같이 색깔을 띠는 것도 있다. 이와같이 기체라는 것은 상온과 상압에서 전적으로 가스상태인 물질을 말하는데, 증기란 특히 상온에서 고체나 액체인 물질로부터 증발된 기체를 말한다. 또 휘발성이라는 말은 아주 쉽게 증기를 만들 수 있는 물질을 말할 때 사용되며, 그 보기로 에터나 휘발유 등을 휘발성 액체라 할 수 있다. 모든 기체는 크던 작던 간에 얼마 만큼의 공간을 차지하기 위하여 일정하고도 빠른 속도로 팽창하며, 따라서 액체나 고체보다 단위질량당 큰 부피를 차지하므로 훨씬 가볍다.

모든 기체의 물리적인 성질은 온도 외압에 따라서 팽창되거나 수축되므로 기체를 다루거나 그 거동을 논할 때는 항상 온도, 압력, 부피와의 관계를 잘 알아야 한다. 일반적으로 기체를 냉각시키거나 압력을 증가시키면 모든 기체는 액체로 응축될 수 있다.

4.1 압력의 단위

기체의 압력은 수 억 개의 기체 입자가 용기의 표면에 충돌하는 것이다. 압력은 단위 면적당 부가되는 힘이라고 정의할 수 있다. 다음에 나오는 것은 압력을 측정하기 위해서 사용되는 단위들이다.

(1) 수은주(millimeters of mercury)

가장 오래된 압력의 단위가 mmHg이다. 이 단위는 대기압을 측정하기 위해서 수은관을 사용함으로써 생겨났다(그림 4.1). 1 mmHg는 수은 기둥 1 mm에 해당되는 부분을 지탱할 수 있는 대기압을 말한다. 수은 기압계는 대기압을 측정하는 장치이다. 기둥의 높이는 대기압 변화 뿐만 아니라 시간, 장소에 따라서도 변한다. 해수면에서 대기압은 760 mm 높이의 기둥을 떠받친다. 그러나 $3\frac{1}{2}$ mile 고도 위에선 380 mm 높이로 줄어든다.

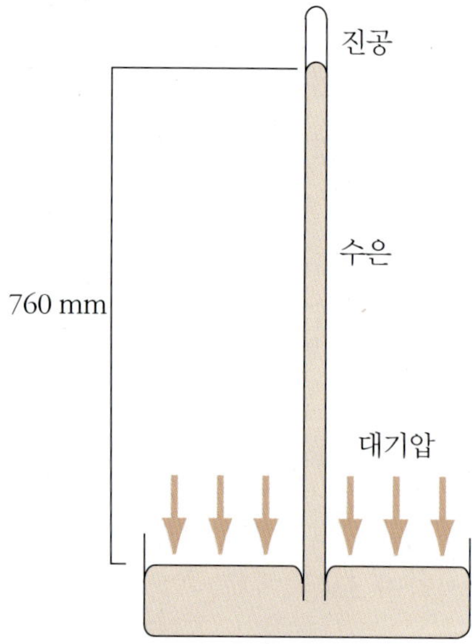

그림 4.1 수은기압계

(2) 대기압(atmosphere)

대기압에 의해서 유지되는 수은 기둥의 높이는 측정이 이루어지는 지리학적 위치와 온도에 의존한다. 표준 대기압은 해수면에서 0℃일 때 측정되는 평균 지구 대기압을 말한다. 1 표준 대기압은 0℃일 때 760 mm의 수은 기둥을 받칠 수 있다.

$$1 \text{ atm} = 760 \text{ mmHg}$$

STP(표준온도, 압력)라 하는 조건은 0℃ 1기압을 말한다. 영국 system에서 압력은 square inch 당의 pound(psi)로 계산된다. 1 atm은 14.7 psi에 해당된다.

$$1 \text{ atm} = 14.7 \text{ psi}$$

(3) 토어(Torr)

Torr는 수은 기압계를 만든 17세기의 이탈리아 물리학자인 Evangelista Torricelli를 기념해서 만든 압력의 단위이다. 1 torr는 $\frac{1}{760}$ atm이다. 즉,

$$1 \text{ atm} = 760 \text{ torr},$$

$$1 \text{ torr} = 1 \text{ mmHg}$$

예제 2.45 atm은 몇 torr인가?

풀이 1 atm = 760 torr를 사용하면 된다. 즉

$$2.45\,\text{atm} \times \frac{760\,\text{torr}}{1\,\text{atm}} = 1862\,\text{torr}$$

문제 4.1 기압계에 의하면 360 mmHg이었다. Torr와 대기압으로 하면 압력은?

4.2 Boyle의 법칙

온도가 일정할 때 압력을 2배로 증가시키면 기체부피는 1/2로 되고 압력을 3배로 올리면 부피는 1/3로 된다. 이러한 관계는 1662년 영국의 R. Boyle(1627~1691)에 의해 처음으로 알려졌다. **보일의 법칙**(Boyle's law)은 "온도가 일정할 때 일정 질량의 기체가 차지하는 부피는 가해준 압력에 반비례한다."고 하였다.

$$V \propto \frac{1}{P}, \quad V = k\frac{1}{P} \quad \text{또 는} \quad PV = k(\text{일정})$$

k는 상수이므로 P가 크면 V는 작아진다. 즉, V는 P에 반비례 한다. 일정량의 기체의 처음 조건은 P, V이고 마지막 조건이 P_1, V_1이면 다음의 관계식이 성립한다.

$$\therefore PV = P_1V_1$$

표 4.1 Boyle's law 데이터

압력(atm)	부피(ℓ)
8.0	0.50
4.0	1.0
2.0	2.0
1.0	4.0

기체의 압력이 증가함에 따라 그 부피는 반비례하여 감소하고, 압력과 부피를 곱한 값은 압력에 관계없이 항상 일정하다. 표 4.1의 관계를 그래프로 다음과 같이 나타낼 수 있다.

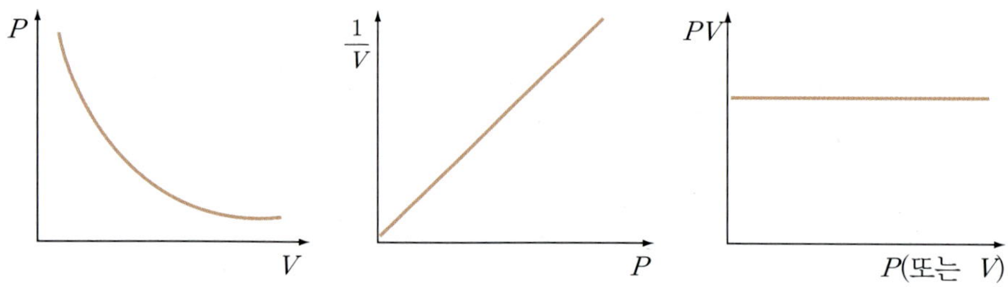

그림 4.2 Boyle의 법칙

문제 4.2 25℃, 1 atm에서 4.0 ℓ의 산소를 같은 온도에서 380 mmHg인 곳에서 측정하면 부피는 몇 ℓ가 되겠는가?

4.3 Charles의 법칙

19세기초 프랑스의 물리학자 Jacques Charles는 압력이 일정할 때 기체의 부피는 Kelvin 온도와 직접적인 관계가 있다는 것을 알아냈다. 그의 연구는 계속되어 1802년 Gay Lussac에 의해 증명되었다. 실험에 의하면 "압력이 일정할 때 일정량의 기체가 차지하는 부피는 온도가 1℃ 올라감에 따라 그 기체의 0℃ 때의 부피의 1/273씩 증가한다." 이것을 Charles의 법칙이라 한다.

표 4.2 온도에 따른 부피의 변화

부피(ml)	섭씨온도(℃)	절대온도(K)
273	0	273
274	1	274
546	273	546
547	274	547

기체의 부피는 절대온도에 의존하므로 온도를 포함한 모든 기체법칙에서는 Kelvin온도를 사용한다. Kelvin(절대)온도는 섭씨온도 0℃에서 273 K이며 섭씨온도 −273℃는 0 K이다(절대온도 단위는 K이지 °K가 아니다).

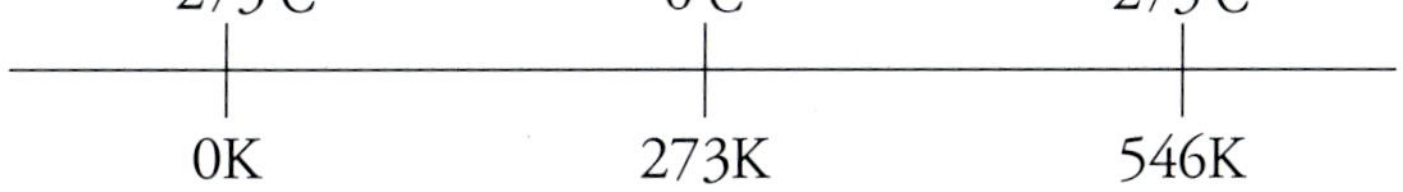

섭씨온도를 절대온도로 바꾸면 다음과 같다.

$$T(K) = 273 + ℃$$

표 4.2의 자료로부터 절대온도가 273 K에서 546 K로 2배가 되면, 부피도 273 ml에서 546 ml로 2배가 된다. 이와같이 **Charles의 법칙**에서는 "일정한 압력하에서 일정 질량의 기체의 부피는 절대온도에 비례한다."

$$V \propto T, \quad V = kT, \qquad \frac{V}{T} = k(\text{일정})$$

압력이 일정할 때, 절대 온도 T에서 V을 차지하는 일정량의 기체가 절대온도 T_1에서 차지하는 부피를 V_1라고 하면,

다음과 같은 식이 성립된다.

$$\therefore \frac{V}{T} = \frac{V_1}{T_1}$$

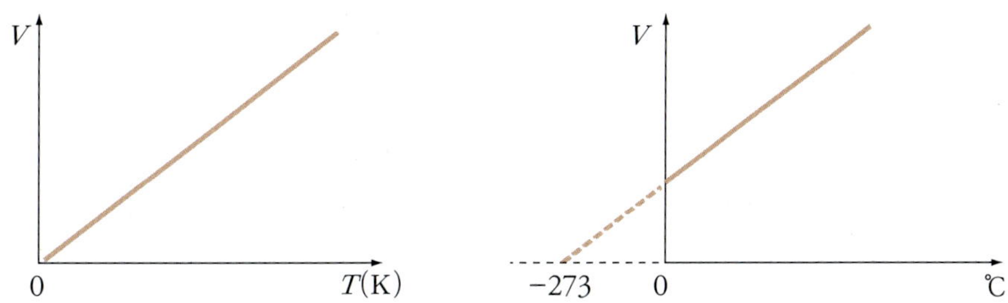

그림 4.3 Charles 법칙

예제 27℃에서 600 ml의 부피를 차지하는 어떤 기체를 일정한 압력하에서 0℃로 냉각시켰을 때 부피는 얼마나 되는가?

풀이 $V = 600\,\mathrm{ml}$, $\mathrm{T}(27+273)\mathrm{K}$, $\mathrm{T}_1 = (0+273)\mathrm{K}$

$V_1 = 600\,\mathrm{ml} \times \dfrac{273\,\mathrm{K}}{300\,\mathrm{K}} = 546\,\mathrm{ml}$, $\quad \therefore \mathrm{V}_1 = 546\,\mathrm{ml}$

문제 4.3 한 기체시료의 부피가 32℃에서 17.2 ℓ이다. 표준상태에서의 부피는 얼마나 되는가?

4.4 Boyle - Charles의 법칙

일정 질량의 기체가 차지하는 부피는 온도와 압력의 변화에 따라 부피를 계산할 경우가 있다.

Boyle의 법칙($T = T_1$일 때 $PV = P_1V_1$)과 Charles의 법칙($P = P_1$일 때 $\dfrac{V}{T} = \dfrac{V_1}{T_1}$)을 이용해서 기체의 온도, 압력, 부피의 관계는 다음과 같다.

"온도와 압력이 변할 때 일정 질량의 기체의 부피는 압력에 반비례하고 절대온도에 비례한다." 이것을 Boyle-Charles의 법칙이라 한다.

$$V = k\frac{T}{P}, \qquad PV = kT, \qquad \frac{PV}{T} = k(\text{일정})$$

기체의 부피, 압력 및 절대온도가 V, P, T에서 V_1, P_1, T_1로 변했을 때 다음과 같은 관계가 성립된다.

$$\therefore \frac{PV}{T} = \frac{P_1V_1}{T_1}$$

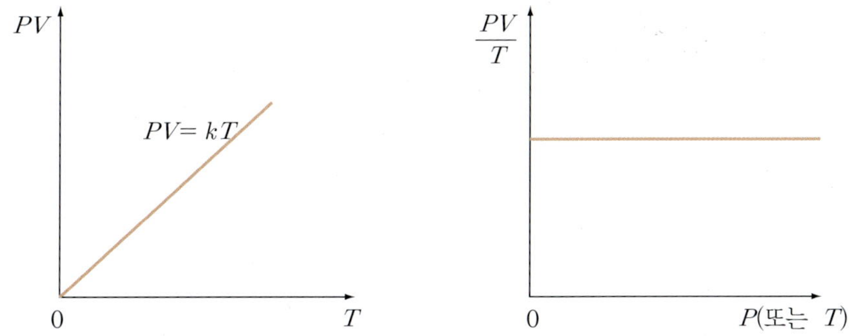

그림 4.4 Boyle-Charles의 법칙

표 4.3 기체에 관한 법칙

법 칙	뜻	식
Boyle's law	온도가 일정할 때 일정량의 기체가 차지하는 부피는 압력에 반비례한다.	$PV = P_1V_1$ $PV = K$(일정) $V \propto \frac{1}{P}$
Charle's law	압력이 일정할 때 기체의 부피는 절대온도에 비례한다.	$\frac{V}{T} = \frac{V_1}{T_1}$ $\frac{V}{T} = K$(일정) $V \propto T$
Boyle-Charle의 law	일정량의 기체의 부피는 절대온도에 비례하고, 압력에 반비례한다.	$\frac{PV}{T} = \frac{P_1V_1}{T_1}$ $\frac{PV}{T} = K$(일정)

예제 온도 27℃, 압력 400 mmHg에서 10 ℓ의 기체는 표준상태에서의 부피는 얼마나 되겠는가?

풀이 $\frac{PV}{T} = \frac{P_1V_1}{T_1}$에 대입하면

$$\frac{400 \times 10}{273 + 27} = \frac{760 \times V_1}{273}$$

$$\therefore V_1 = \frac{4{,}000 \times 273}{300 \times 760} = 4.79\ell$$

4.5 기체 상태방정식

Boyle-Charles의 법칙에 의하여 $\frac{PV}{T} = k$이다. 상수 k는 일정하며 Avogadro에 의하면 모든 기체 1몰의 부피는 표준상태에서 22.4 ℓ이다. 따라서 **기체상수**(gas constant) R의 값은 다음과 같다.

$$\frac{PV}{T} = mR$$

$$R = \frac{1\,\text{atm} \times 22.4\,\ell/\text{mol}}{273\,\text{K}} = 0.0821\,\ell \cdot \text{atm/mol} \cdot \text{K}$$

0℃, 1 atm에서 n몰의 기체는,

$$PV = nRT \quad \cdots\cdots ①$$

또 분자량 M인 기체 Wg의 몰수는

$$n = \frac{W}{M}RT \quad \cdots\cdots ②$$

이들의 식을 기체 상태 방정식이라 하며, 기체의 분자량을 구할 때 이용된다.

모든 온도, 압력조건하에서 Boyle-Charles의 법칙을 만족시키는 가상적인 기체를 이상기체(ideal gas)라 하며, 실제기체(real gas)는 분자간의 인력이 존재하므로 기체 상태방정식에는 맞지 않는다.

그림 4.5는 질소기체에 대한 $\frac{PV}{nRT}$값을 나타낸 것이다.

그림에서 보는 바와 같이 압력이 높고 온도가 낮을 때에는 이상기체의 값으로부터 많이 벗어나며, 압력이 낮고 온도가 높아지면 이상기체의 값에 가까워짐을 알 수 있다.

일반적으로 실제기체에서 기체 상태방정식이 비교적 잘맞는 경우는 압력이 낮고 온도가 높을 때이다.

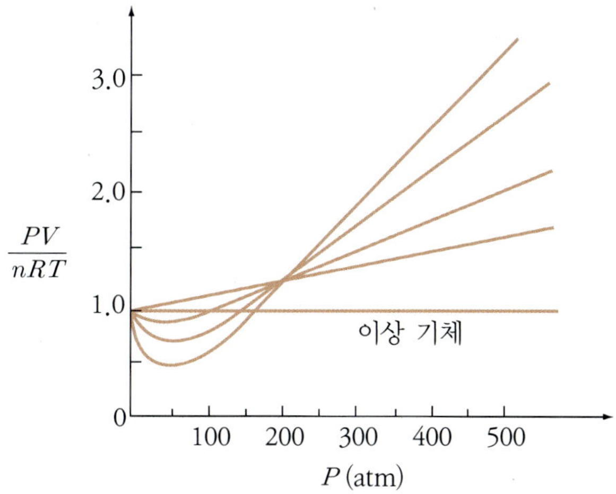

그림 4.5 이상기체의 상태

예제 헬륨기체의 압력이 10.0 atm일 경우 25℃에서 50 ℓ 의 용기 속에는 몇 g의 헬륨이 들어 있는가?

풀이 $P = 10.0\,\text{atm},\ V = 50\ell,\ T = (25 + 273)\,\text{K},\ n = ?$

$PV = nRT$에서 $n = \frac{PV}{RT}$

$$n = \frac{10.0\text{atm} \times 50\ell}{0.0821\ell\cdot\text{atm/mol}\cdot\text{K} \times 298\,\text{K}} = 20.4\,\text{mol}$$

몰수를 질량으로 환산하면

$$20.4\,\text{mol} \times \frac{4.0\text{g He}}{1\,\text{mol He}} = 81.6\,\text{g}$$

문제 4.4 0℃, 1 atm의 산소 5.6 ℓ 속에 들어있는 산소의 몰수는?

문제 4.5 어떤 화합물 0.60 g을 기화시킨 상태는 750 torr, 27℃에서 0.50 ℓ의 부피를 차지한다. 이 물질의 분자량을 계산하여라.

4.6 기체분자 운동론

기체 상태하의 입자는 무질서하게 매우 빨리 움직인다. 기체의 물리적인 성질은 기체의 분자운동 이론에 의해 설명될 수 있다.

① 기체는 서로 멀리 떨어진 매우 작은 입자들로 구성되어 있다. 따라서 물속보다 공기 속을 달리는 것이 더 쉽다.
② 기체 입자는 서로 부딪히거나 담긴 용기에 부딪히지 않는 한 빠르게 일직선으로 움직인다.
③ 일어나는 충돌은 매우 탄성적이다. 즉 기체 분자는 충돌해도 에너지를 잃는 일이 없이 다시 처음과 같은 속도로 되돌아 나온다.
④ 기체 입자간에는 어떠한 반발력이나 친화력도 없다.
⑤ 기체 입자의 운동에너지는 온도에 따라서 변한다. 가열되면 입자는 빨리 움직이게 되고 냉각되면 점점 느리게 움직이다가 절대온도(−273.15℃, 0 K)에 이르면 모든 움직임이 멈추게 된다.

이런 분자 운동론은 이상 기체의 행동 양상을 보여준다.

실제 기체는 특히 고압과 저온에서는 위에 서술한 것처럼 움직이지 않는다. 그렇지만 덜 극단적인 조건하에서 실제 기체는 이상기체처럼 움직인다.

이와 같은 분자 운동론의 가정에 따라 기체에 대한 법칙들을 설명해 보자.

기체의 압력은 그릇의 벽에 충돌하는 분자에 의하여 생기며, 그 크기는 기체가 담겨진 그릇 벽에 기체 분자가 충돌할 때 단위 넓이에 작용하는 힘의 크기이다. 따라서 일정한 온도에서 어떤 기체의 부피를 반으로 줄이면 기체분자가 그릇 벽에 충돌하는 횟수가 2배로 늘어나게 되어 압력이 2배로 증가한다(보일의 법칙).

한편, 기체의 온도를 높이면 열에 의하여 분자의 운동이 더욱 활발해지므로 분자가 그릇 벽에 충돌하는 횟수가 증가되어 압력이 커진다. 그러므로 압력이 일정하게 유지되려면 부피가 증가되어야 한다(샤를의 법칙).

따라서 고정된 그릇 속의 기체의 압력은 기체 분자의 종류에 관계없이 온도와 분자수에 의해서만 결정된다고 할 수 있다. 또한 기체 분자의 평균 분자 운동 에너지는 절대 온도에 비례하므로 같은 온도에서는 가벼운 기체 분자가 무거운 분자보다 운동 속도가 커야 한다. 따라서 온도와 압력이 고정되면 기체의 부피는 단지 분자수에 따라 변화된다고 볼 수 있다(아보가드로의 법칙).

4.7 Dalton의 분압법칙

혼합기체에서 성분기체의 분압의 합은 전체압력과 같다. 이것은 1801년 Dalton이 발표하였다.

$$P = P_A + P_B + P_C + \cdots$$

여기서 P_A는 A기체의 분압이고, P_B는 B기체의 분압이다. 한 기체의 분압이란 그 기체가 혼합기체와 같은 온도의 같은 용기에 있을 때 작용하는 압력을 말한다.

A기체($P_1 V_1$), B기체($P_2 V_2$), C기체($P_3 V_3$)의 부피가 V인 용기에 혼합시켰을 때 혼합기체의 전압을 P라 하면 다음과 같다.

$$P = \frac{P_1 V_1 + P_2 V_2 + P_3 V_3}{V}$$

예제 **27℃에서 10.0 ℓ의 용기 속에 수소 0.40 g, 산소 16.0 g, 질소 14.0 g을 넣었다. 용기 내의 전체 압력은 몇 기압인가?**

풀이 각 기체의 몰수를 질량으로부터 구한다.

H_2의 몰수 $= \dfrac{0.4\,\text{g}}{2.0\,\text{g}} = 0.2\,\text{mol}$

O_2의 몰수 $= \dfrac{16.0\,\text{g}}{32.0\,\text{g}} = 0.50\,\text{mol}$

N_2의 몰수 $= \dfrac{14.0\,\text{g}}{28.0\,\text{g}} = 0.50\,\text{mol}$

기체 전체의 몰수는 1.20 mol이면 전체압력은

$$P = \frac{nRT}{V} = \frac{1.20 \times 0.0821 \times (27 + 273)}{10.0} = 2.96\,\text{atm}$$

문제 4.6 **질소 0.8몰과 산소 0.2몰이 혼합된 공기의 전체 압력이 760 mmHg이다. 각 기체의 부분 압력을 구하여라.**

문제 4.7 2기압의 수소 2ℓ와 3기압의 산소 3ℓ를 5ℓ의 용기에 넣었다면 전체압력은 몇 기압인가?

4.8 기체의 확산에 관한 Graham의 법칙

기체의 분자는 서로 퍼져 나가는데, 기체가 조그만 구멍을 통하여 퍼져나오는 현상을 확산이라 한다.

두 가지 이상의 기체의 확산속도는 가벼운 기체가 빨리 확산하므로 무거운 것보다 크다.

1831년 영국의 화학자 그레이엄(Graham, T.)은 "일정한 온도와 압력하에서 두 가지 기체가 퍼지는 확산속도는 그 기체의 밀도(분자량)의 제곱근에 반비례한다." 이것을 Graham's law라고 한다.

온도와 압력이 일정할 때 기체 A와 B의 확산속도를 V_A, V_B라 하고 밀도를 d_A, d_B 분출속도를 ν_1, ν_2라 하면 다음 관계가 성립한다.

$$\frac{V_A}{V_B} = \sqrt{\frac{d_B}{d_A}} = \frac{\nu_1}{\nu_2}$$

온도와 밀도가 일정할 때 두 기체의 분출속도는 분자량의 제곱근에 반비례한다.

$$\frac{V_A}{V_B} = \sqrt{\frac{M_B}{M_A}} = \frac{\nu_1}{\nu_2}$$

Graham의 법칙을 이용해서 기체의 분자량을 계산으로 구할 수 있다.

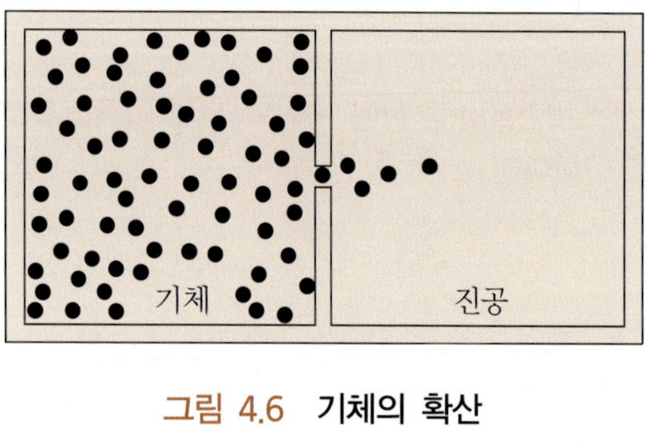

그림 4.6 기체의 확산

예제 **같은 온도와 압력에서 메탄기체와 이산화황 기체의 확산속도비를 구하여라.**

풀이 CH_4의 분자량 16, SO_2의 분자량 64

$$\frac{\nu_1 CH_4}{\nu_2 SO_2} = \sqrt{\frac{64}{16}} = \sqrt{\frac{4}{1}} = \frac{2}{1}$$

$\therefore \nu_1 CH_4 : \nu_2 SO_2 = 2 : 1$

4.1 1.10 atm인 기체시료 2.00 ℓ를 일정한 온도하에서 1.00 ℓ가 되도록 압축하였다. 마지막 기체의 압력은 몇 기압인가?

4.2 25℃, 1 atm에서 11.2 ℓ의 부피를 차지하는 기체를 압력을 일정하게 유지시키고, 부피만 2배로 하려면 몇 ℃까지 가열하여야 하는가?

4.3 CO_2 기체는 20℃, 1기압에서 그 부피가 20.0 ℓ이다. 이 기체를 20℃, 5 ℓ의 용기에 옮기면 CO_2가 나타나는 압력은 몇 기압인가?

4.4 25℃에 대해서 탄산가스 1몰의 부피가 2.00 ℓ이다. 이 기체의 압력을 기체 상태방정식으로 계산하여라.

4.5 20℃, 20기압에서 산소 기체의 부피가 2,000 ml일 때 산소기체는 몇 몰이 되겠는가?

4.6 39℃, 152 mmHg에서 1,000 ml의 부피를 차지하는 질량이 0.25 g인 기체가 있다. 이 기체의 분자량을 계산하여라.

4.7 어떤 기체의 확산속도는 이산화탄소의 2배이다. 이 기체의 분자량은 얼마인가?

제 5 장 액체와 고체

물질에는 기체 외에 액체와 고체의 세 가지 상태로 존재한다. 액체는 고정된 부피를 가지지만 모양은 용기에 따라 변한다. 액체에 에너지를 가하면 끓을 때까지 액체입자의 운동에너지는 증가하며 정상 대기압하에서 이러한 상태가 일어나는 온도를 끓는점이라고 한다.

고체는 고정된 모양과 부피를 가지는 단단한 구조를 가지며 고체에 에너지를 가하면 고체 구조가 파괴되거나 녹을 때까지 입자의 운동에너지는 증가한다.

이 장에서는 분자 간의 힘에 의해 결정되는 증기압, 표면장력, 점도에 대하여 알아보고 고체의 구조와 형태에 대하여 알아본다.

5.1 액체의 성질

기체의 온도가 낮아지면 분자의 평균속력이 느려지고, 기체의 압력이 커지면 기체 분자들 사이의 평균거리가 가까워져 일정한 부피를 가진 액체 상태로 된다. 이렇게 기체가 액체로 되는 과정을 **액화**(liquefaction) 혹은 **응축**(condensation)이라 한다.

액체의 분자들은 위치에 고정되어 있지 않고 운동하고 있기 때문에 유동성을 가지며 일정한 모양은 가질 수 없으나 용기의 모양에 따른 부피는 갖게 된다.

액체 표면에서 에너지가 많은 입자는 떨어져 나갈 수 있다. 만약 이 입자가 공기분자와 충돌해서 액체 표면으로 되돌아오지 못하면 이들은 액체에서 떨어져 나가게 된다. 이런 과정을 **증발**(evaporation)이라고 한다. 에너지가 많은 입자는 증발과정 중에 없어지므로 남는 입자들의 평균 운동에너지는 낮아진다. 여기서 우리는 우리의 몸이 땀을 증발시킴으로써 체온을 낮춘다는 것을 알 수 있다.

비슷한 방법으로 알코올이 피부에 닿게 되면 알코올 분자가 빨리 증발되면서 피부에 냉각된 액체를 만들기 때문에 시원한 느낌이 들게 된다. 여기에서 중요한 것은 액체에 많은 양의 열이 가해지면 가해질수록 입자의 운동에너지는 증가하고 증발 속도도 증가한다는 점이다.

(1) 표면장력

그림 5.1에서 보는 바와 같이, 액체 내에 있는 분자들은 모든 방향으로 동일하게 인력이 작용하므로 마치 힘을 받고 있지 않는 것과 같다. 반면에 액체의 표면에 있는 분자는 액체 내부로만 힘이 작용한다. 표면의 분자들은 밑으로 물의 안쪽으로 인력이 작용한다. 이러한 표면장력은 표면분자들을 끌어 당겨서 표면에 얇고, 탄성적인 막의 효과를 생성한다. 즉, **표면장력**(surfacetension)은 액체에서 단위 넓이 만큼 표면적을 증가시키는데 필요한 에너지

이다.

일정량의 액체가 최소의 표면적은 갖는 것은 구(球)형이므로 왁스를 입힌 차의 표면에 물방울이 맺히기도 하고 물은 높은 표면장력 때문에 컵 언저리에서 넘치지 않는다.

예를 들어, 물 위에 떠다니는 소금쟁이, 풀잎 위의 빗방울이 굴러가는 모습, 주사기 끝에 동그랗게 액체가 매달려 있는 현상, 거미줄에 매달려 있는 물방울 등이다.

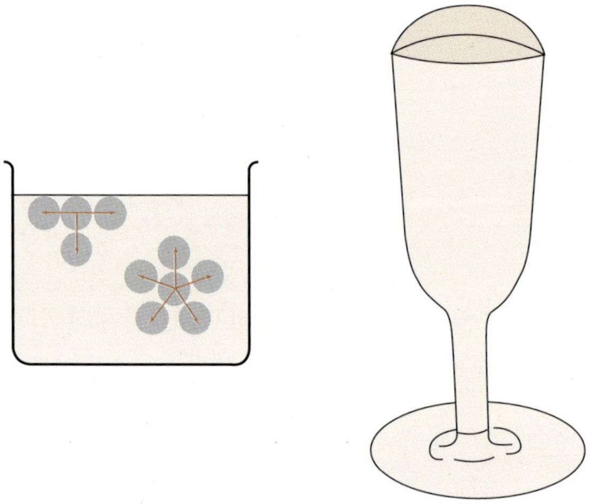

그림 5.1 표면장력이 생기는 원인

(2) 점도

기체와 액체는 공통적으로 흐르는 성질을 가진다. 이러한 물질을 **유체**(fluid)라고 하며, 유체가 흐를 때 저항을 받는 정도를 **점도**(viscosity)라고 한다. 이는 유체가 흐르기 위해서는 분자가 다른 분자를 스쳐가야 되므로 분자들 사이의 인력에 의해 흐름이 저항을 받게 된다. 흐르지 않으려는 저항은 분자 간 인력 때문이므로 점성도 역시 분자 간의 힘에 달려 있다.

액체의 대부분은 다른 성질과 마찬가지로 점도는 분자의 크기, 형태 및 화학적 성질에 의존한다. 일반적으로 분자 간 힘이 클수록 점도가 크며 같은 형태의 화합물에서는 분자량이 클수록 점도가 크다. 글리세롤은 수소결합 때문에 점성이 매우 크다.

글루코스나 슈크로즈 같은 당분 분자 내에 O–H 기가 많다. 당의 수용액을 시럽이라 하는데 이와같은 O–H 기의 수소결합에 의하여 점성이 크다. 점성은 분자들의 얽히는 정도와도 관계가 있다. 분자의 형태가 긴 액체는 큰 점성을 나타낸다.

(3) 기화

표면에 가까운 액체분자는 기체상으로 되며 기체상으로 된 많은 분자들은 액체 위의 기체 분자들과 충돌하여 다시 액체로 되돌아온다. 만약에 용기가 열려 있다면 모든 분자들은 끝내는 액체로부터 달아나 버린다. 이러한 과정을 **증발**(evaporation)이라고 한다. 반대로, 증발된 분자가 에너지를 잃고 다시 액체 속으로 되돌아가는 현상을 **응결** 또는 **응축**이라 한다.

예를 들어, 열려 있는 용기에 물이 있다면 시간이 경과함에 따라 물의 부피는 감소되어 하나도 남지 않게 된다. 액체 분자가 이러한 과정을 거쳐 기체상태로 되는 것을 **기화**(vaporization)라고 한다.

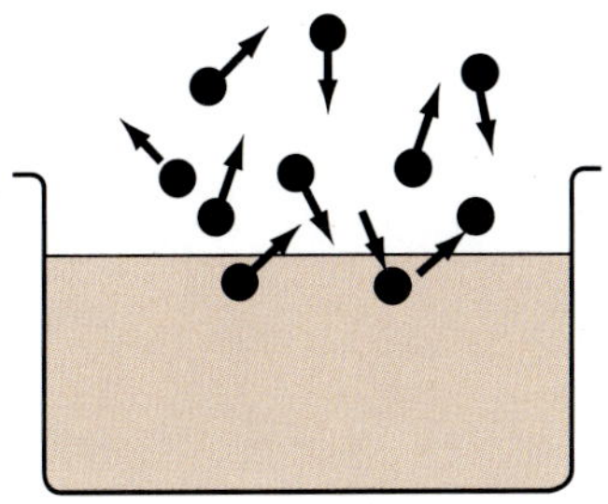

그림 5.2 **액체의 기화**

5.2 액체의 증발과 증기압

액체의 증발은 온도가 높을수록 운동에너지가 커져서 공간으로 날아가는 기체 분자수가 많아진다. 이들 중 일부는 운동에너지를 잃고 되돌아오는 분자가 있게 된다. 따라서 기체 속의 수증기가 증가할수록 액체 속으로 들어가는 분자수도 증가하여, 마침내 액체의 증발속도와 응축속도가 같아지면 증발이 정지된 것 같이 보인다.

이와같이 진행되는 상태를 **평형상태**(equilibrium state)라고 한다. 이와같이 액체와 기체가 평형을 이루고 있는 상태에서 기체가 나타내는 압력을 **포화증기압**(saturated vapor pressure) 또는 간단히 **증기압**(vapor pressure)이라 한다.

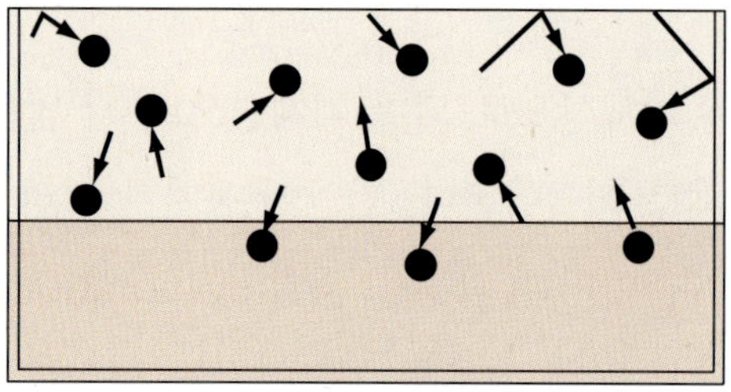

그림 5.3 밀폐된 용기내의 기화

증기압은 같은 온도라 하더라도 물질의 종류에 따라 다르며, 같은 물질에서도 온도에 따라 다르다(표 5.1).

온도에 따른 증기압력의 변화를 그래프로 나타낸 것을 증기압력곡선(vapor pressure curve)이라고 한다(그림 5.4).

끓는점과 녹는점은 상변화를 수반하는 물질의 성질이다. 끓는점은 액체의 증기압과 관계가 있다.

액체의 증기압이 대기압과 동일해지는 온도를 끓는점(boiling point)이라 한다. 액체의 온도가 증가하면 증기압은 증가한다. 증기압이 대기압과 동일하면, 액체 내에 증기의 방울이 형성된다. 이러한 과정을 끓는다고 한다. 끓기 시작하면 액체의 온도는 계속 끓는점에 머문다.

대기압은 변화될 수 있으므로 액체의 끓는점도 변한다. 예를 들어 1기압하에서의 물의 끓는점은 100℃이다. 그러나 0.83 기압하에서는 물의 끓는점은 95℃이다. 표준 끓는점이란 1 기압하에서의 끓는점을 말한다.

표 5.1 여러 가지 온도에서 각 물질의 증기압

물질	0℃	30℃	50℃	70℃	90℃	100℃
H_2O	4.6	31.8	92.5	233.7	525.8	760.0
C_2H_5OH	12.2	78.8	222.2	542.5	1,187.1	1,693.3
$(C_2H_5)_2O$	185.3	647.3	1,276.8	2,296.0	3,841.0	4,859.4

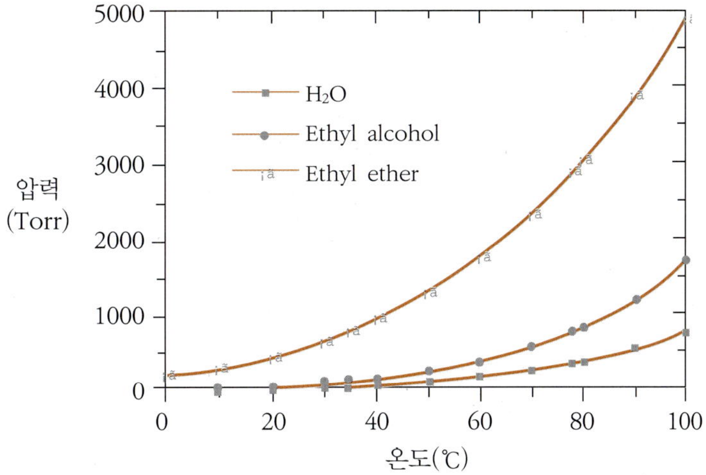

그림 5.4 **물질의 증기압 곡선**

끓는점에서 1 g의 액체를 증발시키는데 필요한 열량을 증발열(heat of vaporization)이라고 하며, 물의 증발열은 끓는점에서 물 1 g이 완전히 수증기로 되는데 필요한 열량의 값은 539 cal이다. **몰 증발열**(molar heat of vaporization)은 끓는점에서 1 mol의 액체가 완전히 증발하여 같은 온도의 기체로 되는데 필요한 열량이며 단위는 Kcal/mol이다.

등산할 때 흔히 덜익은 밥을 먹게 되는 것은 높은 산의 대기압이 지면보다 낮아서 물이 100℃ 이하에서 비등하기 때문이다. 즉, 대기압은 고도에 따라 감소하므로 표고 1,600 m의 높이에서는 물이 95℃에서 끓는다.

쌀에 있는 녹말들의 결합이 끊어져야 밥이 된다. 녹말결합은 100℃에서 20분간 가열해야 끊어진다고 한다. 그러므로 높은 산에서 밥을 할 때에는 냄비 위에 큼직한 돌을 올려 놓아 낮은 대기압을 보충해 주지 않으면, 아무리 오랜 시간을 가열한다고 해도 쌀은 안익고 타기만 한다. 이와 반대되는 현상이 바로 압력솥이다. 압력솥에서는 증발된 수증기가 달아날 장소가 없으므로 솥 안에 있게 되고, 그리하여 솥 안은 원래의 대기압과 수증기압이 합쳐져 높은 압력이 유지된다. 따라서 물은 100℃ 보다 높은 온도에서 끓게 되고 밥을 하는데 걸리는 시간이 절약됨과 동시에 밥맛도 좋아지게 된다.

순수한 액체는 어느 일정한 **어느 점**(freezing point)에서 결정고체로 변한다. 이 결정고체는 **녹는점**(melting point)에서 액체로 변하거나 녹는다. 이때 녹는점은 어는점과 동일하다. 녹는 현상과 어는 현상은 액체와 고체가 동적평형에 있을 때의 온도에서 일어난다.

$$고체 \rightleftarrows 액체$$

얼음의 녹는점은 0.0℃이며, 액체상태의 물은 압력이 1 atm일 때 이 온도에서 얼음과 공존하게 된다.

만일 온도가 조금 낮아지면 물은 모두 얼게 되고 온도가 조금 높아지면 얼음은 모두 녹게 된다.

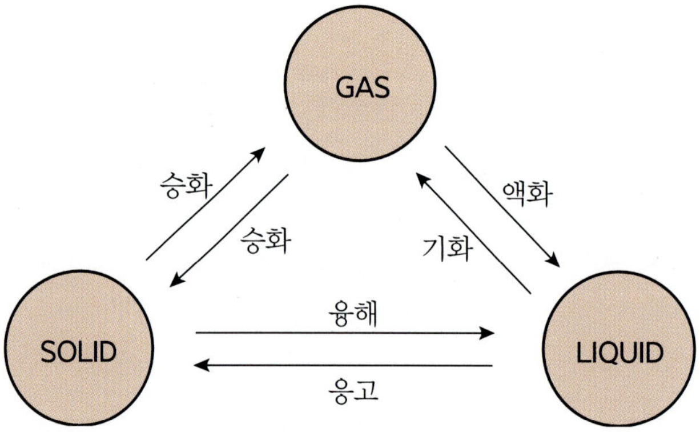

그림 5.5 물질의 세가지 상태

녹는점과 끓는점은 각 물질들의 독특한 성질의 하나로써 물질을 규명하는데 자주 이용되는 성질이다. 미지 물질의 녹는점과 끓는점을 알게 되면 그 물질을 확인하는데 도움이 된다. 이때 주의할 점은 약간의 불순물이라도 섞여 있으면 녹는점은 감소하고 끓는점은 증가하게 된다는 점이다. 또한 불순물이 섞여 있으면 순수한 물질에서는 분명하게 녹는점과 끓는점을 나타내던 것이 어떠한 영역을 이루어 녹는점이나 끓는점이 불분명하게 된다.

이러한 이유 때문에 녹는점과 끓는점의 측정 실험은 물질의 순도를 검토하는 데에도 도움이 된다.

5.3 임계온도와 임계압력

상온에서는 분자의 운동에너지가 커서 상호 간의 인력이 작아져서 액화가 잘 일어나지 못한다. 어느 온도 이하에서만 액화가 일어나며, 이때 액화가 일어날 수 있는 가장 높은 온도를 **임계온도**(critical temperature)라고 한다. 따라서 임계온도 이상에서는 높은 압력을 가해도 액화가 일어나지 않는다. 또한 임계온도에서 기체를 액화시키는데 필요한 최소의 압력을 **임계압력**(critical pressure)이라고 한다.

예를 들면, NH_3는 132℃, CO_2는 31℃, O_2는 −119℃가 임계온도이다. 이보다 높은 온도에서는 압력을 크게 해도 액화되지 않는다.

5.4 고체의 성질

액체가 냉각되면서 열을 발산하면 고체가 된다. 고체에서는 입자가 고정되어 있어서 그들의 움직임은 제한적인 진동만 있게 된다. 이러한 입자의 제한적 운동으로 인하여 고체는 고정된 형태와 일정한 부피를 갖는다.

고체는 결정이거나 비결정이다. **결정고체**(crystalline solids)는 규칙적이며 **비결정고체**(amorphous solids)는 비규칙적이다. 염화나트륨과 설탕은 결정고체이다. 금속도 역시 결정 고체이다. 아스팔트나 파라핀왁스는 비결정고체의 좋은 예이다.

결정고체를 살펴보면 그 모양이 규칙적임을 알 수 있다. 만약 결정고체를 깨뜨려보면 면이 일정한 규칙적인 면을 하고 있음을 알 수 있다. 가열하는 경우엔 이들 결정고체는 어느 일정한 온도에서 녹는다. 고체에서 액체로의 변화가 일정한 온도에서 일어난다.

비결정고체는 구조적인 단위가 불규칙적인 배열을 하고 있는 액체와 비슷하다. 유리는 사실상 점성이 큰 액체로 된 고체라 할 수 있다.

글리세롤, $CH_2OHCHOHCH_2OH$은 냉각시키면 쉽게 유리같이 된다. 그러나 결정상태로 되기는 쉽지 않다. 왜냐하면 글리세롤은 점성이 크므로 분자들이 규칙적인 배열을 하기가 대단히 어렵기 때문이다. 표 5.2에는 결정고체와 비결정고체의 특성을 실었다.

표 5.2 결정고체와 무정형고체의 특성

고체의 종류	특 성	예
결 정	형태가 규칙적, 깨어지면 규칙적인 면이 생김, 일정한 온도에서 녹음	염화나트륨, 설탕, 금속
비 결 정	비결정성이며 형태가 불규칙적, 가열하면 넓은 온도 범위에서 녹는다.	아스팔트, 파라핀, 유리 등

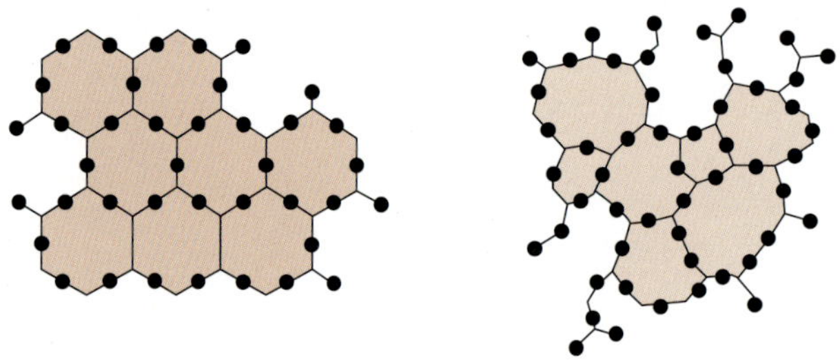

그림 5.6 (a) 결정성 이산화규소와 (b) 유리에서의 이산화규소의 배열 비교

5.5 결정의 구조

결정은 그것을 이루는 단위체들에 따라 분자 결정, 이온 결정, 원자 결정 및 금속 결정으로 구분한다. 이때 단위체들이 규칙적으로 배열되어 이루어진 기하학적인 모양을 **결정 격자**(crystal lattice)라고 한다.

이때 결정 격자에서 반복되는 가장 간단한 기본단위를 **단위세포**(unit cell)라고 한다.

결정 격자의 배열은 그 결정을 이루는 단위체인 원자, 분자 및 이온 등의 크기, 모양, 결합력과 결합의 방향 등에 의하여 결정되는데, 그 종류와 모양은 여러 가지가 있다.

어떤 단위세포는 한 가지 이상의 형태를 가지고 있다. 예를 들어 입방 단위세포는 세 가지 단위세포, 즉 단순입방, 체심입방, 면심입방을 가지고 있다.

이에 대하여 좀 더 자세히 알아보기 위하여 입방결정의 기본 단위가 원자로 되어 있다고 하자. 만약 결정이 **단순입방**(simple cubic)의 단위세포로 되어 있다면 원자는 단위세포의 꼭지점에만 있다. **체심입방**(body-centered cubic)은 꼭지점 뿐만 아니라 단위세포의 중심에 원자가 한 개 자리잡고 있다. **면심입방**(face-centered cubic)에는 꼭지점과 각 면의 중심에 원자들이 자리하고 있다.

결정격자는 이와 같은 단위세포가 차곡차곡 쌓여 있는 것이다. 즉 구리금속은 면심입방의 단위세포가 쌓여서 입방정계(cubic system)에 속하는 결정을 이룬 것이다. 그림 5.8은 면심입방 단위세포로 된 결정격자를 나타낸 것이다. 다른 결정계도 역시 한 가지 이상의 단위세포를 갖고 있다. 결정계에는 모두 14가지의 단위세포가 있다.

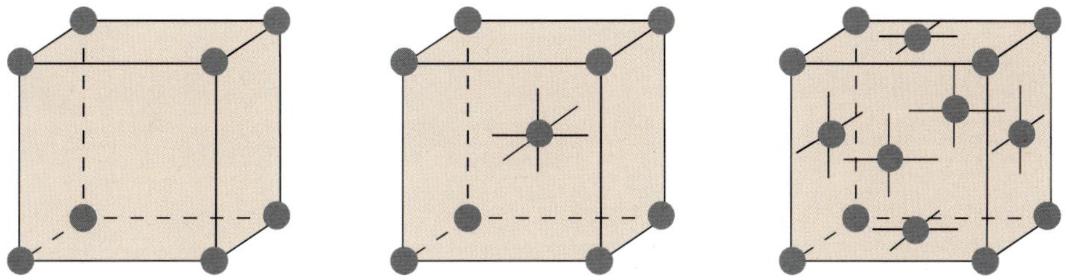

단순입방　　　　체심입방　　　　면심입방

그림 5.7 **입방 단위세포**

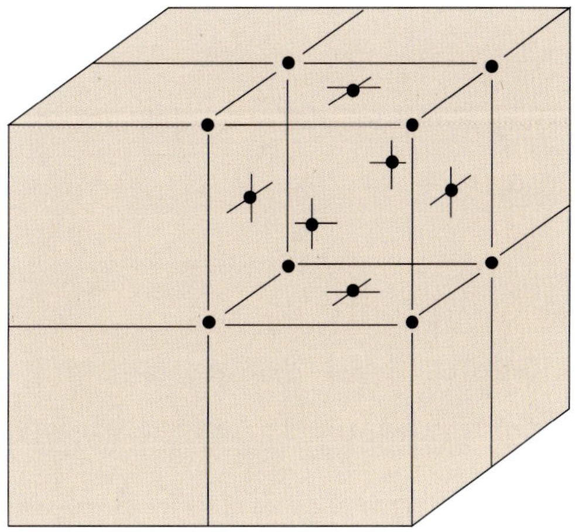

이 그림은 어떻게 단위세포가 격자를 이루는가를 나타내었다.

그림 5.8 **면심 입방으로 이루어진 격자**

5.6 고체의 형태

고체는 원자, 분자 또는 이온과 같은 구조를 이루는 단위로 형성되어 있다. 이러한 단위들은 서로 강하게 잡아 당겨 단단한 물질로 되는 것이다. 고체를 분류하는 방법 중 하나는 이와 같은 구조적 단위들이 잡아당기는 정도에 따라 분류하는 것이 있다. 어느 경우엔 이러한 인력은 분자간 힘이고 어느 경우엔 화학결합, 금속결합, 이온결합 또는 공유결합에 의하여 일어난다. 이러한 관점에서 네 가지 형태로 고체를 분류하면, 분자성, 금속성, 이온성 및 공유성고체가 있다.

(1) 분자성 고체(molecular solids)

분자 간의 힘에 의하여 원자나 분자가 고체를 이룬 것이다. 예로서 고체네온, 얼음, 드라이아이스가 있다.

(2) 금속성 고체(metallic solids)

금속결합에 의하여 이루어진다. 이러한 결합에서는 정전하를 띤 원자 알맹이들이 비편재화된 전자들에 의하여 둘러쌓여 있다.

예로서 철, 구리 또는 은이 있다.

(3) 이온성 고체(ionic solids)

서로 반대전하를 띤 양이온과 음이온의 전기적 인력에 의하여 이루어진다. 예로서 염화세슘, 염화나트륨, 염화아연 등이 있다.

(4) 공유성 고체(covalent network solids)

공유결합에 의해 커다란 망상이나 사슬과 같이 결합하고 있다. 금강석은 삼차원적인 망상구조를 하고 있는 공유성고체의 좋은 예이다. 금강석에서 탄소원자는 다른 네 개의 탄소원자와 공유결합을 하고 있다. 그러므로 금강석의 결정체를 거대분자로 볼 수도 있다. 이차원적인 "판상"의 거대분자나 일차원적인 "사슬"형의 거대분자도 가능하다.

예로서 흑연(판상) 또는 석면(사슬)이 있다.

연습문제

5.1 액체가 표면을 작게 하려는 성질은?

5.2 액체의 증발속도와 응결속도가 같은 상태를 무엇이라고 하는가?

5.3 높은 산에서는 기압이 보통 대기압(760 mmHg)보다 낮으므로 높은 산에서는 물이 100℃보다 낮은 온도에서 끓게 된다. 에베레스트산의 경우는 대기압이 235 mmHg였다. 물, 알코올, 에터는 각각 몇 ℃에서 끓겠는가? 그림 5.4에서 구하자.

5.4 높은 고도에서 요리하는 것이 낮은 고도에서 하는 것보다 시간이 오래 걸리는 이유는 무엇인가?

5.5 다음 각 항을 정의하여라.

(a) 표면장력(surface tension)
(b) 증발(evaporation)
(c) 임계온도(critical temperature)와 임계압력(critical pressure)
(d) 어는점(freezing point)
(e) 결정고체(crystalline solids)와 비결정고체(amorphous solids)

제 6 장 화학결합

불활성 기체를 제외한 모든 원자는 원자 상태로서는 불안정하므로 몇 개가 모여서 분자를 형성하든가 이온이 결정체를 만들어 안정된 상태로 되려고 한다.

금속원자와 비금속원자 간에 결합하는 경우, 비금속 원자 간에 결합하는 경우, 금속원자 간에 결합하는 경우로 크게 나눌 수 있다.

이와 같이 원자끼리 일정한 규칙에 따라 결합하는 것을 **화학결합**(chemical bond)이라고 한다.

6.1 옥테트 규칙

1990년 초기에 R. Abegg, J.J. Thomson, C.N. Lewis 그리고 I. Langmuir는 원자구조에 대한 새로운 모델을 개발하였다. 그들은 1(ⅠA)~2(ⅡA), 13(ⅢA)~17(ⅦA)족의 원소들이 총 8가의 전자로 끝나는 방식으로 전자들을 잃음, 얻음 혹은 공유함으로 화학적 결합을 한다는 관찰이 이 모델에 대한 기초를 두었다.

외각의 8가전자(octet)를 얻기 위해서 반응하는 이 원소들의 경향은 **8가전자**, 즉 **옥테트 규칙**(octet rule)이라 불린다. 모든 원소들은 옥테트 상태를 만족하려고 무수히 많은 화합물을 만들게 된다. 비활성 기체의 경우는 원래부터 옥테트 상태를 만족하므로 다른 것과 반응하지 않고 홀로 존재한다.

6.2 이온결합

모든 원소들은 전자껍질에 8개의 전자가 되어야 안정하다. 이것을 옥테트라고 한다.

전자가 남아서 버리려는 성질이 강한 것을 금속이라 하고, 또 전자가 모자라서 얻으려는 성질이 강한 것을 비금속이라 한다.

금속의 경우는 전자를 잃어버려 양이온이 되기 쉽고, 비금속은 음이온이 되기 쉽다.

전자를 잃어버리거나 얻어서 양이온과 음이온으로 되면 비활성 기체의 전자 배치를 닮으며, 이때 생기는 양이온과 음이온이 정전기적인 인력에 의해서 결합한다.

이러한 결합을 이온과 이온이 결합한다고 하여 **이온결합**(ionic bond)이라고 한다(전기음성도가 2.0보다 크다).

나트륨원자와 염소원자의 반응에 대해 생각하여 보자.

만일 나트륨 한 원자가 하나의 가전자를 잃게 된다면 그것은 양의 나트륨 이온인 Na^+를 형성하게 될 것이다.

나트륨 이온은 10개의 전자를 지니는 사실에 주의를 기울여 보면, 즉 주기율표에서 나트륨에 가장 가까이 있는 불활성가스인 Ne원자와 같은 전자수를 지닌다. 이와 유사하게 염소 한 원자가 전자를 얻는다면 그것은 음의 염소이온인 Cl^-를 형성하게 될 것이다.

이러한 염소이온은 18개의 전자를 지니게 될 것인데 이는 가장 가까운 불활성가스인 Ar과 같은 것이다(표 6.1과 그림 6.1).

일반적으로 적은 가전자를 지니는 원소들은 거의 8개의 가전자를 지니는 원소들과 반응할 때 전자들을 상실하게 될 것이다. 이러한 전달에 의해 형성된 이온들은 서로 끌어당기게 되는데 이것이 이온결합을 형성하는 이온들 사이의 인력이다.

표 6.1 원자와 전자들의 전자배열

원 소	원자번호	전자배열			원 소	원자번호	전자배열		
		1	2	3			1	2	3
Sodium, Na	11	2	8	1	Chlorine, Cl	17	2	8	7
Sodium ion, Na^+	11	2	8		Chlorine ion, Cl^-	17	2	8	8
Neon, Ne	10	2	8		Argon, Ar	18	2	8	8

$$Na \rightarrow Na^+ + e^-$$
$$e^- + Cl \rightarrow Cl^-$$

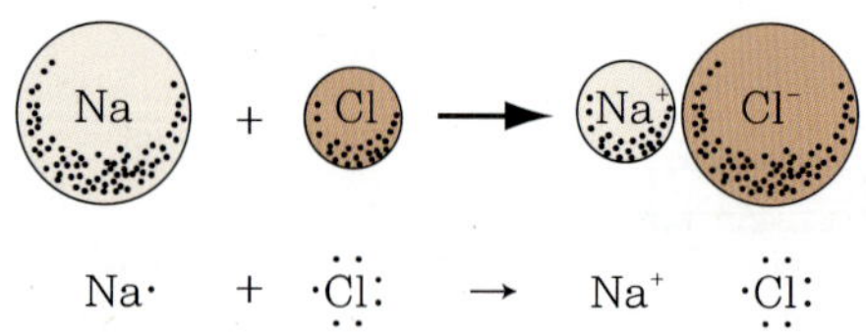

그림 6.1 소금의 형성에서 Na 원자는 염소원자에 하나의 전자를 잃게 되며 양의 나트륨 이온, Na^+과 음의 염소 이온, Cl^-를 생성한다.

6.3 Lewis 전자점 구조

공유결합 분자에서 원자 주위에 원자가 전자를 점으로 표시한 것을 Lewis 전자식 또는 전자점식이라고 한다.

표 6.2에 2주기와 3주기의 원자들에 대한 원자가 껍질 전자의 배열을 Lewis 기호로써 나타냈었다. 각 점들은 네 부분에 배치한 것을 주시해야 한다. 한 부분에는 두 개의 점씩 배치되어 있다.

나트륨의 전자가 염소원자로 이동될 때의 표시는 아래와 같다.

표 6.2 전자점 구조와 구조식

	F_2	HF	H_2O	NH_3	CH_4	BF_3
루이스 구조	:F:F:	H:F:	H:O: H	H:N:H H	H H:C:H H	:F:B:F: :F:
구 조 식	F—F	H—F	H—O | H	H—N—H | H	H | H—C—H | H	F—B—F | F

예제 **Lewis 전자점기호를 이용하여 Mg으로부터 F원자로 전자가 이동될 때 이들이 가지는 불활성기체배열을 나타내어라.**

풀이 Mg과 F의 전자점기호는 ·Mg·, :F̤̈· 이다. Mg는 전자 2개를 잃어 불활성기체배열을 가질 것으로 예상되나 F는 한 개의 전자만으로도 원자가 껍질을 채울 수 있다. 따라서 두 개의 F원자가 필요하며 표시는 아래와 같다.

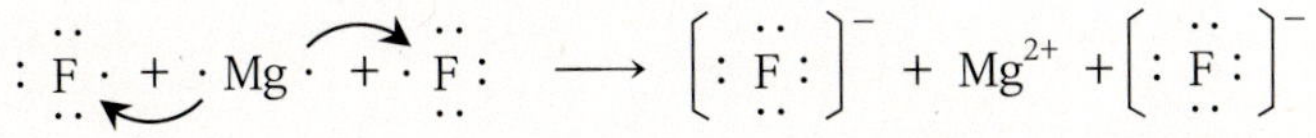

문제 6.1 **다음에 주어진 분자들의 Lewis 전자점구조와 구조식을 그려라.**

(a) Cl_2 (b) CH_4 (c) HCl (d) H_2O

문제 6.2 **질소원자(N)의 루이스 점자점식을 이용하여 질소분자(N_2)의 생성을 나타내어라.**

6.4 공유결합

두 원자가 결합할 때, 비활성기체와 같은 전자배치(옥테트)를 이루기 위하여 부족되는 전자를 서로 공유하여 이루어지는 결합을 **공유결합**(covalent bond)이라 하며, 1개의 전자쌍을 공유하는 단일결합, 2개의 전자쌍을 공유하는 2중결합, 3개의 전자쌍을 공유하는 3중결합 등이 있다.

공유결합은 정상적으로 비금속 원소들 사이에 형성된다(비금속들은 높은 이온화 에너지를 지니므로 그들의 원자가전자들에 대해 강한 인력을 지니고 있다.).

어떤 비금속 원소들은 자연계에서 원자로서 존재하지 않으며 이원자성분자(diatomic molecules)들로서 존재한다. 즉, 이런 원소들은 2원자가 공유결합되어 있다(표 6.3). 염소의 예를 들면 이원자성분자 Cl_2로 존재한다. 각 염소원자는 7개의 원자가전자를 지니며, 아르곤의 안정한 전자배치에 도달하기 위해 하나의 전자가 필요하다. 두 개의 염소원자들은 이 안정한 옥테트에 도달하기 위한 한 쌍의 전자들(이렇게 하여 공유결합을 형성)을 공유할 수 있다. 공유결합을 나타내는 간단한 방법은 관련된 원소들의 화학적 기호 사이에 선을 그리는 것이다. 이러한 표현은 결합도(bond diagram)로 불리운다(예 : H_2, F_2, HCl 등).

표 6.3 이원자성 분자들로서 발견되는 원소들

Hydrogen H_2	Fluorine F_2
Nitrogen N_2	Chlorine Cl_2
Oxygen O_2	Bromine Br_2
	Iodine I_2

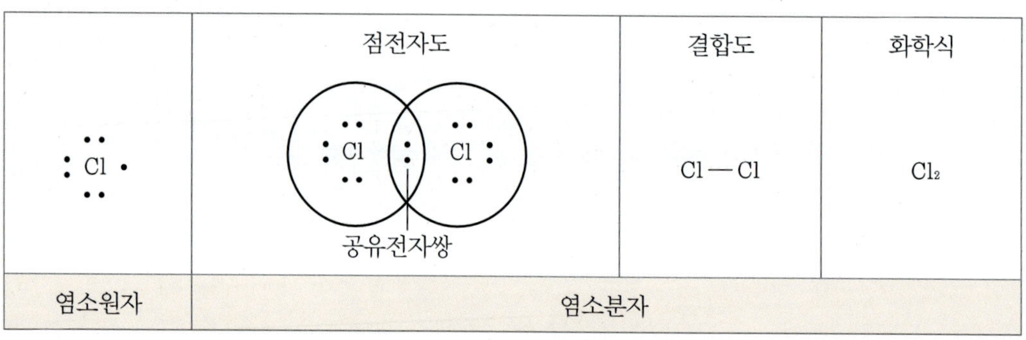

그림 6.2 단일의 공유결합을 함유하는 이원자성 염소분자

종종 전자들의 안정한 옥테트는 한 쌍 이상의 전자들이 두 핵 사이에 공유될 때만 얻어질 수 있다. 전자의 단일 공유쌍은 **단일 공유결합**으로 나타내며 우리는 그것을 그 원소들의 기호 사이에 한 선으로 표현한다. 이중결합은 두 쌍의 전자들이 두 핵 사이에서 공유될 때 두 선, ══ 으로 나타낸다.

이산화탄소(CO_2) 분자는 가전자가 4인 탄소원자 양쪽에 배치된 2개의 산소원자 사이에 각각 두 짝의 전자쌍으로 공유결합을 형성하므로 이와같은 결합을 **이중결합**이라 한다(예 : O_2, CO_2, C_2H_4 등).

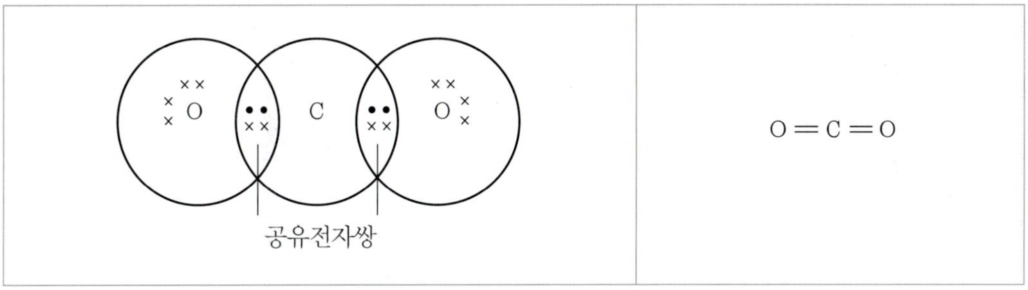

그림 6.3 **이산화탄소 분자는 두 개의 이중결합을 함유한다.**

질소는 이원자성 분자 N_2로 대기 중에서 발견된다. 각 질소원자는 5개의 원자가전자를 가지며 안정한 옥테트에 도달하기 위해 3개의 전자들을 공유해야 한다. 이것은 두 질소원자 각각이 다른 원자와 3개의 전자들을 공유할 때 일어난다. 이들 3개의 공유된 전자쌍들은 3개의 선으로 나타내는 **삼중결합**을 형성한다(예 : N_2, HCN, C_2H_2 등).

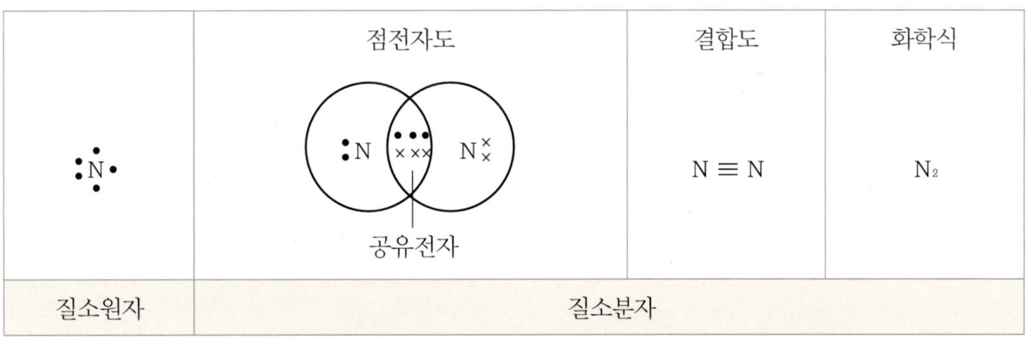

그림 6.4 **이원자성 질소분자는 삼중의 공유결합을 함유한다.**

6.5 배위공유결합

비공유 전자쌍을 가진 원자가 다른 원자나 이온에 일방적으로 제공해 이루어지는 공유결합을 **배위결합** 또는 **배위공유결합**(coordinate covalent bond)이라고 한다.

암모니아 분자에서 질소 원자의 최외각 전자껍질의 전자 5개($2s^2$, $2p_x^1$, $2p_y^1$, $2p_z^1$) 가운데 3개의 홀로 된 부대 전자는 3개의 수소 원자가 내놓은 전자와 전자쌍을 형성하여 공유 결합하므로 이들은 공유 전자쌍으로 된다.

이에 비하여 5개의 전자 가운데 2개의 전자($2s^2$)는 원자상태로 있을 때부터 전자쌍을 이루고 있으며, 이와 같은 전자쌍은 비공유 전자쌍(고립 전자쌍)에 해당된다. 따라서, 암모니아 분자에는 한 쌍의 고립 전자쌍이 남아 있으며, 여기에 H^+과 같은 전자가 부족한 것이 접근하면 N과 H^+이 고립전자쌍을 사이에 두고 공유함으로써 암모늄이온(NH_4^+)을 만든다.

금속의 착이온은 모두 배위결합을 하고 있으며, 구리 암모니아 착이온$[Cu(NH_3)_4]^{2+}$은 구리의 2가 양이온 Cu^{2+}과 4개의 암모니아 분자의 고립전자쌍의 배위결합을 한다.

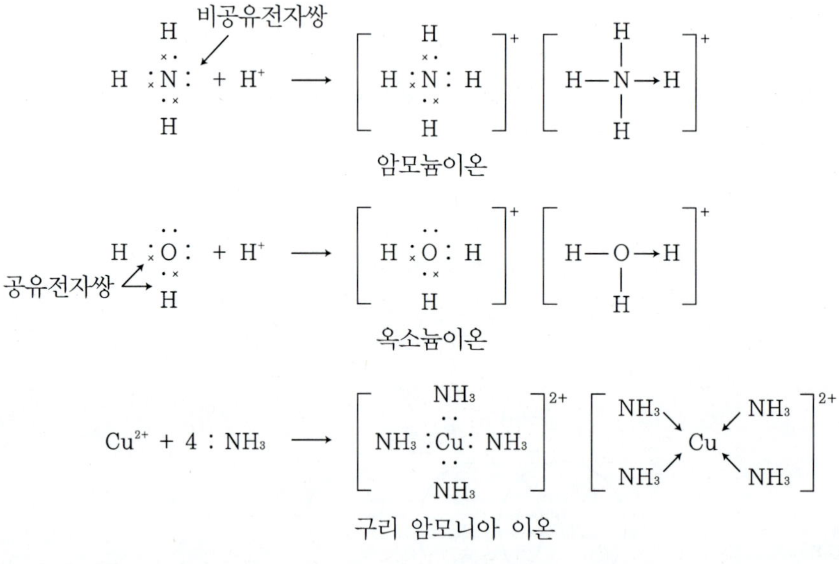

구조식에서 배위결합을 표시할 때는 가표 대신에 전자를 필요로 하는 쪽으로 →를 사용할 때가 있다.

그림 6.5 배위결합의 형성

문제 6.3 **배위공유결합인 것으로 짝지어진 것은?**

(a) H_2O와 H_2O_2 (b) $CaCl_2$와 Al_2O_3
(c) $C_6H_{12}O_6$와 CH_3OH (d) NH_4^+과 H_3O^+

6.6 금속결합

금속은 원자가 전자를 내놓고 금속 양이온으로 되어 안정하게 되고, 원자로부터 떨어져 나온 원자가전자가 자유전자(free electron)가 되어 양이온 사이에 고르게 공유되어 있는 상태를 **금속결합**(metallic bond)이라고 한다.

금속결합력은 자유전자수가 많을수록, 금속원자 반지름이 작을수록 커진다. 반면에 자유전자수가 많으면 많을수록 금속의 녹는점이나 끓는점이 높으며 이런 금속은 자유전자수가 적은 금속보다 더 단단하고 조밀하다.

자유전자수는 원자가수와 같다.

예) Na: 1개, Mg: 2개, Al: 3개

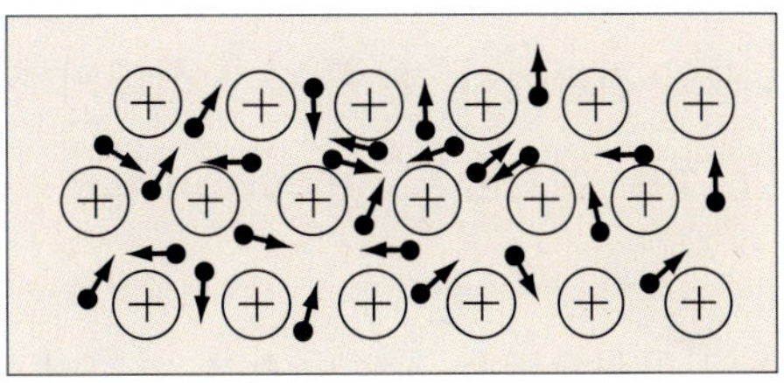

그림 6.6 **금속결합**

문제 6.4 **다음 중 금속결합의 원인이 되는 것은?**

(a) 금속이온 간의 결합
(b) 양성자와 중성자의 인력
(c) 핵 간의 인력
(d) 자유전자의 공유

6.7 수소결합

수소 원자와 결합하고 있는 상대원자 F, O, N 등은 전기음성도가 크므로 부분적으로 양전하(δ^+)와 음전하(δ^-)가 커지게 되어, 극성이 대단히 커져서 이웃하는 다른 분자와 결합하려는 경향이 있으며 수소원자를 사이에 두고 2개의 원자가 결합이 이루어진다(F, O, N과 같이 전기음성도가 큰 원자와 공유결합을 하고 있는 수소원자와 다른 분자 중의 전기음성도가 큰 원자 사이에 작용하는 인력).

이러한 결합을 **수소결합**(hydrogen bond)이라고 한다(수소결합은 점선으로 표기한다.).

그림 6.7 **수소결합**

6.8 전기음성도

종류가 다른 두 가지 원자 간의 결합에서, 한 원자가 상대의 전자를 잡아당기는 성질의 대소를 상대적인 척도로 표시한 것을 **전기음성도**(electronegativity)라 하며 1932년 Pauling이 주장하였다.

가장 전기음성도가 큰 원소인 플루오르는 4.0의 값을 가지며 같은 주기의 왼쪽 끝에 있는 리튬은 1.0, 리튬 아래 같은 열에 있는 세슘은 0.7의 값을 갖는다. 일반적으로 주기율표에서 전기음성도는 왼 쪽에서 오른 쪽으로 갈수록 증가하고 위에서 아래로 내려갈수록 감소한다. 금속은 가장 작은 전기음성도를 갖는 원소이며 비금속은 가장 큰 전기음성도를 갖는다.

두 결합원자의 전기음성도차의 절대값을 통해 결합의 극성(polarity)을 예상할 수 있다. 차가 작으면 비극성, 크면 극성결합, 아주 크면 이온결합을 이룬다. H-H, H-Cl, Na-Cl 결합의 전기음성도차는 각각 0, 0.9와 2.1이다.

전기음성도차를 통해 이온결합이 항상 금속원자와 비금속원자 사이에 형성되는 이유를 설명할 수 있다. 이들 원소 간의 전기음성도차가 가장 크다. 반면 공유결합은 주로 두 비금속 사이에 이루어지는데 이들의 전기음성도차가 작기 때문이다.

IA (1)	IIA (2)	IIIB (3)	IVB (4)	VB (5)	VIB (6)	VIIB (7)	VIIIB (8)	VIIIB (9)	VIIIB (10)	IB (11)	IIB (12)	IIIA (13)	IVA (14)	VA (15)	VIA (16)	VIIA (17)
								H 2.1								
Li 1.0	Be 1.5											B 2.0	C 2.5	N 3.0	O 3.5	F 4.0
Na 0.9	Mg 1.2											Al 1.5	Si 1.8	P 2.1	S 2.5	Cl 3.0
K 0.8	Ca 1.0	Sc 1.3	Ti 1.5	V 1.6	Cr 1.6	Mn 1.5	Fe 1.8	Co 1.8	Ni 1.8	Cu 1.9	Zn 1.6	Ga 1.6	Ge 1.8	As 2.0	Se 2.4	Br 2.8
Rh 0.8	Sr 1.0	Y 1.2	Zr 1.4	Nb 1.6	Mo 1.8	Tc 1.9	Ru 2.2	Rh 2..2	Pb 2.2	Ag 1.9	Cd 1.7	In 1.7	Sn 1.8	Sb 1.9	Te 2.1	I 2.5
Cs 0.7	Ba 0.9	La–Lu 1.1–1.2	Hf 1.3	Ta 1.5	W 1.7	Re 1.9	Os 2.2	Ir 2.2	Pt 2.2	Au 2.4	Hg 1.9	Tl 1.8	Pb 1.8	Bi 1.9	Po 2.0	At 2.2
Fr 0.7	Ra 0.9	Ac–No 1.1–1.7														

그림 6.8 원소의 전기음성도

H_2 분자나 Cl_2 분자와 같이 같은 종류의 2개의 원자가 서로 공유전자쌍을 형성하여 결합할 때는, 이들 원자의 전기음성도는 같으므로 양쪽의 원자핵으로부터 대체로 같은 거리에 있다.

같은 종류의 원자가 공유결합을 할 때 공유전자쌍이 동등하게 한쪽으로 치우치지 않는다.

이와 같은 분자들은 **비극성분자**(nonpolar molecular)라 하고, 이때의 결합을 비극성공유결합(nonpolar covalent bond)이라고 한다(전기음성도 차이가 0.5보다 작다).

H_2, O_2, Cl_2, F_2, N_2, Br_2 등과 같이 모든 단원자분자 물질과 CH_4, CO_2, C_6H_6과 같은 분자에서 C−H, C−O의 결합은 극성공유결합이지만 이들 분자는 그 모양이 대칭성이므로(+)의 중심점과 (−)의 중심점이 일치하여 서로 상쇄되어 비극성분자로 된다.

그러나, HF, HCl, HBr 등과 같이 모든 이원자분자 물질과 H_2O, NH_3, CH_3Cl, C_2H_5OH와 같은 비대칭구조를 가진 화합물을 극성분자라고 한다. HCl 분자에서 H와 Cl과 같이 전기음성도가 다른 원자 사이의 결합에서는 공유전자쌍은 전기음성도가 큰 Cl원자 쪽으로 치우쳐 진다. 이와같이 공유된 전자쌍이 어느 한쪽의 원자에 치우쳐 있을 때 극성이 있다고 하고, 그러한 분자를 **극성분자**(polar molecular) 또는 쌍극자(dipole)라 하고 서로 다른 원자가 공유결합을 할 때 전기음성도가 큰 원자 쪽으로 전자쌍이 치우치는 결합을 극성공유결합(polar covalent bond)이라고 한다(전기음성도는 0.5~2.0이다).

음전하(δ^-)는 전기음성도가 큰 쪽으로 양전하(δ^+)는 작은쪽으로 띤다.

$$H + Cl \rightarrow \overset{\delta^+}{H}\ \overset{\delta^-}{Cl}$$

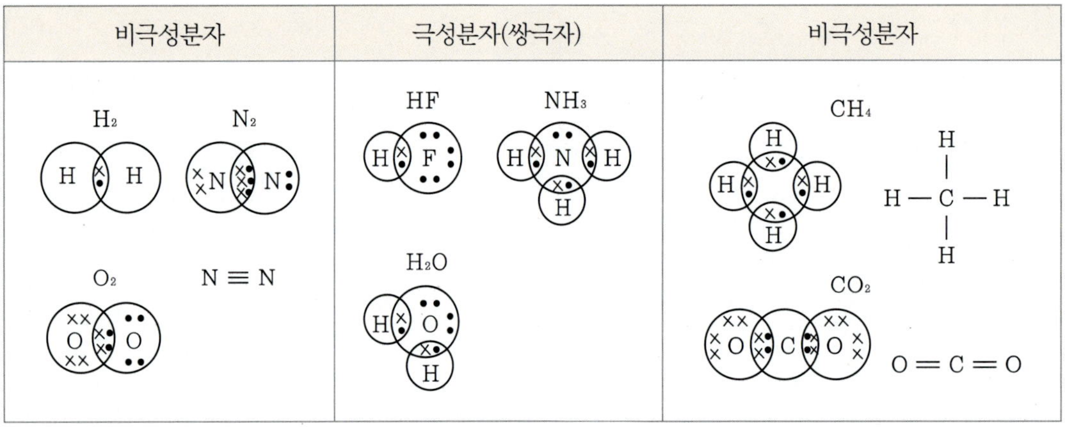

그림 6.9 극성분자와 비극성분자

연습문제

6.1 다음의 전자점 구조식을 써라.

(a) 산소음이온 (b) 마그네슘 양이온 (c) 브롬음이온

6.2 다음의 각 원소쌍으로 이루어진 이온성화합물의 전자점 구조식을 써라.

(a) 마그네슘과 염소
(b) 알루미늄과 브롬
(c) 알루미늄과 산소
(d) 칼슘과 인

6.3 다음 각각의 분자에 대해 전자점 구조식을 써라.

(a) NCl_3 (b) H_2S (c) CO_2

6.4 다음 각 결합을 이온결합, 극성공유결합 또는 비극성공유결합으로 분류하라.

(a) HBr (b) Cl_2 (c) CaO

6.5 배위공유결합이란 무엇이며, 보통의 공유결합과는 어떻게 다른가?

6.6 족과 주기 내의 전기음성도 값에 대한 경향을 설명하라.

6.7 다음의 분자 중 3중결합을 가지고 있는 것은?

(a) CO_2 (b) Cl_2 (c) O_2 (d) N_2

6.8 금속결정의 구성단위는?

(a) 양이온과 음이온 (b) 원자와 원자
(c) 분자와 분자 (d) 양이온과 전자

6.9 전기음성도가 가장 큰 것과 가장 작은 것의 원소기호를 써라.

제 7 장 용 액

용액(solution)이란 둘 이상의 구성 요소들이 균일하게 분포된 혼합물을 말한다. 그 중 녹이는데 사용되는 액체를 **용매**(solvent)라 하고, 녹는 물질을 **용질**(solute)이라 하며, 녹아 들어가는 현상을 **용해**(dissociation)라 한다. 용액은 혼합물이며, 용매가 물일 때의 용액을 특별히 **수용액**(aqueous solution)이라 한다. 용액은 기체, 액체 혹은 고체로 이루어져 있으며, 그 예를 표 7.1에 나타내었다.

표 7.1 용액의 종류

용매의 상태	용질의 상태	예
기 체	기 체	공 기
액 체	기 체	물 속의 이산화탄소
액 체	액 체	물 속의 알코올, 부동액
액 체	고 체	설탕물, 소금물
고 체	기 체	팔라듐 속의 기체
고 체	액 체	아말감
고 체	고 체	놋쇠, 합금

7.1 용해도

일정한 온도에서 일정량의 용매에 녹는 용질의 양에는 한도가 있으며, 용매 100 g에 녹을 수 있는 용질의 최대량을 g수로 표시한 것을 그 온도에 있어서의 **용해도**(solubility)라 한다.

0℃에서 물 100 g에 NaCl 35.63 g까지 녹을 수 있으므로 0℃에서 물에 대한 소금의 용해도는 35.63이라 한다.

어떤 온도에서 용액의 용해도는 m이라 하면 포화용액의 중량%는 다음과 같다.

$$x = \frac{m}{100 + m} \times 100$$

예제 **30℃에서 어떤 물질은 그 포화용액 90 g 속에 30 g 녹아 있다. 30℃에서 이 물질의 용해도는?**

풀이 수용액 중에서 용매만의 질량은 90 − 30 = 60(g)이다. 용매 60 g 속에 용질 30 g 녹아 있으므로, 용해도 x는 용매 100 g에 녹는 용질의 무게이므로,

$$60 : 30 = 100 : x \qquad \therefore x = 50$$

(1) 물질의 용해성 구분

가용성(soluble)은 물 100 ml에 1 g 이상이 녹는 물질이며, **불용성**(insoluble)은 물 100 ml에 0.1 g 미만이 녹는 물질이고, **난용성**(sparingly soluble)은 물 100 ml에 0.1~1 g 정도 녹는 물질이다.

(2) 헨리의 법칙

탄산음료수의 병뚜껑을 열 때 이산화탄소가 빠져나가는 소리를 듣게 되는데 이때 헨리 법칙의 작용을 보게 되는 것이다. 19세기 초반 영국 화학자인 William Henry는 어떤 온도에서 기체의 액체에 대한 용해도는 액체에 가해지는 그 기체의 압력에 비례한다는 사실을 알아냈다. 즉, 온도가 변하지 않는 한 압력이 높을수록 더 많은 기체가 액체에 녹는다. 탄산음료수는 고압하에서 만들어지기 때문에 뚜껑을 열면 병 내의 압력이 낮아지게 된다. 따라서 이산화탄소의 용해도가 낮아지고 기체는 빠져나가게 된다.

이산화탄소에 대한 압력의 영향은 다른 기체에도 적용된다. 그러므로 모든 기체에 대하여 주어진 온도에서 용액 위의 기체의 부분압력을 증가시키면 액체에 더 많이 용해한다.

기체의 용해도에 대한 압력의 영향은 정량적으로 예측할 수 있다.

일정한 온도에서 일정량의 용매에 녹는 기체의 용해도는 압력에 비례하고, 기체의 부피는 그 기체의 압력에 관계없이 일정하다. 이것을 **Henry의 법칙**이라고 한다.

이 법칙을 수학적으로 나타내면 다음과 같다.

$$S = k_H P$$

여기에서 S는 기체의 용해도(용매의 부피당 용질의 질량)이며 k_H는 기체의 Henry법칙 상수이며 P는 기체의 부분압이다.

극성이 큰 기체는 물에 잘 녹으며, 극성이 없거나 작은 것은 물에 약간 녹는데 CO_2, O_2, H_2, N_2 등은 헨리의 법칙에 따른다.

표 7.2에서와 같이 0℃, 1기압일 때 물 100 g에 산소가 6.8×10^{-3}g 녹으면, 2기압에서는 $2 \times 6.8 \times 10^{-3}$g 녹아야 한다. 그러나 보일의 법칙에 따르면 6.8×10^{-3}g의 기체가 1기압일 때 5 ml이며 압력은 2기압에서 10/2 ml가 된다. 즉 1기압이나 2기압일 때 $2 \times 6.8 \times 10^{-3}$g 부피는 $2 \times \frac{10}{2} = 10$ ml가 된다. 즉 1기압이나 2기압일 때 산소의 부피는 같으나 질량은 2배임을 알 수 있다.

표 7.2 산소의 용해도와 압력과의 관계 (0℃)

물에 접하는 산소의 압력	물 100 g에 녹는 산소의 양		
	질 량	용해도	0℃ 때의 부피
1 atm	6.8×10^{-3}g	6.8×10^{-3}g	5 ml(1 atm, 5 ml)
2 atm	$2\times6.8\times10^{-3}$g	$2\times6.8\times10^{-3}$g	5 ml(1 atm, 2×5 ml)
3 atm	$3\times6.8\times10^{-3}$g	$3\times6.8\times10^{-3}$g	5 ml(1 atm, 3×5 ml)

7.2 재결정

온도의 변화에 따라 용해도의 차가 큰 물질이 불순물로 조금 들어 있을 때 그 물질을 될 수 있는 한 적은 양의 용매로 높은 온도에서 녹여서 진한 용액을 만든다.

이것을 냉각하면, 녹아 있는 불순물의 양은 적으므로 포화에 도달하지 못하여 용액 속에 남고 그 물질만이 결정으로 석출된다. 이와 같은 것을 재결정(recrystal)이라 하며, 이와 같이 하여 물질을 정제하는 법을 재결정법이라 한다.

예제 **물에 대한 용해도가 50℃와 20℃에서 각각 40, 20인 염이 있다. 이 염은 50℃에서 포화용액 70 g을 20℃로 냉각시키면 몇 g의 염이 석출되겠는가?**

풀이 50℃에서 포화 용액 140 g(물 100 g + 염 40 g)을 20℃로 냉각시키면 물 100 g은 그대로 있고, 20℃에서 물에 녹을 수 있는 양은 20 g이므로 석출되는 양은 20 g이다.
용액 140 g을 냉각해서 석출되는 양은 20 g이므로
용액 70 g을 냉각하여 석출되는 양을 x라고 하면

$$140 : 70 = 20 : x \qquad \therefore x = 10\,\text{g}$$

7.3 수화물

고체 물질이 결정으로 석출될 때 일정한 비율로 물을 포함하면서 석출되는 물질이 있다. 이때에 결정 속에 포함된 물을 **결정수**라 하며, 결정수를 포함한 물질을 **수화물**(hydrate)이라 한다.

예를 들면, 수화물인 $Na_2CO_3 \cdot 10H_2O$ 속에 $10H_2O$를 결정수라 하며 $10H_2O$을 잃고 Na_2CO_3로 된 것을 **무수물**(anhydrous)이라 한다.

(1) 풍해

결정수를 가진 결정이 공기 중에 방치하면서 서서히 결정수를 잃고 흰 분말로 되는 현상을 **풍해**(efforescence)라고 한다. 풍해성 물질에는 $Na_2CO_3 \cdot 10H_2O$이 있는데 이것은 공기 중에서 $Na_2CO_3 \cdot H_2O$로 된다.

풍해로 인해 표면에서 분말상이 된다.

$$Na_2CO_3 \cdot 10H_2O \xrightarrow{\text{풍해}} Na_2CO_3 \cdot H_2O + 9H_2O$$

(2) 조해

물에 잘 녹는 고체 물질이 공기 중의 수분을 흡수하여 스스로 녹는 현상을 **조해**(deliquescence)라고 하며 건조제로 이용된다.

한 겨울에 눈이 내린 후 길이 얼어붙어 보행자나 자동차 등이 미끄러짐을 방지하기 위해 염화칼슘을 뿌려 주변의 얼음들이 녹게 된다.

(예) $NaOH$, $CaCl_2$, P_4O_{10}, $MgCl_2$(간수) 등

7.4 용액의 농도

용액의 성질은 용매와 용질의 상대적인 비에 따라 크게 변한다. 이 성질들은 용질의 농도(concentration), 즉 주어진 용매나 용질 속에 들어있는 용질의 양으로 기술할 수 있다. 농도는 여러 가지로 표시될 수 있다. 어떤 때는 질량백분율로 표시한다.

(1) 몰분율

모든 물질들의 전체 몰수에 대한 각 성분의 몰 수의 비로 나눈값을 **몰분율**(mole fraction)이라 한다. 여기서 X_A는 성분 A의 몰 분율이고 n_A, n_B는 각 성분 A, B의 몰 수이다. 모든 성분들의 몰 분율의 합은 1이 되어야만 한다.

$$X_A = \frac{n_A}{n_A + n_B + \cdots} \qquad X_B = \frac{n_B}{n_A + n_B + \cdots}$$

예를 들면 어떤 용액이 1몰의 에틸렌글리콜과 9몰의 물로 이루어져 있다면 용액의 전체 몰수는 1 mol + 9 mol = 10 mol이 된다. 그러므로 에틸렌글리콜의 몰분율은 $\frac{1}{10} = 0.1$이고 물의 몰분율은 $\frac{9}{10} = 0.9$이다. 몰분율에 100을 곱하여 몰 퍼센트가 된다.

그러므로 이 용액은 10몰 퍼센트의 글루코오스와 90몰 퍼센트의 물로 되어 있다. 또 다른 말로는 이 용액의 분자 중 10%는 에틸렌글리콜이고 90%는 물이라고 나타낼 수도 있다.

문제 7.1 **물 18.0 g, 아세트산 120 g 및 에틸알코올 138 g으로 이루어진 혼합물에서 아세트산의 몰분율을 구하여라.**

(2) 용질의 질량퍼센트(% 농도)

용액의 농도를 **용질의 질량 퍼센트**(mass percentage of solute) 즉, 용액 100 g 속에 들어있는 용질의 질량(g)을 백분율로 나타낸 것이다.

$$\text{용질의 질량퍼센트} = \frac{\text{용질의 질량}}{\text{용액의 질량}} \times 100\%$$

예를 들면, 용질의 질량퍼센트가 3.5%인 염화나트륨 수용액에는 용액 100.0 g에 NaCl 3.5 g이 들어있음을 의미한다. 즉, 이 용액은 물 96.5 g(100.0 − 3.5 = 96.5) 속에 3.5 g의 NaCl을 녹여서 만든다.

① 질량/질량 퍼센트

화학실험에서 퍼센트 농도가 사용될 때 가장 주로 사용되는 것은 질량/질량 퍼센트이다. **질량/질량 퍼센트**(W/W) 퍼센트(weight/weight percent)는 용액 100 g당 용질의 g수이다. 10%(w/w) NaOH 용액은 100 g의 용액당 10 g의 NaOH를 가지고 있다.

② 부피/부피 퍼센트

용질과 용매가 모두 액체일 때 용액의 농도를 부피/부피 퍼센트 혹은 부피의 퍼센트로 기술하는 것이 편리하다. **부피/부피(V/V) 퍼센트**(volume/volume percent)는 용액 100부피당 용질의 부피이다. 부피의 단위는 액체를 측정하는 어떠한 단위도 될 수 있으나 단위는 용질과 용매에 있어 동일해야 한다.

10%(V/V) 에틸알코올 용액은 100 ml 용액에 10 ml의 에틸알코올이 포함된 것이다.

③ 질량/부피 퍼센트

질량/부피 퍼센트는 임상적 보고에 자주 발견된다. **질량/부피(W/V) 퍼센트**(weight/volume percent)는 용액 100 ml당 용질의 g수이다(그림 7.1)

10%(W/V) NaOH 용액은 100 ml의 용액에 10 g의 NaOH를 포함한 것이다.

예제 **용액 200.0 ml에 용해되어 있는 10.0 g 포도당의 %(W/V) 농도를 구하여라.**

풀이 $\frac{10.0\text{g 용질}}{200.0\text{ml 용액}} \times 100\% = 5.00\%(\text{W/V})$

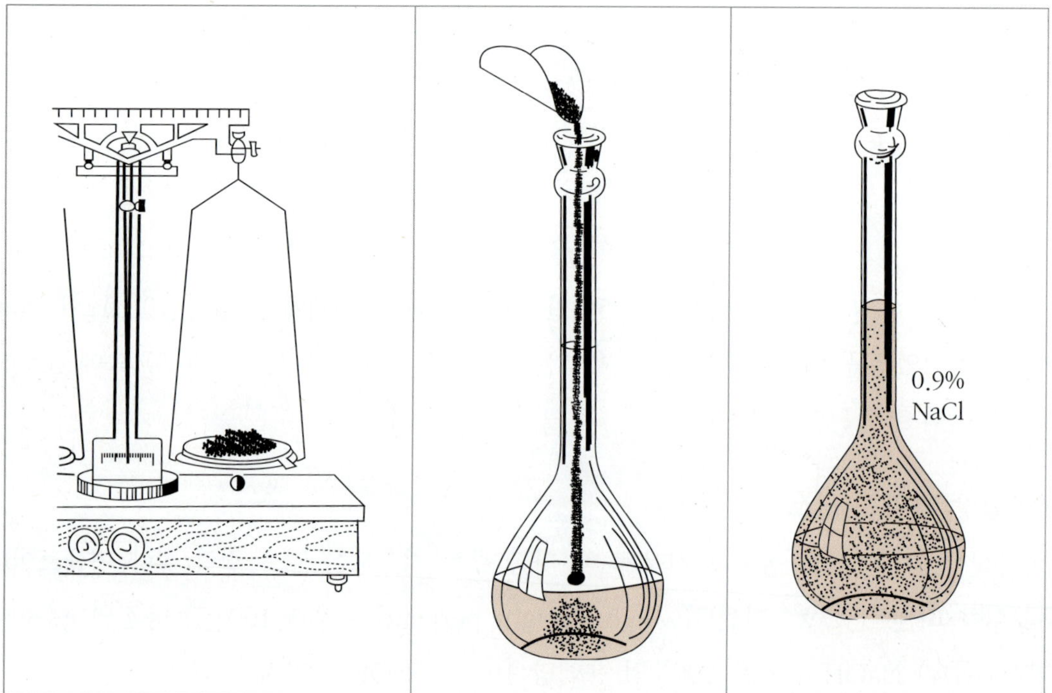

0.9 g NaCl을 칭량한다.	100 ml volumetric flask에 넣고 소량의 물에 녹인다.	물을 첨가하여 100 ml 용액을 만든다.

그림 7.1 식염수(0.9% NaCl) 100 ml를 만드는 과정

문제 7.2 설탕물 90 g에 설탕 10 g을 녹인 용액의 %(W/W) 농도를 구하여라.

문제 7.3 수용액 80.0 ml에 용해되어 있는 10.0 ml의 에틸알콜에 대한 %(V/V) 농도를 구하여라.

문제 7.4 다음 용액을 어떻게 만들어야 하는가?

(1) 10%(W/V) NaOH 500 g
(2) 20.0%(V/V) 메탄올 500 ml

(3) 몰랄농도(mol/kg)

몰랄농도(molality)는 용매 1 kg 중에 녹아있는 용질의 몰수를 나타낸 것이며 기호는 m으로 나타낸다(온도변화에 영향을 받지 않는다).

온도가 변화해도 몰랄농도는 변화하지 않으므로 용액의 어는점 내림, 끓는점 오름, 삼투압 측정에 이용된다.

$$m = \frac{\text{용질의 몰 수}}{\text{용매의 질량(kg)}}$$

예를 들면, 물 500 g에 수산화나트륨 4.0 g이 녹아 있다면 이 용액은 물 1000 g에 0.2몰의 수산화나트륨이 녹아 있는 것과 같다. 그러므로 이 용액의 몰랄농도는

$$m = \frac{0.1\text{몰}}{0.5\,\text{kg}} = 0.2\,\text{m} \quad \text{NaOH}$$

즉, 이 용액의 몰랄농도는 0.2 m이다.

문제 7.5 물 200.0 g에 염화나트륨(NaCl) 5.85 g이 녹아있는 용액의 몰랄농도를 구하여라.

(4) 몰농도(M) (mol/ℓ)

용액 1ℓ당 들어 있는 용질의 몰 수를 나타낸 농도를 몰농도(molarity)라고 한다.

$$\text{몰농도(M)} = \frac{\text{용질의 몰 수}}{\text{용액의 부피}(\ell)}$$

1 M 용액은 충분한 물에 용질의 1몰이 포함되어 1 ℓ의 용액으로 만든 것이다. 6.0 M HCl 이라 표기된 병은 그러므로 1 ℓ의 용액에 6.0몰의 HCl을 포함한다.

예를 들면, 물에 0.25몰의 수산화나트륨을 녹여 500 ml 용액으로 하였다면 몰농도는,

$$\frac{0.25\text{몰 NaOH}}{0.5\ell \text{ 용액}} = 0.5\text{M NaOH}$$

그러므로 0.5 M-NaOH 용액이다.

예제 **물과 수산화나트륨을 사용하여 0.500 M NaOH 용액 0.150 ℓ를 어떻게 만드는가?**

풀이 먼저 필요한 NaOH의 몰수를 계산한다.

$$\text{필요한 NaOH의 몰 수} = 0.150\ell \times \frac{0.500\text{mol NaOH}}{1\ell}$$
$$= 0.0750\text{mol NaOH}$$

$$\text{필요한 NaOH의 질량} = 0.0750\text{mol} \times \frac{40.0\text{g}}{1\text{ mol}} = 3.00\text{g}$$

NaOH 3.00 g을 평량한 후, 물에 녹여 용액의 부피를 0.150 ℓ로 만든다.

문제 7.6 H_2SO_4 4.90 g이 녹아있는 500 ml 수용액의 몰 농도는 얼마인가?

문제 7.7 NaOH 100.0 g을 물에 녹여 1.00 ℓ의 용액으로 만들었을 때 몰 농도는 얼마인가?

(5) 노르말 농도(N)

1 ℓ의 용액 속에 들어있는 산 또는 염기의 그램당량수를 노르말 농도(normality)라 한다.

$$\text{N농도} = \frac{\text{용질의 g 당량수}}{\text{용액의 부피}(\ell)}$$

산의 당량은 1몰의 H^+ 이온을 내어 놓은 산의 무게이며 염기의 당량은 1몰의 OH^- 이온을 줄 수 있는 염기의 무게를 말한다.

즉, 어떠한 산의 1당량은 어떤 염기의 1당량을 중화한다. 당량에 g을 붙여 나타낸 값을 g 당량이라 한다.

$$\text{산·염기의 당량} = \frac{\text{분자량(+결정수)}}{\text{산의 } H^+\text{수 또는 염기의 } OH^-\text{수}}$$

예를 들면,

$$HCl\ \text{당량} = \frac{36.45}{1} = 36.45\,\text{g/당량}$$

$$H_2SO_4\ \text{당량} = \frac{98.08}{2} = 49.04\,\text{g/당량}$$

$$Ca(OH)_2\ \text{당량} = \frac{74.10}{2} = 37.05\,\text{g/당량}$$

예제 **1.00 ℓ 용액에 HCl 50.0 g을 포함하는 HCl의 노르말 농도는 얼마인가?**

풀이 노르말 농도는 리터당 당량수이므로 HCl 1몰의 당량을 구하면 된다.
50.0 g 속의 HCl 당량수를 계산하면

$$50.0\,\text{g HCl} \times \frac{1\text{당량 HCl}}{36.5\,\text{g Hcl}} = 1.37\text{당량 HCl}$$

노르말 농도를 구한다.

$$N = \frac{1.37\text{당량 HCl}}{1.00\,\ell} = 1.37\text{당량 HCl}/\ell$$

문제 7.8 **1.50 N-H_2SO_4 1.00 ℓ에 포함된 H_2SO_4는 몇 g인가?**

(6) 혼합용액의 농도

용질의 전체 몰 수는 변하지 않고 농도와 부피만 변한다. M몰 농도용액 V ℓ와 M'몰 농도용액 V'를 혼합할 경우 용질의 전체 몰수는 다음과 같다.

$$\text{용질의 전체 몰 수} = MV + M'V' = M''(V+V')$$

예제 2 M−NaOH 용액 5 ℓ에 4 M−NaOH 5 ℓ를 혼합하였다. 혼합한 용액의 몰농도는 얼마인가?

풀이
$MV + M'V' = M''(V+V')$
$2\times5+4\times5 = M''(5+5)$
$\therefore M'' = 3$

문제 7.9 1.0 M NaCl 용액 300 ml와 2.0 M NaCl 용액 200 ml를 혼합한 용액의 몰농도를 구하여라.

(7) 농도의 희석

M몰 농도용액 V ℓ에 물을 가해 M'몰 농도용액을 V' ℓ로 희석하면 다음식이 성립된다.

$$MV = M'V'$$

예제 12 M−HCl 30 ml를 희석하여 6 M−HCl 용액으로 만들려면?

풀이
$MV = M'V'$에서 $12\times30 = 6\times V'$ $V' = 60\text{ml}$
∴ 12M−HCl용액 30 ml에 물 30 ml를 가한다.

문제 7.10 50.0 ml 15.0%(W/V) 용액을 10.0%(W/V) 용액으로 희석시켰을 때 최종부피는 얼마인가?

(8) 중화적정

산과 염기가 반응하여 중화가 일어날 때, 양적관계를 이용하여 농도를 모르는 산, 염기의 농도를 결정하는 것을 **중화적정**이라고 한다.

M몰 농도의 n가산 Vml를 중화시키는데, M' 몰농도, n'가 염기 V'ml가 필요했을 경우 H^+의 몰 수와 OH^-의 몰수가 같으므로

$$nM \times \frac{V}{1000} = n'M' \times \frac{V'}{1000}$$

n'가의 염기 Wg을 중화시키는데 M몰 농도, n가산, Vml가 필요했을 경우 산이 내는 H^+의 몰 수와 염기가 내는 OH^-의 몰수는 같으므로 다음 식이 성립한다.

$$nM \times \frac{V}{1000} = \frac{Wg}{\text{화학식량}} \times n'$$

예제

(1) 0.1M 황산을 0.1M 암모니아수로 적정할 경우 중화점에서 pH는 (　　)이다.

(2) 0.1M 아세트산 수용액을 0.1M 수산화 나트륨으로 적정할 경우 중화점에서 pH는 (　　)이다.

풀이 강산과 약 염기로 적정할 때는 pH가 7보다 작고, 약산과 강염기로 적정할 때 중화점은 pH가 7보다 크다.

문제 7.11 1 M H_2SO_4 20 ml를 중화하는데 1 M NaOH 몇 ml가 필요한가?

(9) %농도와 M농도의 환산

용액의 비중(밀도)을 알면 쉽게 구한다.

용액 1 ℓ 중의 용질의 몰수 = (1000 × 비중 × %농도 / 100) ÷ 분자량

예제 **96%의 진한 황산의 비중은 1.84이다. 이때 몰농도와 노르말농도는 얼마인가?**

풀이

M = (1000 × 1.84 × 96 / 100) ÷ 98 = 18.02 M

N = (1000 × 1.84 × 96 / 100) ÷ 49 = 36.04 N

문제 7.12 50%의 황산용액의 비중은 1.4이다. 이 용액의 몰농도와 노르말농도를 구하여라.

(10) ppm과 ppb

용액이 매우 희석되었을 때 ppm, ppb의 농도 단위가 쓰인다. 1 ppm은 1 ℓ 용액에 1 mg의 용질이 있는 것에 해당된다. 1 ppb는 1 ℓ 용액에 1 ㎍의 용질이 있는 것에 해당된다.

$$1\,\text{ppm} = \frac{1\,\text{mg 용질}}{1\,\ell\ \text{용액}} \qquad 1\,\text{ppb} = \frac{1\,\mu\text{g 용질}}{1\,\ell\ \text{용액}}$$

이 식은 농도 단위를 상상하는 것은 힘들다. 그러나 다음의 비교는 도움이 될 것이다. 일년에 1000만 원의 봉급을 받는다고 가정하면 봉급의 1 ppm은 10원에 해당된다. 그리고 1 ppb는 이 ppm의 1000분의 1에 해당된다. 그러나 그런 농도가 너무 작아 무시해도 된다는 생각은 잘못된 것이다. 우리가 마시는 물과 숨쉬는 공기에 매일 배출되는 어떤 공업용 오염물질은 1 ppm만 되어도 매우 해롭다.

예제 **분유는 탈수시킨 우유로부터 만들어진다. 1972년에 깡통분유에 3.2 ppm의 납이 깡통을 제조시 사용되는 땜납으로부터 용해되어 있음을 발견하였다. 이 농도에서 분유(470 ml)에 존재하는 납은 몇 g이 되겠는가?**

풀이 이 농도 단위에 연관된 두 변환인자는

$$\frac{3.2\,\text{mg Pb}}{1000\,\text{ml 우유}} \quad \text{그리고} \quad \frac{1000\,\text{ml 우유}}{3.2\,\text{mg Pb}}$$

그러므로, 탈수 우유의 470ml에는

$$470\,\text{ml 우유} \times \frac{3.2\,\text{mg Pb}}{1000\,\text{ml 우유}} = 0.0015\,\text{g Pb}$$

7.5 용액의 총괄성

용액의 어떤 성질들은 용질입자들의 성질에 따르기보다는 용질의 농도에 의존하는 성질들을 **총괄성**(colligative properties)이라고 불리우는 어떤 성질을 가지고 있다. 그런 특성은 용질에 의해 물의 어는점을 감소시키고 끓는점을 증가시킨다. 용액에 용질의 수가 많을수록 어는점은 더 낮아지고 끓는점은 더 높아진다. 예를 들어 자동차의 부동액은 차의 라디에터의 물에 첨가하여 물의 어는점을 낮추어서 겨울에 어는 것을 방지하고 라디에터가 터지는 것을 막는다. 부동액은 또한 물의 끓는점을 높여 여름에 라디에터가 끓는 것을 방지해 준다.

자연은 곤충에게 그들의 부동액을 선사해 주었다, 곤충들은 신체용액 중 글리세롤의 농도가 높아서 신체 내의 물의 어는점을 낮추어 혹한의 겨울 온도에서 살아남게 해준다.

이들 성질에는 증기압력, 내림, 끓는점 오름, 어는점 내림 및 삼투압이 포함된다.

(1) 증기압력 내림

순수한 용매는 일정한 온도에서 일정한 증기 압력을 나타낸다. 그러나 여기에 설탕과 같은 비휘발성 용질을 녹여 용액을 만들게 되면, 용질입자가 용매 표면의 일부를 막아 용매 분자가 증발하는 것을 방해한다. 따라서 용액의 증기 압력은 순수한 용매 때보다 낮아지게 된다. 이것을 용액의 **증기압력 내림**(vapor pressure lowering)이라고 한다.

20℃의 물에 에틸렌글리콜을 넣었다고 생각해 보자. 에틸렌글리콜은 20℃에서 매우 낮은 증기압력을 가지고 있다. 반면에 물은 이 온도에서 17.54 mmHg의 증기압력을 가진다. 에틸렌글리콜을 물에 가하면 물의 증기압력은 낮아진다.

예로서 0.0100몰분율의 에틸렌글리콜이 들어있는 수용액은 17.36 mmHg의 증기압력을 가진다. 용액의 증기압력 내림은 순수한 용매의 증기압력과 용액의 증기압력과의 차이다.

$$\text{증기압력 내림} = 17.54 - 17.36 = 0.18\ \text{mmHg}$$

Raoult의 법칙은 용액의 증기압력 P는 순수한 용매의 증기압력 P°에, 용액 속에 용매의 몰분율 X를 곱한 것과 같다.

$$P = P^\circ X$$

용액에서 X는 항상 1보다 작아야 하므로 Raoult의 법칙에 의해 비휘발성 용질을 포함하는 용액의 증기압력은 순수한 용매의 증기압력보다 작다.

예제 Raoult의 법칙을 이용하여 25℃의 물 23.4 g에 글루코오스, $C_6H_{12}O_6$ 5.40g을 녹인 증기압력 내림을 계산하여라. 25℃에서 물의 증기압력은 23.8 mmHg이고 글루코오스의 증기압력은 무시한다.

풀이 글루코오스 $5.40\,g \times \dfrac{1\,mol}{180.2\,g} = 0.03\,mol$,

물 $23.4\,g \times \dfrac{1\,mol}{18.0\,g} = 1.30\,mol$

물의 몰분율 $= \dfrac{1.30\,mol}{1.33\,mol}$은 0.977이였다. 그러므로 증기압력은

$$P = P^{\circ} X$$

$$P = 23.8 \times 0.977 = 23.3\,mmHg$$

증기압력 내림은

$$P^{\circ} - P = 23.8 - 23.3 = 0.5\,mmHg$$

(2) 끓는점 오름과 어는점 내림

용액은 순수한 용매보다 높은 온도에서 끓고, 낮은 온도에서 언다. 비휘발성 용질이 용액에 존재하면 순수한 물질의 끓는점에서도 증기압이 대기압보다 작으므로 용액의 끓는점은 순수한 액체보다 높아진다. 이 사실로부터 바닷물이 끓는점은 순수한 물보다도 높다는 것을 알 수 있다.

용액이 끓는점이나 어는점에서 끓는점 오름 ΔT_b와 어는점 내림 ΔT_f라는 용어를 사용한다.

$$\Delta T_b = \text{용액의 끓는점} - \text{순수한 용매 끓는점}$$

$$\Delta T_f = \text{순수한 용매 어는점} - \text{용액의 어는점}$$

1몰랄 포도당 용액의 경우 ΔT_b와 ΔT_f는 다음과 같다.

$$\Delta T_b = 100.52 - 100.00 = 0.52℃$$

$$\Delta T_f = 0.00 - (-1.86) = 1.86℃$$

끓는 온도가 높아지는 것은 증기압 내림의 결과이다. 용질이 비휘발성인 용액의 증기압은 순용매보다 모든 온도에서 낮은 값을 갖는다. 따라서 용액이 끓기 위해서는 높은 온도가 필요하다. 어는점 내림도 끓는점 오름과 마찬가지로 용질에 의한 용매의 증기압 내림의 결과이다.

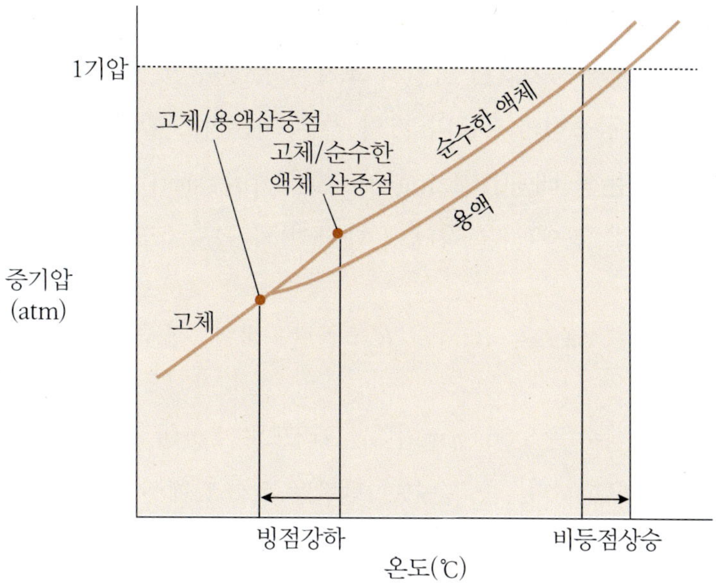

비휘발성 용액이 들어있는 용액의 끓는점은 순수한 용매의 끓는점보다 더 높아지며 어는점은 더 감소한다.

그림 7.2 순수한 액체와 용액의 증기압력 곡선

표 7.3 끓는점 오름과 어는점 내림의 상수

용 액	화 학 식	빙점(℃)	비등점(℃)	K_f(℃/m)	K_b(℃/m)
아세트산	CH_3COOH	16.6	118.5	3.59	3.08
벤젠	C_6H_6	5.455	80.2	5.065	2.61
장뇌	$C_{10}H_{16}O$	179.5	–	40	–
이황화탄소	CS_2	–	46.3	–	2.40
에탄올	C_2H_5OH	–	78.3	–	1.07
물	H_2O	0.000	100.000	1.858	0.52

끓는점 오름(boiling point elevation) ΔT_b는 용액(묽은 용액에 대하여)의 몰랄농도 m에 정비례한다.

$$\Delta T_b = K_{b\times m}\ (K_b: \text{몰랄 오름 상수},\quad m: \text{몰랄농도})$$

예를 들면 벤젠은 2.61℃/m의 끓는점 상수를 가지고 있다.

이것은 1 m 용액의 끓는점이 순수한 벤젠의 끓는점보다 2.61℃ 더 높다는 것을 의미한다. 순수한 벤젠이 80.2℃에서 끓으므로 1 m 용액은 80.2 + 2.61 = 82.8℃에서 끓게 된다.

보통 용액에서 어는 것은 순수한 용매이다. 예를 들면, 바다 얼음은 거의 순수한 물이다.

이러한 이유 때문에 고체상의 증기압력 곡선은 순수한 용매나 용액에 대하여 모두 같다. 그러나 삼중점(액체와 고체의 증기압력 곡선의 교차점)은 순수한 용매에서 용액으로 갈수록 더 낮은 온도로 이동한다. 삼중점의 온도와 거의 같은 어는점도 같은 방법으로 이동한다. 이러한 어는점의 이동을 **어는점 내림**(freezing-point depression)이라 부르며, 끓는점 오름과 같이 어는점 내림 ΔT_f은 용액(묽은 용액에 대하여)의 몰랄농도 m에 정비례한다.

$$\Delta T_f = K_f \times m (K_f : \text{몰랄 내림 상수})$$

벤젠의 어는점 내림 상수는 5.06℃/m이다. 그러므로 1 m의 벤젠용액의 어는점은 순수한 벤젠의 어는점보다 5.06℃ 낮다. 즉, 순수한 벤젠은 5.46℃에서 얼기 때문에 용액의 어는점은 5.46 − 5.06 = 0.40℃이다.

예제 **글루코오스 $C_6H_{12}O_6$ 수용액의 농도는 0.15 m이다. 이 용액의 끓는점과 어는점은 얼마인가?**

풀이 표 7.3을 보면 물에 대한 K_b와 K_f는 각각 0.521℃/m과 1.86℃/m이다. 그러므로

$\Delta T_b = K_b \times m = 0.521℃/m \times 0.15m = 0.078℃$

$\Delta T_f = K_f \times m = 1.86℃/m \times 0.15m = 0.279℃$

따라서 용액의 끓는점은 100.000 + 0.078 = 100.078℃이며 어는점은 0.000 − 0.279 = −0.279℃이다.

※ ΔT_b는 더해주고 ΔT_f는 빼준 것에 유의하여라.

(3) 삼투압

또 다른 총괄성은 삼투압이다. 삼투현상(osmosis)은 반투막(물은 통과하나 용질은 통과 못하는)을 통한 물분자가 낮은 농도에서 높은 농도로 흐르는 현상이다. 예를 들어 순수물과 설탕용액이 반투막에 의해 분리되었을 때 물분자가 막을 통해 빠른 속도로 설탕용액으로 흐르게 되고 다시 되돌아 온다.

그러므로 설탕 용액의 부피는 증가하게 된다(그림 7.3).

삼투압(osmotic pressure)은 물분자가 낮은 농도의 용액에서 높은 농도의 용액으로 막을 통해 흐르는 것, 즉 삼투현상을 막는데 적용되는 압력의 양으로 정의된다. 삼투압은 용액의 용질의 수에만 관계된다. 용액 사이의 용질 농도차가 크면 클수록 삼투를 막는 더 큰 압력이 작용해야 한다.

자연이 삼투압을 이용하는 좋은 본보기가 나무가 잎으로 물을 운반하는 방법이다. 나무는 잎에서 공기로 물을 잃게 된다(증발에 의해). 이러한 결과로 잎 내에서 용질의 농도는 증가한다. 이것이 나무 내부에 삼투압을 발생하여 땅의 물이 뿌리로 스며들어 줄기를 통해 올라가고 가지를 거쳐 잎에 도달하게 된다. 해안가 홍색 나무는 364 feet까지 자랄 수 있다. 이 나무 같이 큰 파이프로 물을 올려 보내기 위해 12기압을 생성할 수 있는 펌프를 사용해야 할 것이다.

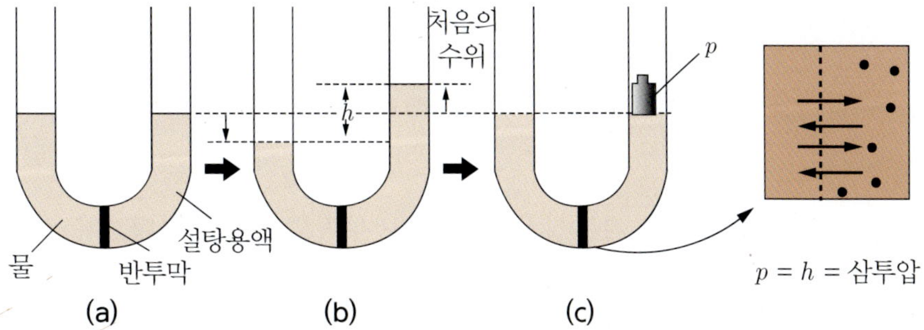

용액과 용매가 반투막에 의해 분리되었을 때, 삼투 현상으로 용액 쪽의 높이가 용매 쪽보다 높아진다. 그런데 용액 쪽에 더 큰 압력을 가하면 용매가 용액 쪽으로 흘러 들어가는 것을 막을 수 있는데, 이 때 가하는 여분의 압력을 **삼투압**이라 한다.

그림 7.3 삼투압 측정

묽은 용액의 삼투압(π)은 용매나 용질의 종류에 관계없이 용액의 몰수(n)와 절대온도(T)에 비례하고, 용액의 부피(V)에 반비례 한다.

이것을 van't Hoff's law 또는 **삼투압 법칙**이라고 한다. 이것을 식으로 나타내면 다음과 같다.

$$\pi V = nRT$$

또 이 식을 이용하여 용질의 분자량도 구할 수 있다. $V\,\ell$ 속에 분자량 M인 물질 Wg이 녹아 있다면, $n = \frac{W}{M}$이므로

$$\pi V = \frac{W}{M} RT$$

묽은 용액은 삼투압력이 크다.

예를 들어 27℃에서 1 ℓ당 0.10몰의 용질이 녹아 있다면 이 용액의 삼투압력을 계산하면?

$$\pi = \left(\frac{n}{V}\right)RT = (0.10\,\text{mol}/\ell) \times (0.0821\,\ell \cdot \text{atm}/\text{mol} \cdot \text{K}) \times (27 + 273)\text{K}$$
$$= 2.46\,\text{atm}$$

이것을 수주로 환산하면

$$2.46\,\text{atm} \times \frac{10.33\,\text{m}\ \ H_2O}{1\,\text{atm}} = 25.4\,\text{m}\ \ H_2O$$

따라서, 물기둥의 높이는 25.4미터 이상이 되어야 한다.

이러한 삼투압 덕분에 물은 아름드리 나무의 뿌리로 들어가 수십미터나 꼭대기의 잎사귀까지 올라갈 수 있는 것이다.

건조된 자두를 물에 담가두면 자두껍질은 역시 반투막으로 작용한다. 이 경우 자두 속의 용액은 물보다 더욱 진하므로 물이 자두 속으로 들어가 주름살이 펴지게 된다.

7.6 콜로이드 용액

진흙물을 휘젖지 않고 내버려두면 굵은 입자는 곧 가라앉고 작은 입자는 오랜 시간을 두어도 물에 부유한다. 이러한 입자들을 분리하기는 매우 어렵고 더 작은 입자들은 여과로도 불리되지 않는다. 이러한 상태를 콜로이드(colloid)라 한다.

콜로이드는 대부분의 분자들보다도 큰 입자들이 균일하게 액체, 기체 혹은 고체 등에 펴져 있는 상태이다.

이러한 콜로이드의 종류에는 우유, 먼지, 안개 등 여러 가지가 있는데, 보통 크기가 10^{-7}~10^{-5}cm 정도의 입자이거나 입자의 집합체이다.

(1) 틴들 현상

콜로이드 용액에 강한 빛을 통하면 콜로이드 입자가 빛을 산란하기 때문에 빛의 통로가 보이는 현상을 **틴들 현상**(tyndall phenomenon)이라 한다.

예를 들면, 어두운 방에서 문 틈으로 들어오는 햇빛의 진로가 밝게 보인다. 또는 밤에 자동차의 헤드라이트에 의해 빛 방울을 볼 수 있다.

(2) 브라운 운동

콜로이드 입자가 용매(분산매) 분자의 불균일한 충돌을 받아서 불규칙적인 직선운동을 하고 있는 것을 **브라운 운동**(brownian motion)이라 하며 한외 현미경으로 관찰할 수 있다. 콜로이드 용액을 한외현미경으로 관찰하면 반짝이는 콜로이드 입자가 계속해서 불규칙하게 운동하고 있는 것을 볼 수 있다.

(3) 다이알리시스(투석)

콜로이드 입자는 거름종이를 통과하나 반투막(셀로판지, 원형질막 등)은 통과하지 못하므로 반투막을 이용하면 보통분자나 이온은 반투막을 통과하여 제거되고 콜로이드 입자만 남게된다. 이와같은 현상을 **투석**(dialysis)이라 한다.

그림 7.4는 반투막 주머니에 콜로이드 용액을 넣고 물 속에 담가두면 콜로이드입자만 주머니 속에 남는다.

그림 7.4 다이알리시스

(4) 전기영동

콜로이드 용액에 (+), (−) 두 전극을 넣고 직류전압을 걸어주면 콜로이드 입자가 종류에 따라 어느 한쪽 극으로 이동해 가는 현상을 **전기영동**(electrophoresis)이라 하며, 이것은 콜로이드 입자가 하전하고 있기 때문이다. 전기영동으로써 콜로이드 입자는 한 가지 종류의 전기를 띠고 있음을 알 수 있다.

그림 7.5의 $Fe(OH)_3$의 입자는 음극으로 끌려갔으므로 양극으로 대전된 양성콜로이드이다.

표 7.4 콜로이드 입자의 하전

양성(+)콜로이드	음성(–) 콜로이드
$Fe(OH)_3$, $Al(OH)_3$ 등의 금속 산화물 Fe_2O_3, ZnO 등의 금속 산화물 염기성 색소 단백질 한천, 헤모글로빈	Au, Ag, Cu 등의 금속 콜로이드 CuS, CdS 등의 금속 황화물 산성색소 전분, 점토, 유리

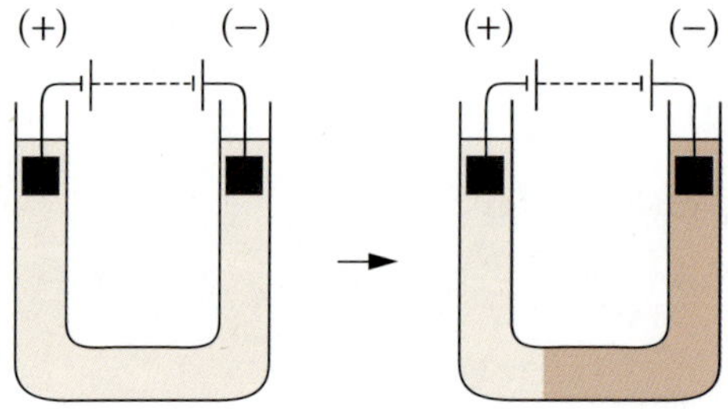

그림 7.5 수산화철(Ⅲ)의 전기영동

(5) 엉김(응석)

수돗물을 만드는 과정은 크게 **공기 통과, 침전, 여과, 살균** 등의 단계를 거치는데, 이 중 침전단계에서 $Al_2(SO_4)_3$을 넣어 콜로이드 상태의 부유물을 가라앉히게 된다. 이렇게 전하를 띤 콜로이드에 반대되는 전하의 이온을 넣으면 전하가 중화되어 콜로이드 입자가 서로 엉겨 가라앉는 것을 **엉김(응석)**(coagulation)이라 하며, 이때 잘 가라앉지 않는 콜로이드를 다량의 전해질을 가하여 엉기게 하는 방법을 **염석**(salting out)이라 한다.

예를 들면, 엉김은 흙탕물에 황산알루미늄이나 백반을 가하여 맑게 하며, 비누나 두부 제조시의 엉김과정은 염석을 이용한 예이다.

연습문제

7.1 20℃의 물에 대한 설탕의 용해도가 200이라면, 물 250 g에는 설탕 몇 g까지 녹을 수 있는가?

7.2 40℃ 물 200 g에 NaCl이 최대로 녹는양이 74 g이다. 40℃ 물에 대한 NaCl의 용해도는?

7.3 물 18.0 g, 아세트산 120 g 및 에틸 알코올 115 g으로 이루어진 혼합물에서 에틸알코올의 몰 분율은?

7.4 다음 농도의 단위를 써라.

(a) %농도 (b) 몰농도 (c) 몰랄농도 (d) 노르말농도

7.5 물 2 kg에 설탕 4몰이 녹아 있다면 설탕물의 몰랄농도는?

7.6 4.0몰의 NaOH를 충분한 용매에 녹여서 2.0 ℓ 의 용액을 만들었다. 몰농도는 얼마인가?

7.7 염화나트륨(NaCl) 0.1 몰의 질량은?

7.8 물 100 g에 설탕이 10 g 녹아 있으면 %(W/W)농도는?

7.9 3.5M−H_2SO_4 100 ml를 얼마나 희석하면 2.0M H_2SO_4가 되겠는가?

7.10 1몰의 $Ca(OH)_2$를 중화하는데 HCl과 H_2SO_4의 몰수는 각각 얼마인가?

7.11 0.1 mol/ℓ H_2SO_4 수용액에 10 ml를 중화시키는데 필요한 NaOH의 질량은?

7.12 2 g의 NaOH를 중화시키는데 필요한 1.0 mol/ℓ HCl 수용액의 부피는?

7.13 콜로이드 입자의 크기 때문에 생기는 현상을 2개 들어라.

제 8 장 산과 염기의 개념

일반적으로 **산**(acid)은 물에 녹아있을 때 전기 전도도가 있는 용액이 되며 아연 또는 마그네슘 이온과 반응하여 수소가스를 발생시키고 신맛을 내며, 리트머스 색소를 파란색에서 빨간색으로 변화시키는 물질이다. **염기**(base) 또한 전도도를 띠는 용액을 형성한다. 그러나 이들은 쓴맛이 나고, 만지면 미끈미끈하고, 리트머스 종이의 붉은 것을 파랗게 변화시킨다. 염기는 산과 반응하여 각각 다른 특징으로 중성화 된다.

산과 염기의 수용액 중에서 해리반응은 평형과정이며 평형상수가 클수록 강산 또는 강염기가 된다. 약산이나 약염기를 일부 중화하여 생성하는 완충용액은 화학적 또는 생리학적으로 중요한 기능을 갖는다.

8.1 Arrhenius의 산 · 염기

산은 수용액에서 이온화하여 H^+을 내고, 염기는 OH^-을 나타낸다. 수용액 중에서 H^+는 단독으로 존재하지 않고 H_2O 분자와 배위결합을 형성하여 옥소늄이온(하이드로늄이온) H_3O^+ 형태로 존재한다(그러나 편의상 H^+으로 표시한다.).

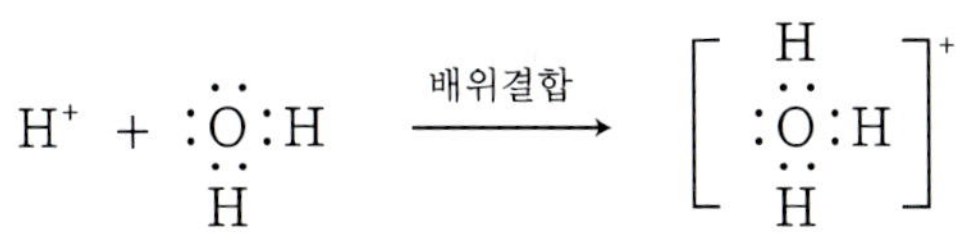

산 : HCl, H_2SO_4, H_2CO_3, HNO_3

$$HCl \xrightarrow{\text{물}} H^+ + Cl^-$$

염기 : NaOH, KOH, $Ba(OH)_2$, NH_4OH, $Mg(OH)_2$, $Al(OH)_3$

$$NaOH \xrightarrow{\text{물}} Na^+ + OH^-$$

그러나 이 개념은 수용액이 아닌 곳에서 일어나는 산·염기 반응을 설명할 수 없다. 예를 들면 HCl과 NH_3가 반응하여 NH_4Cl을 생성하는데 Arrhenius의 개념으로는 설명할 수 없다. 이러한 모순점을 수정한 것이 다음의 Brønsted Lowry에 의한 설이다.

(1) 산과 염기의 분류

Arrhenius의 산, 염기 이론에서 산 1 mol이 물 속에서 완전히 이온화한다고 가정할 때 얻을 수 있는 H^+의 몰수를 **염기도**(basicity)라 하며, 염기도가 1인 산을 일염기산, 2인 산을 이

염기산, 3염인산을 삼염기산이라 하고, 이염기산 이상의 산을 다염기산이라고 한다.

또, 염기 1 mol이 물 속에서 완전히 이온화한다고 가정할 때 얻을 수 있는 OH^-의 몰수를 **산도**(acidity)라 하며, 산도가 1인 염기를 일산염기, 2인 염기를 이산염기, 3인 염기를 삼산염기라 한다.

표 8.1 산·염기의 분류

산	일염기산(일가의 산) : HNO_3, HCl, CH_3COOH 이염기산(이가의 산) : H_2SO_4, H_2CO_3, $(COOH)_2$ 삼염기산(삼가의 산) : H_3PO_4
염기	일산염기(일가의 염기) : NaOH, KOH, NH_3 이산염기(이가의 염기) : $Ca(OH)_2$, $Ba(OH)_2$ 삼산염기(삼가의 염기) : $Al(OH)_3$, $Fe(OH)_3$

(2) 산과 염기의 강약

전리도가 큰 산이나 염기를 강산, 강염기라 하며, 전리도가 작은 산·염기를 약산, 약염기라고 한다.

표 8.2 산·염기의 강약

산	강 산 : $HClO_4$, HI, HCl, HBr, HNO_3, H_2SO_4 중간산 : HF, H_3PO_4, H_2SO_3 약 산 : C_6H_5OH, H_2S, H_2CO_3, CH_3COOH
염기	강염기 : KOH, NaOH, $Ba(OH)_2$, $Ca(OH)_2$ 약염기 : NH_3, $Mg(OH)_2$

8.2 Brönsted-Lowry의 산·염기

1923년경 Brϕnsted(덴마크)와 Lowry(영국)는 Arrhenius의 이론을 확장시켜 새로운 이론을 발표하였다.

양성자(H^+)를 내어놓는 분자나 이온을 산이라 하고, 양성자를 받아들이는 분자나 이온을 염기라고 하며, 양성자를 내어놓을 수도 있고, 받아들일 수도 있는 것을 양쪽성이라 한다.

예로, 아세트산의 이온화 과정을 생각해보자.

(1) HCl과 NH_3의 반응에서 산, 염기 :

$$\underset{(\text{산})}{HCl} + \underset{(\text{염기})}{NH_3} \leftrightarrows \underset{(\text{염기})}{Cl^-} + \underset{(\text{산})}{NH_4^+}$$

위의 반응에서 정반응이 일어날 때는 HCl과 NH_3가 H^+를 주고 받았으므로 산은 HCl이고 염기는 NH_3이다.

역반응이 일어날 때에는 NH_4^+와 Cl^-가 H^+를 주고 받았으므로 산은 NH_4^+이고, 염기는 Cl^-이다.

(2) 짝산, 짝염기 :

$$\underset{(\text{산})}{H_2O} + \underset{(\text{염기})}{NH_3} \leftrightarrows \underset{(\text{염기})}{OH^-} + \underset{(\text{산})}{NH_4^+}$$

위의 반응에서 H_2O는 H^+을 NH_3에 주었으므로 산이 되고, NH_3는 H^+을 받았으므로 염기가 된다.

또, 역반응에서 NH_4^+은 OH^-에 H^+을 주었으므로 산이되고, OH^-은 NH_4^+에서 H^+을 받았으므로 염기가 된다.

즉, 염기 NH_3의 짝산은 NH_4^+이고, 산 H_2O의 짝염기는 OH^-이 되어 짝산, 짝염기의 관계가 이루어진다.

(3) 양쪽성 물질 :

$$\underset{(\text{염기})}{NH_3} + \underset{(\text{산})}{H_2O} \leftrightarrows NH_4^+ + OH^-$$

$$\underset{(\text{산})}{HCl} + \underset{(\text{염기})}{H_2O} \leftrightarrows Cl^- + H_3O^+$$

위의 두 반응에서 H_2O는 산 또는 염기로도 작용한다. 이와같이 H^+를 주기도 하고 받기도 할 수 있는 물질을 **양쪽성 물질**이라고 한다.

예제 다음 반응에서 짝산, 짝염기의 관계에 있는 물질을 찾아라.

$$NH_4^+ + CO_3^{2-} \leftrightarrows NH_3 + HCO_3^-$$

풀이 H^+의 이동에 의해 산, 염기가 되어야 한다.

NH_4^+ + NH_3, HCO_3^- + CO_3^{2-}

8.3 Lewis의 산 · 염기

Lewis 산-염기개념은 미국의 물리화학자 G.N. Lewis가 1923년에 처음으로 제안한 것이며, 「비공유전자쌍을 받아들일 수 있는 것을 **산**이라 하고, 비공유전자쌍을 내어줄 수 있는 물질을 **염기**라 한다」.

Lewis설의 산, 염기는 배위결합에 의한다.

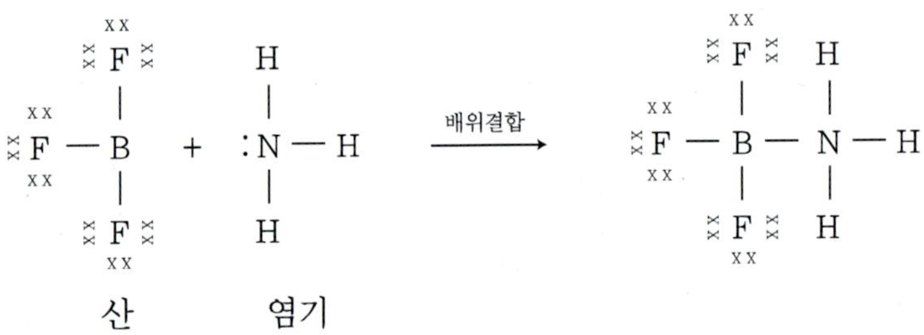

암모니아는 Lewis염기로서 비공유전자쌍을 제공하여 Lewis산, 즉 전자받개(electron acceptor)인 BF_3와 배위결합을 하고 있다. Lewis 산-염기반응의 예로서 전이금속 이온에 의한 착화합물의 생성을 살펴보자.

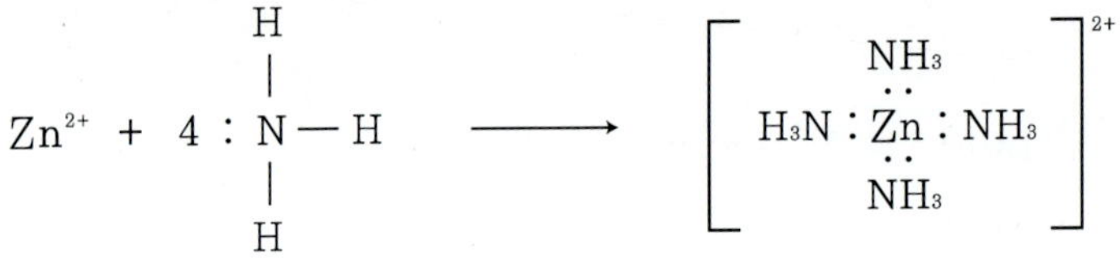

위 반응에서 Zn^{2+}는 Lewis 산으로 작용하여 Lewis 염기인 암모니아의 비공유전자쌍을 공유함으로써 배위공유결합을 형성하고 있다.

예제 **다음 반응들에서 Lewis의 산과 염기를 확인하시오.**

(a) $Ag^+ + 2NH_3 \rightleftarrows Ag(NH_3)_2^+$

(b) $B(OH)_3 + H_2O \rightleftarrows B(OH)_4^- + H^+$

풀이 (a) $Ag^+ + 2 : NH_3 \rightleftarrows Ag(:NH_3)_2^+$

Lewis산 Lewis염기

(b)

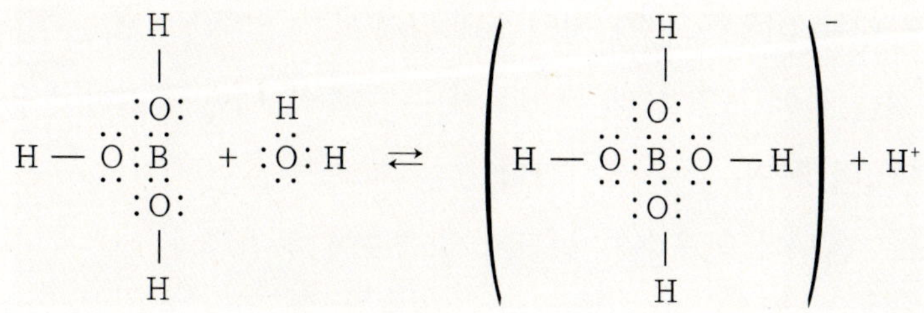

Lewis산 Lewis염기

8.4 산, 염기의 세기

강산은 완전히 또는 거의 완전히 양성자를 내놓고 이온화 되는 것이다. 물에 강산을 가하면 하이드로늄 이온의 농도가 크게 증가한다. 예를 들면, 질산은 강산이다. 0.1 M HNO_3는 분자의 100%가 하이드로늄 이온과 질산 이온으로 이온화 된다.

$$HNO_3 + H_2O \rightleftarrows H_3O^+ + NO_3^-$$

다른 강산들로는 염산(HCl), 브롬화수소(HBr), 요드화수소(HI) 그리고 황산(H_2SO_4) 등이 있다. 약산은 단지 부분적으로 물에 양성자를 내고 이온화된다. 그러므로 물에 약산의 첨가는 단지 약간의 하이드로늄 이온 농도 증가만을 가져온다. 아세트산은 약산의 예이다. 0.1 M CH_3COOH 용액은 단지 1.3%의 분자만이 이온화 된다.

$$CH_3COOH + H_2O \rightleftarrows H_3O^+ + CH_3COO^-$$

다른 약산은 아질산(HNO_2), 탄산(H_2CO_3) 그리고 붕산(H_3BO_3) 등이 있다.

(1) 이온화도(α)와 산, 염기의 세기

분자성 전해질을 물에 녹이면 양이온과 음이온으로 해리되는데, 이와 같이 이온으로 해리하는 현상을 **이온화**(ionization)라고 한다.

아세트산이나 암모니아수와 같은 약한 전해질에서는 용해한 용질의 일부만 이온화하는데, 이 변화는 용질이 내놓은 이온들이 결합하여 분자가 되려는 경향이 크다는 것을 의미한다.

용해된 전해질 분자가 이온으로 해리하는 속도와 용액 중의 전해질의 이온이 결합하여 다시 분자로 되는 속도가 같을 때, 각 이온의 농도는 일정하게 되어 이온화가 정지된 것같이 보이는데, 이러한 상태를 **이온화 평형 상태**라고 한다.

일반적으로 전해질을 물에 녹였을 때 전해질의 총 물수에 대한 전리하고 있는 몰수의 비를 전리도 또는 이온화도라 하며, α로 표시한다.

전리도(이온화도)는 온도가 높을수록 농도가 묽을수록 증가한다.

$$\text{이온화도}(\alpha) = \frac{\text{이온화된 산 또는 염기의 몰수}}{\text{용해된 산 또는 염기의 전체 몰수}}$$

HCl, HNO_3와 같이 이온화도가 큰 물질은 수용액 상태에서 이온화가 잘 되는데, 이러한 물질을 **강전해질**(strong electrolyte)이라 하고, CH_3COOH, H_2CO_3 및 NH_3와 같이 이온화도가 작은 물질을 **약전해질**(weak electrolyte)이라고 한다.

용질 m몰이 물에 녹아 n몰만이 전리되었다고 하면, 전리도 $\alpha = \frac{n}{m}$이다.

이온화도는 용액의 끓는점, 녹는점, 증기 장력, 삼투압, 전도율의 측정으로 구할 수 있다.

문제 8.1 CH_3COOH 수용액에서 1,000개의 분자 가운데, 전리된 분자가 13개 있으면 이온화도는?

표 8.3 산·염기·염의 이온화도

구 분	강전해질		중간 전해질		약전해질	
산	HCl	0.92	H_3PO_4	0.27	CH_3COOH	0.0134
	HNO_3	0.92	HF	0.15	H_2CO_3	0.0017
	H_2SO_4	0.62	H_2SO_3	0.34	H_2S	0.0007
염기	NaOH	0.91			NH_4OH	0.0134
	KOH	0.91				
	$Ca(OH)_2$	0.90				
염	NaCl	0.84				
	$NaNO_3$	0.83				
	K_2SO_4	0.72				

(2) 이온화상수와 산, 염기의 세기

① 산의 이온화 상수 :

산의 분자식을 HA라 하면 물에 녹아 이온화 반응은 다음과 같다.

$$HA + H_2O \leftrightarrows H_3O^+ + A^-$$에서

평형상수 $K = \dfrac{[H_3O^+][A^-]}{[HA][H_2O]}$ 이다.

여기서 간단히 하기 위하여 수화된 물이나 반응하는 물 분자를 생략하면 다음과 같다.

$$K_a = \frac{[H_3O^+][A^-]}{[HA]}$$

위 식에서 K_a를 **산의 이온화상수**라고 한다.

K_a 값이 크면 정반응이 우세하여 H_3O^+를 많이 내므로 강한산이며 역반응이 우세하여 H_3O^+를 적게 내므로 약한산이다.

② 염기의 이온화상수 :

분자식이 B인 염기의 이온화 상수 K_b도 다음과 같이 쓸 수 있다.

$$B + H_2O \leftrightarrows BH^+(aq) + OH^-(aq)$$

평형상수에 대한 식은 다음과 같으며

$$K_{eq} = \frac{[BH^+][OH^-]}{[B][H_2O]}$$

그리고 이온화 상수 K_b는 다음 식과 같다.

$$K_b = \frac{[BH^+][OH^-]}{[B]}$$

③ 단계별 이온화상수 :

H_2S는 이온화가 다음과 같이 두 단계로 일어나 이온화 단계마다 이온화 상수를 나타낼 수 있다.

$$H_2S + H_2O \leftrightarrows H_3O^+ + HS^-$$

$$K_1 = \frac{[H_3O^+][HS^-]}{[H_2S]}$$

$$HS^- + H_2O \leftrightarrows H_3O^+ + S^{2-}$$

$$K_2 = \frac{[H_3O^+][S^{2-}]}{[HS^-]}$$

$$\therefore\ H_2S + 2H_2O \leftrightarrows 2H_3O^+ + S^{2-}$$

$$K_a = \frac{[H_3O^+]^2[S^{2-}]}{[H_2S]} = K_1 + K_2$$

④ 이온화도와 이온화 상수의 관계 :

어떤 산 HA의 수용액 농도가 C mol/ℓ이고 이온화도는 α이다.

이온화 상수 K_a는?

$$HA + H_2O \rightleftarrows H_3O^+ + A$$

		HA	H_3O^+	A
(처음농도)	:	C	−	−
(이온화된 농도)	:	$-C\alpha$		
(생성된 농도)	:		$+C\alpha$	$+C\alpha$
(평형 농도)	:	$C-C\alpha$	$C\alpha$	$+C\alpha$

$$\text{이온화 상수 } K_a = \frac{[H_3O^+][A^-]}{[HA]} = \frac{C\alpha \cdot C\alpha}{C(1-\alpha)} \fallingdotseq \frac{C\alpha^2}{1-\alpha}$$

$$\therefore\ K_a = \frac{C\alpha^2}{1-\alpha}$$

약산에서 α는 매우 작아 $1-\alpha \fallingdotseq 1$이므로 다음처럼 나타낼 수 있다.

$$K_a = \frac{C\alpha^2}{1-\alpha} \fallingdotseq C\alpha^2 \qquad\qquad \therefore\ \alpha = \sqrt{\frac{K_a}{C}}$$

그러므로 약한 산의 수소 이온 농도$[H^+]$는 다음과 같다.

$$[H^+] = C\alpha = C \cdot \sqrt{\frac{K_a}{C}} = \sqrt{K_a \cdot C}$$

예제 **농도가 0.01 M인 산 HA는 다음과 같이 이온화 한다.**

$$HA(aq) + H_2O \rightleftarrows H_3O^+(aq) + A^-(aq)$$

HA의 이온화도가 0.2라고 할 때 이온화상수 K_a는?

풀이 $K_a = \frac{C\alpha}{1-\alpha}$에서 α가 상당히 크므로 $K_a = \frac{C\alpha^2}{1-\alpha}$이다.

$K_a = \frac{C\alpha^2}{1-\alpha} = \frac{(0.01)\times(0.2)^2}{1-0.2}$

$K_a = 5.0 \times 10^{-4}$

8.5 공통이온 효과

약전해질의 이온화 평형도 화학평형에서와 같이 외부조건에 따라 평형이 이동한다. 아세트산 수용액은 다음과 같이 이온화되어 평형을 유지한다.

$$CH_3COOH \rightleftarrows CH_3COO^- + H^+$$

이 수용액에서 염화수소를 가하면 HCl 수용액이 되므로 H^+과 Cl^-이 된다.

따라서 수소이온농도$[H^+]$가 증가되어 역반응이 진행되므로 아세트산의 전리도는 감소하고 CH_3COOH의 농도는 증가한다. 이와 같이 같은 이온의 영향을 받아 평형이 이동되는 현상을 **공통이온의 효과**(common ion effect)라고 한다.

예를 들면, 소금물에 염화수소를 가하면, $NaCl \rightleftarrows Na^+ + Cl^-$에서 Cl^-의 농도가 증가하므로 역반응이 진행되어 NaCl이 석출된다.

$$NaCl \rightleftarrows Na^+ + Cl^-$$
$$HCl \rightleftarrows H^+ + Cl^-$$

> **문제 8.2** 다음과 같은 HCOOH의 이온화 평형 상태에서 묽은 염산 HCl을 몇 방울 가하면 일어나는 현상은?

8.6 완충용액

약산에 약산의 염을 넣은 용액이나, 약염기에 약염기의 염을 넣은 용액은 소량의 강산이나 강염기를 가해도 용액의 pH가 공통 이온 효과 때문에 크게 변하지 않는다.

이러한 성질을 나타내는 용액을 **완충용액**(buffer solution)이라고 한다.

예를 들면, $CH_3COOH + CH_3COONa$이나 $NH_4OH + NH_4Cl$은 완충용액이다.

CH_3COOH와 CH_3COONa의 혼합용액에서

$$CH_3COOH \rightleftarrows CH_3COO^- + H^+ \text{ (약산이므로 조금 이온화한다.)}$$
$$CH_3COONa \rightleftarrows CH_3COO^- + Na^+ \text{ (염이므로 거의 이온화한다.)}$$

이 용액에 강한 HCl을 가하면 H^+가 많아지므로 공통이온 효과로 역반응이 진행하여 H^+의 농도가 감소하여 pH는 거의 변화가 없다.

$$CH_3COO^- + H^+ \rightleftarrows CH_3COOH$$

또한 NaOH를 가하면 OH^-가 생겨 H^+ 농도가 감소하나 정반응이 일어나서 H^+를 보충하므로 pH의 변화는 거의 없다.

$$CH_3COOH \rightleftarrows CH_3COO^- + H^+$$

8.7 염의 생성 및 가수분해

(1) 염의 생성

HCl 수용액과 NaOH 수용액을 같은 당량씩 가하여 중화시키면 NaCl과 물이 생긴다. 이 때의 염화나트륨을 **염**(salt)이라고 한다.

$$HCl + NaOH \rightarrow NaCl + H_2O$$

산의 수소 원자(H^+)가 금속이나 양성원자단 NH_4^+(염기의 양이온)으로 치환된 화합물이나, 염기의 OH^-가 산기(산의 음이온)로 치환된 화합물을 **염**이라고 한다.

(2) 염의 종류

① 산성염(acidic salt)

산의 수소 원자가 금속으로 완전히 치환되지 않아서 화학식 속에 수소 원자(H)를 포함하고 있는 염을 **산성염**이라 한다.

$$H_2SO_4 + NaOH \rightarrow \underset{\text{(산성염)}}{NaHSO_4} + H_2O$$

(예) $NaHCO_3$, $NaHSO_4$, Na_2HPO_4

② 염기성염(basic salt)

염기의 수산기가 산기로 완전히 치환되지 않고 화학식 속에 수산기(OH^-)를 포함하고 있는 염을 **염기성염**이라 한다.

$$Ca(OH)_2 + HCl \rightarrow \underset{\text{(염기성염)}}{Ca(OH)Cl} + H_2O$$

(예) Cu(OH)Cl, Zn(OH)Cl, Ba(OH)Cl

③ 정염(중성염)(normal salt)

산의 수소 원자가 금속으로 완전히 치환되거나 염기의 수산기가 산기로 완전히 치환된 염을 **정염(중성염)**이라 한다.

$$\underset{(정염)}{NaOH + HCl \rightarrow NaCl + H_2O}$$

(예) Na_2CO_3, Na_2SO_4, $NaCl$

④ **복염(double salt)**

물에 녹아서 염을 이루고 있는 성분 이온들이 각각 전리되어 나오는 염을 **복염**이라 한다.

$$KAl(SO_4)_2 \xrightarrow{물} K^+(aq) + Al^{3+}(aq) + 2SO_4^{2-}(aq)$$

(예) $KAl(SO_4)_2 \cdot 12H_2O$, $NH_4Al(SO_4)_2 \cdot 12H_2O$

⑤ **착염(complex salt)**

물에 녹아서 염을 이루고 있는 성분 이온이 각각 전리되지 않고 부분적으로만 전리되어 나오는 염을 **착염**이라 한다.

$$K_4Fe(CN)_6 \xrightarrow{물} 4K^+(aq) + Fe(CN)_6^{4-}(aq)$$

(예) $K_4Fe(CN)_6$, $K_3Fe(CN)_6$, $KAg(CN)_2$, $Ag(NH_3)_2Cl$

(3) 염의 가수분해

염의 수용액은 염의 종류에 따라 산성, 중성, 염기성을 나타낸다.

① **가수분해**

염이 수용액 중에서 이온화할 때 생기는 이온 중 일부가 물과 반응하여 수소이온(H^+)이나 수산화이온(OH^-)을 냄으로써 수용액이 산성이나 염기성을 나타내는 것을 **가수분해**(hydrolysis)라고 한다.

$$염의\ 양이온(음이온) + 물 \xrightarrow{가수분해} 염기(산) + H^+(OH^-)$$

(예) $CH_3COONa + H_2O \rightarrow CH_3COOH + Na^+ + OH^-$

강산과 강염기로 생긴 염이나 물에 녹지 않는 염은 가수분해 반응을 하지 않는다.

② **염의 액성**

염에 약한 산이나 약한 염기가 포함되어 있으면 가수분해 반응이 일어나며 정염의 수용액은 중성 (액성은 산·염기 중 강한 쪽), 산성염의 수용액은 산성, 염기성의 수용액은 염기성을 나타낸다.

1. 강산과 강염기로 된 염

물에 녹아 이온화는 되지만 가수분해는 되지 않는다.

NaCl, $NaNO_3$, KCl, K_2SO_4은 중성이고, $NaHSO_4$, $KHSO_4$은 산성이며 Ca(OH)Cl은 염기성이다.

$$NaCl \rightarrow Na^+ + Cl^- \text{ (중성)}$$
$$NaHSO_4 \rightarrow Na^+ + H^+ + SO_4^{2-} \text{ (산성)}$$
$$Ca(OH)Cl \rightarrow Ca^{2+} + OH^- + Cl^- \text{ (염기성)}$$

2. 강산과 약염기로 된 염

NH_4Cl, $CuSO_4$, $Al_2(SO_4)_3$, $FeCl_2$, $Mg(NO_3)_2$ 등은 가수분해하여 산성을 나타낸다.

$$(NH_4^+ + Cl^-) + HOH \leftrightarrows NH_4OH + (H^+ + Cl^-)$$

즉, 이들은 가수분해되어 약염기와 강산을 만든다.

약염기는 주로 분자상태로 존재하므로 이때 생긴 H^+ 때문에 액성은 산성이 된다. 공통이온인 Cl^-을 없애면 다음과 같다.

$$NH_4^+ + HOH \leftrightarrows NH_4OH + H^+$$

3. 약산과 강염기로 된 염

Na_2CO_3, $NaHCO_3$, KCN, CH_3COONa 등은 가수분해 되어 염기성을 나타낸다.

$$(2Na^+ + CO_3^{2-}) + 2HOH \leftrightarrows H_2CO_3 + (2Na^+ + 2OH^-)$$

즉, 이들은 가수분해되어 약산과 강염기를 만들고, 약산은 분자상태로 존재하며 강염기는 이온상태로 존재하여 OH^- 때문에 액성은 염기성이다. 공통이온인 Na^+을 없애면 다음과 같다.

$$CO_3^{2-} + 2HOH \leftrightarrows H_2CO_3 + 2OH^-$$

4. 약산과 약염기로 된 염

CH_3COONH_4, $(NH_4)_2CO_3$, $(CH_3COO)_2Pb$ 등은 가수분해되어 중성을 나타낸다.

$$(CH_3COO^- + NH_4^+) + 2HOH \leftrightarrows CH_3COOH + OH^- + NH_3 + H_3O^+$$

CH_3COOH와 NH_4OH은 산과 염기의 전리도가 비슷하므로 중성이다.

표 8.4 염의 조성과 수용액의 액성

염(salt)		염이 물에 녹았을 때	수용액(액성)의 성질	보 기
염을 만드는 산	염을 만드는 염기			
강	강	가수분해가 되지 않음	중 성	NaCl, KCl
강	약	가수분해 된다.	산 성	NH_4Cl, $CuSO_4$, $FeSO_4$
약	강	가수분해 된다.	염기성	K_2CO_3, $NaHCO_3$, CH_3COONa
약	약	가수분해 된다.	중 성	CH_3COONH_4, $(NH_4)_2CO_3$

8.8 산화물

(1) 산성 산화물

물에 녹아 산이 되거나 염기와 반응하여 염을 생성하는 비금속원소의 산화물을 산성 산화물이라고 한다.

$$P_4O_{10} + 6H_2O \rightarrow 4H_3PO_4$$

$$SO_2 + H_2O \rightarrow H_2SO_4$$

$$SiO_2 + 2NaOH \rightarrow Na_2SiO_3 + H_2O$$

(예) CO_2, SO_3, Cl_2O_7, P_4O_{10}

(2) 염기성 산화물

물에 녹아 염기가 되거나 산과 반응하여 염을 생성하는 금속원소의 산화물을 염기성 산화물이라고 한다.

$$CaO + H_2O \rightarrow Ca(OH)_2$$

$$MgO + 2HCl \rightarrow MgCl_2 + H_2O$$

(3) 양쪽성 산화물

산과도 반응하고 염기와도 반응하여 염과 물을 생성하는 양쪽성 원소의 산화물을 양쪽성 산화물이라고 한다.

$$Al_2O_3 + 6HCl \rightarrow 2AlCl_3 + 3H_2O$$

$$Al_2O_3 + 2NaOH + 3H_2O \rightarrow 2NaAl(OH)_4$$

(예) Al_2O_3, ZnO, SnO, PbO

8.9 용해도 곱 상수

포화용액에서 염을 구성하는 양이온과 음이온의 농도를 곱한 것을 용해도 곱 상수(K_{sp})라 한다.

약간 녹는 이온성 물질과 같이 황산바륨은 물 속에서 녹아 있는 이온과 녹지 않는 고체의 평형 혼합물로 존재한다.

이를 평형상태의 식으로 나타내면

$$BaSO_4(s) \leftrightarrows Ba^{2+}(aq) + SO_4^{2-}(aq)$$

평형상수는

$$K_{eq} = \frac{[Ba^{2+}][SO_4^{2-}]}{[BaSO_4]}$$

단, $[BaSO_4]$는 순수한 물질의 농도이므로 항상 일정하다.

그러므로 K과 $[BaSO_4]$를 결합해서 새로운 상수 K_{sp} 정의하면

$$K_{sp} = [Ba^{2+}][SO_4^{2-}]$$

K_{sp}를 **용해도 곱 상수**라 한다.

이는 녹아 있는 이온의 농도와 포화 평형 상태에서 그 식의 계수승의 농도와의 곱이다.

어떤 물질에 대한 K_{sp}값은 용해도와 관계가 있다. 왜냐하면 같은수의 이온을 포함하는 식에 대해 K_{sp}값이 높을수록 용해도가 크기 때문이다. 약간 녹는 물질의 이온의 농도의 곱은 주어진 온도에서 K_{sp}값을 얻지 못한다.

예를 들면, 25℃에서 AgCl은 1.6×10^{-10}의 K_{sp}를 갖는다. 포화 평형 상태의 식은

$$AgCl(s) \leftrightarrows Ag^{+}(aq) + Cl^{-}(aq)$$

그리고

$$K_{sp} = [Ag^{+}][Cl^{-}]$$

그러므로 $[Ag^+]$과 $[Cl^-]$의 곱이 25℃에서 1.6×10^{-10}을 넘는다면 AgCl은 침전이 일어난다.

표 8.5 25℃에서의 용해도 곱 상수 (K_{sp})

이 름	화학식	K_{sp}
수산화알루미늄	$Al(OH)_3$	3.7×10^{-15}
탄산바륨	$BaCO_3$	8.1×10^{-9}
불화바륨	BaF_2	1.7×10^{-6}
황산바륨	$BaSO_4$	1.1×10^{-10}
황화비스므스	Bi_2S_3	1.6×10^{-72}
황화카드뮴	CdS	1.4×10^{-28}
탄산칼슘	$CaCO_3$	8.7×10^{-9}
불화칼슘	CaF_2	4.0×10^{-11}
수산화크롬	$Cr(OH)_3$	$3\ \times10^{-29}$
황화코발트	CoS	3.1×10^{-26}
황화구리	CuS	1.0×10^{-44}
브롬화구리	Cu_2Br_2	4.2×10^{-8}
요오드화구리	Cu_2I_2	5.1×10^{-12}
수산화철(Ⅲ)	$Fe(OH)_3$	1.1×10^{-36}
수산화철(Ⅱ)	$Fe(OH)_2$	1.6×10^{-14}
황화철	FeS	3.7×10^{-19}
탄산납	$PbCO_3$	3.3×10^{-14}
염화납	$PbCl_2$	2.4×10^{-4}
불화납	PbF_2	4.1×10^{-8}
황화납	PbS	3.4×10^{-28}
수산화마그네슘	$Mg(OH)_2$	1.2×10^{-11}
황화망간	MnS	1.4×10^{-15}
염화수은	Hg_2Cl_2	3.5×10^{-18}
황화수은	HgS	4.0×10^{-54}
황화니켈	NiS	1.4×10^{-24}
브롬화은	$AgBr$	7.7×10^{-13}
염화은	$AgCl$	1.6×10^{-10}
황화은	Ag_2S	1.8×10^{-49}
황화주석	SnS	$1\ \times10^{-26}$
탄산스트론튬	$SrCO_3$	1.6×10^{-9}
수산화아연	$Zn(OH)_2$	1.8×10^{-14}
황화아연	ZnS	1.2×10^{-23}

예제 **물에 약간 녹는 염인 Ag_2CrO_4의 K_{sp}를 적어라.**

풀이 포화평형을 나타내는 방정식은

$$Ag_2CrO_4(s) \leftrightarrows 2Ag^+(aq) + CrO_4^{2-}(aq)$$

K_{sp}는

$K_{sp} = [Ag^+]^2[CrO_4^{2-}]$

문제 8.3 **다음 반응에 대한 평형상수식을 써라.**

(a) $NO_2(g) + SO_2(g) \leftrightarrows NO(g) + SO_3(g)$

(b) $2SO_2(g) + O_2(g) \leftrightarrows 2SO_3(g)$

연습문제

8.1 $HCl + OH^- \leftrightarrows H_2O + Cl^-$ 반응에서

(a) 산으로서 작용하고 있는 것을 써라.

(b) 염기로서 작용하고 있는 것을 써라.

8.2 다음 반응에서 짝산–짝염기의 쌍은?

$$NH_4^+ + CO_3^{2-} \leftrightarrows NH_3 + HCO_3^-$$

8.3 0.1 mol/ℓ 산 HA의 이온화도가 0.01이면 이 산수용액에서 $[H^+]$는?

8.4 농도가 0.1 M인 어떤 산 HA는 다음과 같이 이온화 한다.

$$HA(aq) + H_2O \leftrightarrows H_3O^+ + A^-$$

HA의 이온화도가 1.0×10^{-3}이면 이 산 HA의 이온화 상수 Ka는?

8.5 소금물에 염화수소를 가하면 일어나는 현상은?

8.6 다음 화합물을 보고 답하여라.

① $Ca(OH)Cl$	② CH_3COONa
③ $(NH_4)_2SO_4$	④ $NaHCO_3$

(a) 산성염인 것은?

(b) 염기성염인 것은?

(c) 정염인 것은?

8.7 다음 화합물 중 수용액 상태에서의 액성은?

(a) K_2SO_4 (b) K_2CO_3 (c) $(NH_4)_2CO_3$

(d) $NaHSO_4$ (e) $Cu(OH)Cl$

8.8 다음에서 가수분해반응을 하지 않은 염은?

(a) $(NH_4)_2CO_3$ (b) Na_2CO_3 (c) $NaHCO_3$ (d) $NaHSO_4$

8.9 다음 염에서 용해도적 상수식으로 나타내어라.

(a) $Mg(OH)_2$

(b) $BaSO_4$

(c) $Ca_3(PO_4)_2$

(d) CaF_2

8.10 다음 반응에 대한 평형상수식을 써라.

(a) $2HI(g) \leftrightarrows H_2(g) + I_2(g)$

(b) $Hg^{2+}(g) + 2Cl^-(g) \leftrightarrows HgCl_2(g)$

(c) $N_2(g) + 3H_2(g) \leftrightarrows 2NH_3(g)$

제 9 장 pH와 중화적정

수용액의 액성이 산성인지 염기성인지는 수용액 속에 H^+과 OH^-이 많고 적음으로 구분한다. 그리고 그것을 수치로 나타낸 것이 $[H^+]$, $[OH^-]$라고 한다.

pH를 사용하면 중성인 물은 $[H^+] = 1.0 \times 10^{-7}$mol/ℓ에서 간단한 정수인 7로 표시되고, 산성은 7보다 작은 값, 염기성은 7보다 큰 값으로 간단히 나타낼 수 있다. 산과 염기가 반응하여 중화가 일어날 때, 양적관계를 이용하여 농도를 모르는 산, 염기의 농도를 결정하는 것을 **중화적정**이라고 한다.

9.1 물의 이온화

순수한 물은 양쪽성 물질이므로 그 자신과 반응하며 이온화하여 평형을 이룬다.

$$H_2O + H_2O \rightleftarrows H_3O^+ + OH^-$$

따라서 여기에 평형상수식을 적용하면

$$K = \frac{[H_3O^+][OH^-]}{[H_2O]^2}$$

그러나 물의 전리도는 아주 작기 때문에 물의 농도는 실질적으로는 별 변화가 없는 것이므로, 일정하다고 보아 상수로 취급할 수 있다.

$$K[H_2O]^2 = [H_3O^+][OH^-]$$

상수와 상수를 곱하여 얻은 새로운 상수 $K[H_2O]^2$를 K_w라 하면

$$K_w = [H_3O^+][OH^-]$$

여기서 $\boldsymbol{K_w}$를 **물의 이온 곱 상수**라고 한다.

K_w값은 온도가 높아질수록 증가하는데 25℃에서 K_w값은 $1.0 \times 10^{-14}(\text{mol}/\ell)^2$이다.

이 관계는 25℃의 수용액에서 반드시 유지되며, 순수한 물에서 $[H^+]$와 $[OH^-]$ 농도는 같으므로 25℃에서 다음과 같이 계산할 수 있다.

$$K_w = [H^+] \cdot [OH^-] = [H^+]^2 = [OH^-]^2 = 1.0 \times 10^{-14} (mol/\ell)^2$$

따라서,

$$[H^+] = [OH^-] = \sqrt{K_w} = 1.0 \times 10^{-7} (mol/\ell)$$

표 9.1 물의 이온 곱 상수 (K_w)

온도(℃)	K_w
0	0.114×10^{-14}
10	0.292×10^{-14}
20	0.681×10^{-14}
25	1.008×10^{-14}
30	1.468×10^{-14}
40	2.92×10^{-14}

[참고] H^+는 수용액에서 H_2O 분자와 결합하여 H_3O^+로 존재하므로 수용액에서 $[H^+]$와 $[H_3O^+]$는 같다. 그러므로 $K_w = [H^+][OH^-]$로 쓰기도 한다.

산과 염기의 수용액에서도 $[H^+] \cdot [OH^-] = 1.0 \times 10^{-14} (mol/\ell)^2$이 성립되므로, $[H^+]$와 $[OH^-]$ 중 어느 한 가지만 알면 다음 것을 쉽게 구할 수 있다.

$$[H^+] = \frac{1.0 \times 10^{-14}}{[OH^-]} M$$
$$[OH^-] = \frac{1.0 \times 10^{-14}}{[H^+]} M$$

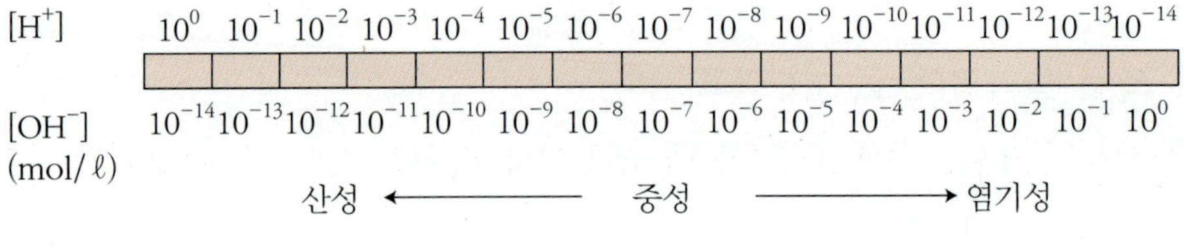

그림 9.1 수용액의 액성과 $[H^+]$, $[OH^-]$의 관계

예제 **25℃에서 순수한 물 속의 $[H_3O^+]$와 $[OH^-]$의 농도를 계산하여라.**

풀이
$2H_2O \rightleftarrows H_3O^+ + OH^-$
$K_w = [H_3O^+][OH^-] = 1.0\times10^{-14}$
$x = [H_3O^+] = [OH^-]$라 놓으면, $x^2 = 1.0\times10^{-14}$
$x = 1.0\times10^{-7} = [H_3O^+] = [OH^-]$
$\therefore [H_3O^+] = [OH^-] = 1.0\times10^{-7} mol/\ell$

문제 9.1 0.100 M NaOH 용액 중의 $[H_3O^+]$를 계산하여라.

문제 9.2 염화수소 3.65 g을 물에 녹여 용액이 1 ℓ가 되게 하였다. 이 용액의 $[H^+]$와 $[OH^-]$를 구하여라.

9.2 pH

수용액에서 $[H^+]$나 $[OH^-]$는 너무 작은 숫자로 나타나므로 사용하기 불편하다. 따라서 용액의 액성을 나타나는데 pH로 나타낸다.

$$\mathrm{pH} = \log\frac{1}{[H^+]} = -\log[H^+]$$

이와같이 $[H^+]$의 역수의 상용 로그값을 수소이온지수라고 하며, pH로 나타낸다.

또,

$$[H^+] = 10^{-PH}M$$

여기서 pH를 수소 이온 지수라 한다. 순수한 물의 수소 이온농도는 $[H^+] = 10^{-7}M$이므로, 그 pH는

$$pH = -\log[H^+] = -\log 10^{-7} = 7$$

따라서, 수용액(25℃)에서 다음의 관계가 성립한다.

$$\begin{aligned}
&\text{산 성} \cdots\cdots [H^+] > [OH^-],\ [H^+] > 1.0\times10^{-7}\text{mol}/\ell \\
&\text{중 성} \cdots\cdots [H^+] = [OH^-],\ [H^+] = 1.0\times10^{-7}\text{mol}/\ell \\
&\text{염기성} \cdots\cdots [H^+] < [OH^-],\ [H^+] < 1.0\times10^{-7}\text{mol}/\ell
\end{aligned}$$

마찬가지로, 수산 이온 농도의 역수의 상용로그값을 수산 이온 지수(pOH)라 한다.

$$pOH = \log\frac{1}{[OH^-]} = -\log[OH^-]$$

또,

$$[OH^-] = 10^{-POH}$$

따라서, 수용액(25℃)에서 pH 및 pOH 사이에는 다음의 관계가 성립한다.

$$\left.\begin{aligned}
&\text{산 성} \cdots\cdots pH < 7 \quad pOH > 7 \\
&\text{중 성} \cdots\cdots pH = 7 \quad pOH = 7 \\
&\text{염기성} \cdots\cdots pH > 7 \quad pOH < 7
\end{aligned}\right] pH + pOH = 14$$

25℃에서, $K_w = [H^+][OH^-] = 1.0\times10^{-14}$이므로 양변에 $-\log$를 취하면

$$-\log[H^+] - \log[OH^-] = -\log 1.0\times10^{-14}$$

그러므로 모든 수용액에서 pH + pOH = 14pH = 14 − pOH

그러므로 pH의 값을 알면 pOH의 값을 알 수 있다.

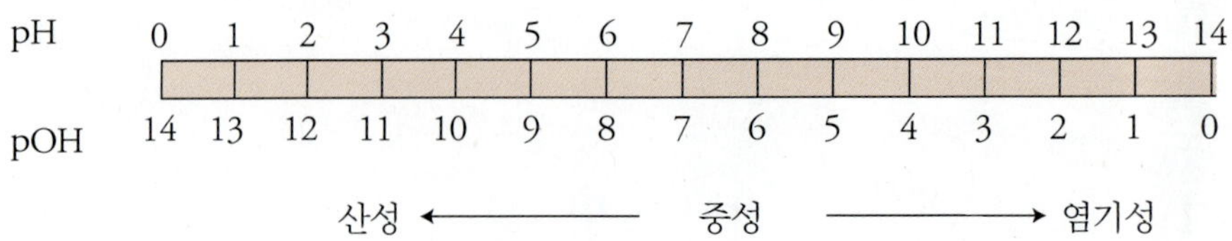

그림 9.2 수용액의 액성과 pH 및 pOH와의 관계

예제 어떤 오렌지쥬스의 수소이온농도가 2.9×10^{-4} M이다. 이 용액의 pH는 얼마인가? 또 이 용액은 산성, 염기성, 중성 중 어느 것인가?

풀이

$$pH = -\log[H^+]$$
$$= -\log[2.9\times10^{-4}]$$
$$pH = 3.54$$

이 용액의 pH는 7.00보다 작으므로 산성이다.

문제 9.3 0.01 M HCl 수용액의 pH를 계산하여라.

문제 9.4 pH = 1인 용액을 100배로 희석시킨 용액의 pH는?

문제 9.5 용액의 pH가 3이면 pOH는 얼마인가?

9.3 지시약

pH에 따라 그 색깔이 달라지는 물질을 **지시약**(indicator)이라고 하며, pH를 대략 측정하거나 중화적정에서 중화점을 찾는데 이용된다. 지시약의 색깔이 점차로 변하는 pH의 범위는 **변색범위**라고 한다.

지시약은 수용액의 pH에 따라 그 색깔이 다르므로, 수용액에 여러 가지 지시약을 가해 보면 그 수용액의 pH의 값을 알 수 있다.

일반적으로, 지시약으로 사용되는 색소는 수소 이온 농도와 수산 이온 농도의 비가 1/10~10, 즉 pH = ±1 정도 변화하면 눈으로 보아 확실히 그 변색을 볼 수 있게 되는 때가 많다. 지시약의 변색 범위는 농도의 영향을 많이 받기 때문에 그 사용량에 대하여 주의하여야 하나 온도에는 별로 영향을 받지 않는다.

산·염기 반응에서 흔히 쓰이는 산·염기 지시약의 변색 범위와 용액의 pH에 따른 색깔을 표 9.2에서 나타내었다.

표 9.2 지시약의 변색범위와 색깔

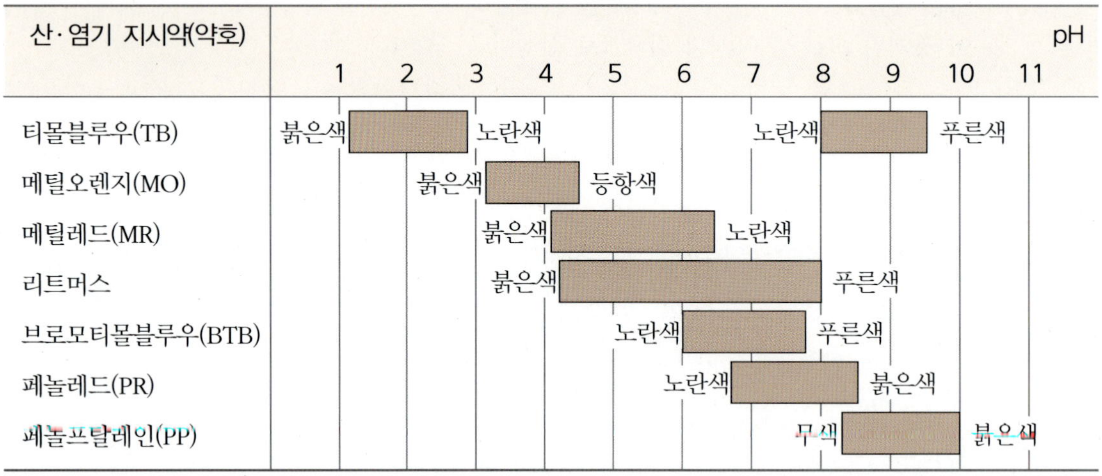

9.4 중화 적정 곡선

중화적정에서 어떤 지시약을 선택하여 사용하는 것이 좋은지 판단하려면 당량점 부근에서의 pH 변화를 알 필요가 있다.

중화적정에서 첨가하는 산 또는 염기의 ml 수를 가로축으로, pH를 세로축으로 하여 곡선을 그린 것을 중화적정곡선이라 한다.

(1) 강산과 강염기의 적정

0.1 M HCl 10 ml에 0.1 M NaOH 용액을 가하여 적정할 때 당량점에서 pH가 급격하게 커진다. 당량점에 도달하면 NaOH 1방울로 그 범위는 pH가 약 4에서 약 10으로 급격히 변화한다. 따라서 이 사이의 변색범위를 갖는 **메틸오렌지**는 붉은색에서 황색으로, **페놀프탈레인**은 무색에서 붉은색으로 변하기 때문에 지시약으로 사용한다.

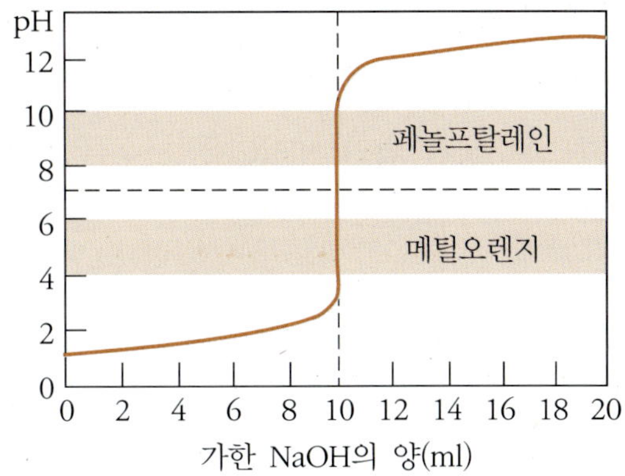

그림 9.3 강산과 강염기로 적정할 때의 중화적정곡선

(2) 약산과 강염기의 적정

0.1 M CH_3COOH 수용액 10 ml에 0.1 M NaOH 용액을 가하여 적정할 때 당량점에서 pH가 급격하게 커진다.

약한 산과 강한 염기의 중화반응으로 생긴 염인 CH_3COONa는 가수분해하여 약한 염기성을 띠기 때문에 중화점이 약 pH 8∼10 사이의 변색범위를 갖는 **페놀프탈레인**을 사용한다.

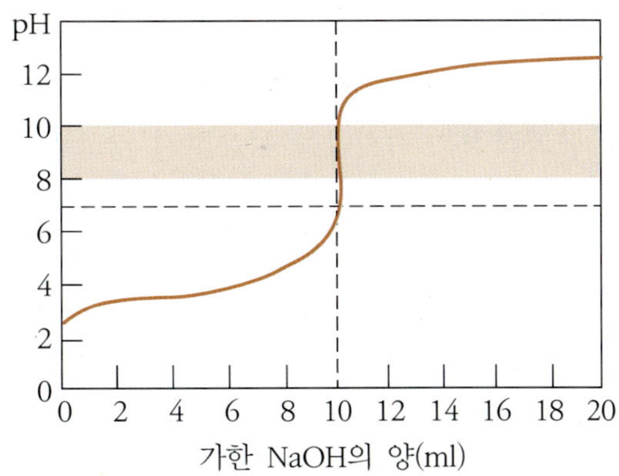

그림 9.4 약산과 강염기로 적정할 때의 중화적정곡선

(3) 강산과 약염기의 적정

0.1 M NH_3 수용액 10 ml에 0.1 M HCl 용액을 가하여 적정할 때, 약산을 강염기로 적정할 때와 모양이 반대인 적정곡선을 얻게 된다. 중화점은 산성쪽에 치우쳐 있으므로 산성쪽에서 변색하는 지시약인 **메틸오렌지**는 붉은색에서 황색으로 **메틸레드**는 붉은색에서 노란색으

로 변하기 때문에 지시약으로 사용한다.

페놀프탈레인을 사용할 수 없다.

강산과 약염기의 중화반응으로 생긴 염인 NH_4Cl은 가수분해하여 약산성을 띠기 때문에 중화점이 pH 3~5이다.

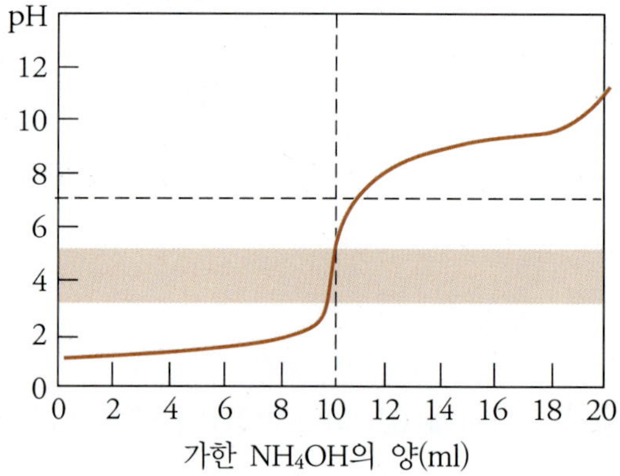

그림 9.5 **강산과 약염기로 적정할 때의 중화적정곡선**

(4) 약산과 약염기의 적정

0.1 M CH_3COOH 용액을 0.1 M NH_3 수용액으로 적정할 때는 적정곡선이 중화점 근처에서도 급격한 pH 변화가 없어 지시약으로 중화점을 찾지 못한다.

따라서 약산과 약염기의 중화적정은 지시약을 사용하지 않고 pH 미터로 중화점을 찾는다.

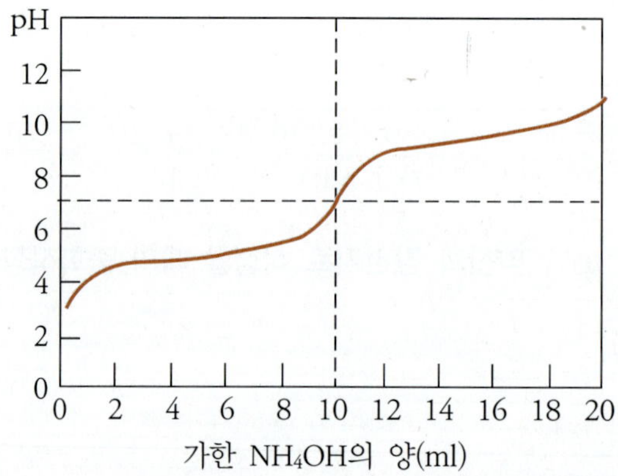

그림 9.6 **약산과 약염기로 적정할 때의 중화적정곡선**

그림 9.7 pH 미터

9.5 용액 농도의 변경

a%액을 b%액(물로 묽게 할 때는 b = 0)으로 희석시켜 c%액으로 만들려고 할 때는 다음과 같다. 농도의 순서를 a 〉 c 〉 b 〉 0 순이다(b = 0).

```
a            (c − b) = A      A를 (c − b)량 취한다.
   ↘      ↗
       c
   ↗      ↘
b            (a − c ) = B     B를 (a − c)량 취한다.
```

예제 **15 N−HNO_3을 6 N−HNO_3 50 ml로 만들어라.**

풀이

```
15           (6 − 0) = 6
   ↘      ↗
       6
   ↗      ↘
0            (15 − 6) = 9
```

$\frac{6}{9} = \frac{2}{3}$

물 3, 질산 2의 비율로 섞는다.

$50\text{ml} \times \frac{2}{3+2} = 20\text{ml},$

$50 - 20 = 30\text{ml}$

∴ 진한 질산 20 ml와 물 30 ml의 비율이다.

문제 9.6 진한 H_2SO_4의 농도는 36N이다. 6N-H_2SO_4 500 ml로 만들어라.

9.6 산·염기의 적정

농도를 모르는 일정량의 산이나 염기 용액에 농도를 알고 있는 산이나 염기 용액을 서서히 가해주면 중화반응이 일어난다. 이때 일정량을 가해 주었을 때 중화반응이 완결된다. 이점을 **중화점** 또는 **당량점**(equivalence point)(지시약으로 찾는다.)이라 하며 중화점에 이르렀을 때 산이나 염기의 첨가를 중지하고(이것을 **종말점**이라 한다.) 산이나 염기의 농도 또는 용액의 부피 등을 구할 수 있다.

(1) 적정

Burette에 표준액을 넣고 그것을 시료용액에 적가하여 종말점(end point)을 구하지만 경우에 따라서는 역으로 하는 수도 있다. 이와같이 정량하는 조작을 **적정**(titration)이라 한다.

표준액의 농도를 적정에 의해 결정하는 조작을 **표정**(standardization)이라 한다. 또 필요에 따라 시료용액에 일정량의 표준용액을 과량 가하여 충분히 반응시켜 반응이 완료된 후 과잉량을 다른 적당한 표준액으로 적정한다. 이 방법을 **역적정**(back titration)이라 한다.

(2) 뷰렛

Burette은 표준용액을 넣고 적정할 때 또는 액체를 정확하게 일정량 취할 때 사용되는 기구이다.

Burette에 액을 넣으면 유리의 부착력 및 모세관 현상으로 액의 표면은 수평이 되지 않고 액은 관 내에서 신월형(meniscus)을 형성하므로 액면을 결정할 때에는 일반적으로 무색의 액은 meniscus의 **최하점**과 동일 수평면에 있는 눈금선으로써 결정하고 착색용액에 있어서는 meniscus의 **최상점**과 동일 수평면에 있는 눈금선으로 결정한다.

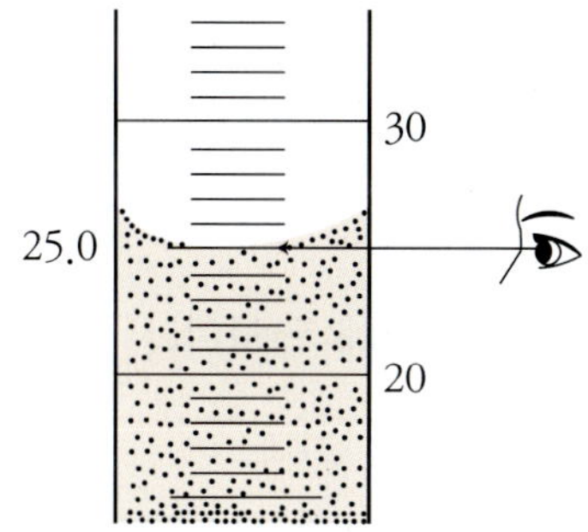

그림 9.8 액체의 meniscus의 위치를 읽는 법

[실험]

① 그림 9.9의 A, B와 같은 50 ml 뷰렛을 준비하여 뷰렛 클램프로 고정한다.농도가 정확한 0.1 M NaOH 용액 소량으로 뷰렛 A를 세정 후, 0.1 M NaOH 용액을 뷰렛 A에 붓고 부피를 1/100 ml까지 읽어 둔다.

② 또, 뷰렛 B에도 0.1 M HCl용액을 ①과 같은 방법으로 채운다.

③ 호울 피펫을 사용하여 0.1 M HCl용액 10 ml를 삼각 플라스크에 취한다.

④ 삼각 플라스크 속의 산 용액에 페놀프탈레인 용액 두 방울을 가하고, 염기 용액을 천천히 삼각 플라스크 속으로 떨어뜨려 산 용액을 적정하여라. 이때 지시약의 색깔 변화를 관찰하기 쉽도록 플라스크 밑에 흰종이를 깔아라.

⑤ 마지막 한 방울로써 용액 전체가 **엷은 분홍색**으로 될 때 적정을 중지하고, 적정에 사용된 염기의 부피를 1/100 ml까지 정확히 읽고 기록하여라.

⑥ 중화점까지 가한 염기의 부피가 0.05 ml 이내로 일치할 때까지 적정을 반복하여라.

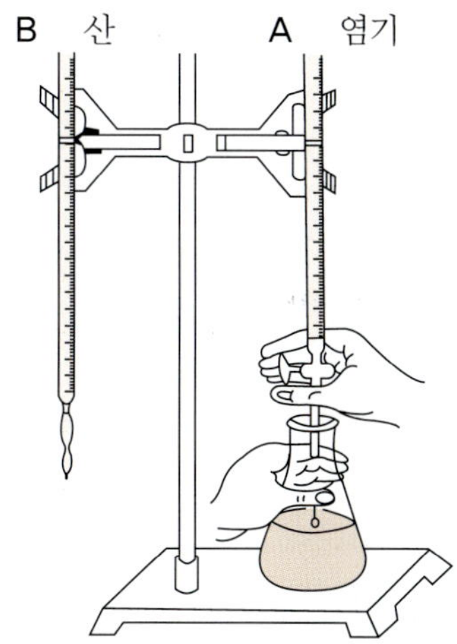

그림 9.9 산·염기의 중화적정

연습문제

9.1 0.1 M HCl 수용액이 있다. 다음 물음에 답하여라.

(a) 이 용액에서 $[H^{+}]$는?

(b) 이 용액에서 $[OH^{-}]$는?

9.2 수소이온지수(pH)가 7보다 작으면 수용액의 액성은 (　　　), 7이면 (　　　), 7보다 크면 (　　　)이다.

9.3 25℃ 수용액에서 pH + pOH의 값은?

9.4 25℃에서 0.0100 M $Ca(OH)_2$ 용액 속의 $[OH^{-}]$와 $[H^{+}]$를 구하여라.

9.5 0.2 M–HCl용액의 pH는? (단, log 2 = 0.30이다.)

9.6 0.1 N–HCl 1.0 ml를 물로서 희석하여 100 ml로 하면 pH는?

9.7 0.0020 M HCl 용액의 pH는?

9.8 5.0×10^{-4} M NaOH 용액의 pH는?

9.9 다음을 계산하여라.

(a) $[H^{+}]$가 0.020 M인 용액의 pH

(b) $[OH^{-}]$가 2.5×10^{-3} M인 용액의 pH

9.10 다음에서 중화적정시 중화점을 찾는데 필요한 지시약을 써라.

(a) 강산과 강염기의 적정

(b) 강산과 약염기의 적정

(c) 약산과 강염기의 적정

(d) 약산과 약염기의 적정

9.11 6 N-CH_3COOH를 2 N-CH_3COOH 12 ml로 만들어라.

제 10 장 산화와 환원

산화·환원반응은 가장 중요한 화학반응 중 하나이다. 사실상 에너지생산을 목적으로 일으키는 화학반응은 산화·환원반응이다. 연료의 연소, 전지에 의한 전기의 발생 및 음식물의 대사까지도 여기에 속한다. 그 뿐만 아니라 광물에서 금속을 생산하는 것도 이런 형식의 반응을 응용한 것이다.

이 장에서는 산화·환원 반응을 산화수 및 전자의 이동으로 설명하고, 또 산화·환원반응에서 양적 관계를 다루어 보도록 한다.

10.1 산화와 환원

물질이 산소와 결합 또는 수소를 잃는 것을 산화(oxidation)라 하고, 화합물에서 산소를 잃거나 수소와 결합하는 것을 환원(reduction)이라고 정의하였으나 **오늘날에 산화란 전자를 잃고 산화수가 증가되며, 환원은 전자를 얻어 산화수가 감소된다.** 이 정의는 아주 광범위하며 여러 반응에 잘 적용된다.

산화와 환원은 반드시 동시에 일어나며 산화수의 전체 증가수와 전체 감소수는 항상 같다.

(1) 산소와 결합하는 변화를 산화라고 하며, 산소를 잃은 변화를 환원이라고 한다. 즉, CuO은 환원되었고 H_2는 산화되었다.

산화(산소와 결합)

$$CuO + H_2 \rightarrow Cu + H_2O$$

환원(산소를 잃음)

(2) 수소를 잃은 변화를 산화라 하며, 수소와 결합하는 변화를 환원이라고 한다. 즉, HI은 산화되었고 Cl_2는 환원되었다.

환원(수소와 결합)

$$2HI + Cl_2 \rightarrow I_2 + 2HCl$$

산화(수소를 잃음)

(3) 전자를 잃은 변화를 산화, 전자를 받아들이는 변화를 환원이라고 한다.

산화 : $Zn \rightarrow Zn^{2+} \rightarrow 2e^-$ (전자를 잃음)

환원 : $Cu^{2+} + 2e^- \rightarrow Cu$ (전자를 얻음)

(환원)

$$Zn + Cu^{2+} \rightarrow Zn^{2+} + Cu$$

(산화)

(4) 산화수가 증가하는 변화를 산화, 산화수가 감소하는 변화를 환원이라고 한다. 즉, CuO는 환원되었고 H_2는 산화되었다.

(환원)

$$\underset{+2\ -2}{CuO} + \underset{0}{H_2} \rightarrow \underset{0}{Cu} + \underset{+1\ -2}{H_2O}$$

(산화)

문제 10.1 **다음 산화·환원 반응에서 산화된 것과 환원된 것을 찾아라.**

(a) $Cu + Cl_2 \rightarrow Cu^{2+} + 2Cl^-$

(b) $CuO + H_2 \rightarrow Cu + H_2O$

10.2 산화수

물질 중의 원자가 어느 정도 산화 또는 환원되었는가의 정도를 나타내는 수를 **산화수**(oxidation number)라고 하는데, 이것은 원자 사이에 주고 받은 전자의 수로 나타내고, 전자를 잃은 상태를 +, 전자를 얻은 상태를 −로 나타낸다.

산화수를 결정하는데는 다음과 같은 규약이 있다.

① 단체에서 원자의 산화수는 0이다.

② 단원자 이온의 산화수는 그 이온의 전하수와 같다(예 ; Ca^{2+}, Al^{3+}, S^{2-} 등). 다원자 이온을 구성하고 있는 원자의 산화수의 합은 그 이온의 전하와 같다(예 ; SO_4^{2-}, PO_4^{3-}, 등).

③ 강한 전기음성도를 갖는 플루오르의 산화수는 플루오르를 가진 모든 화합물에 있어서 −1이다(예 ; CaF_2).

④ 수소 화합물에서 수소의 산화수는 +1이다. 그러나 수소화물(예 ; CaH_2, MgH_2, NaH

등)에서는 −1이다.

⑤ 모든 할로젠화물(예 ; NaCl, $MgBr_2$ 등)에서 할로젠의 산화수는 −1이다.

⑥ 모든 황화물(예 ; FeS, AS_2S_3 등)에서 황의 산화수는 −2이다.

⑦ 산소를 가진 대부분의 화합물에서 산소의 산화수는 −2이다. 다만 다음과 같은 예외가 있다.

ⓐ 과산화물에서 산소는 산화수 −1을 갖는다(예 ; H_2O_2, Na_2O_2, BaO_2 등).

ⓑ OF_2에서 산소는 산화수 +2를 갖는다.

⑧ 한 화합물에서 원자의 산화수의 합은 0이다.

예제 **다음에서 밑줄을 친 원소의 산화수는 얼마인가?**

(a) $\underline{Fe}_2O_3$　　(b) $Na\underline{Cl}O_3$　　(c) $\underline{C}_2H_5OH$　　(d) $\underline{Cr}_2O_7^{2-}$

풀이

(a) $2x+(-2)\times 3=0$　　$\therefore x=+3$

(b) $1+x+(-2)\times 3=0$　　$\therefore x=+5$

(c) $2x+(+1)\times 6+(-2)=0$　　$\therefore x=-2$

(s) $2x+(-2)\times 7=-2$　　$\therefore x=+6$

문제 10.2 **다음 밑줄 친 원소의 산화수는 얼마인가?**

(a) $H\underline{N}O_3$　　(b) $\underline{Al}_2O_3$　　(c) $\underline{S}O_4^{2-}$　　(d) $\underline{S}_2O_3^{2-}$

10.3 산화제와 환원제

(환원)

$$\underset{+2}{2HgCl_2} + \underset{+2}{SnCl_2} \rightarrow \underset{+1}{Hg_2Cl_2} + \underset{+4}{SnCl_4}$$

(산화)

Hg 원자의 산화수가 +2에서 +1로 감소되어 Hg 원자를 함유한 $HgCl_2$는 환원되었고, Sn 원자는 산화수가 +2에서 +4로 증가되어 Sn 원자를 함유한 $SnCl_2$은 산화되었다. 이와같이,

다른 물질을 산화시키고 자기 **자신은 환원되는 물질을 산화제**(oxidizing agent)라 하고, 다른 물질을 환원시키고 자기 **자신은 산화되는 물질을 환원제**(reducion agent)라고 한다.

이 반응에서 $HgCl_2$는 산화제이며, $SnCl_2$는 환원제이다.

산화와 환원은 일상 생활뿐만 아니라 각종 공업에서 많이 이용하고 있다. 철을 제련할 때 철광석과 코우크스를 용광로에 넣어 가열하는데, 이 때 코우크스는 환원제로 쓰이며, 크롬은 야금할 때 Cr_2O_3와 Al을 섞어 가열하는데, 이 때 Al은 환원제로 쓰인다.

$$2Fe_2O_3 + 3C \rightarrow 4Fe + 3CO_2$$

$$Cr_2O_3 + 2Al \rightarrow Al_2O_3 + 2Cr$$

또, 석유나 펄프를 표백할 때도 산화나 환원의 원리를 이용하는데 O_3, H_2O_2, Cl_2, $CaOCl_2$ 및 $KMnO_4$와 같은 산화제를 써서 표백하는 경우를 **산화 표백**이라고 한다. 또, SO_2, Na_2SO_3, $Na_2S_2O_4$와 같은 환원제를 써서 표백하는 경우를 **환원 표백**이라고 하는데, 밀짚모자는 SO_2를 써서 환원 표백을 한 것이다.

산화제는 살균에도 많이 쓰인다. 수돗물은 Cl_2로 살균하며, 상처의 소독은 H_2O_2를 써서 살균시킨다. 로케트는 연료와 함께 산화제를 섞어서 연소시켜 그의 추진력을 얻고 있다.

문제 10.3 탄소와 산소가 반응하여 이산화탄소로 되는 반응에서 산화제와 환원제는?

$$C + O_2 \rightarrow CO_2$$

(1) 산화제

자신은 쉽게 환원되면서 다른 물질을 산화시키는 성질이 강한 물질이며 그 예로는 $KMnO_4$, $K_2Cr_2O_7$, H_2O_2, MnO_2, 진한 H_2SO_4, 묽은 또는 진한 HNO_3, O_2, O_3, Cl_2 등이다.

산화제가 될 수 있는 물질은 다음과 같다.

① 주기율표 오른쪽 위로 갈수록 강한 산화제이다.

② 산화수가 높은 금속이나 비금속 원자를 가진 화합물($K\underline{Mn}O_4$, $K_2\underline{Cr_2}O_7$, $H\underline{N}O_3$, $H\underline{Cl}O_4$에서 산화수는 +7, +6, +5, +7)이 강한 산화제이다.

③ 같은 원자가 여러 가지 산화수를 가질 경우, 산화수가 큰 원자를 가진 화합물이 더 강한 산화제이다($K\underline{Mn}O_4$, $\underline{Mn}O_2$, $\underline{Mn_2}O_3$, $\underline{Mn}Cl_2$에서 산화수는 (+7, +4, +3, +2)

$KMnO_4$가 가장 강한 산화제이다.).

강한 산화제는 "**산화력이 크다.**" 또는 "**산화성이 크다.**"는 표현을 쓴다.

(2) 환원제

자신은 쉽게 산화되면서 다른 물질을 환원시키는 성질이 강한 물질이며 그 예로는 $FeCl_2$, $SnCl_2$, CO, $(COOH)_2$, C, Al, Zn, SO_2, H_2O_2 등이다.

환원제가 될 수 있는 물질은 다음과 같다.

① 주기율표에서 왼쪽 아래로 갈수록 강한 환원제이다.

② 산화수가 낮은 금속이나 비금속 원자를 가진 화합물이다.$\underline{Fe}Cl_2$, $\underline{Sn}Cl_2$, $H_2\underline{S}$에서 산화수(+2, +2, −2)가 작을수록 강한 환원제이다.

③ 한 원소가 여러 가지 산화수를 가질 경우, 산화수가 작을수록 강한 환원제이다.$H_2\underline{S}$, $\underline{S}$, $\underline{S}O_2$, $\underline{S}O_3$에서 산화수는(−2, 0, +4, +6) H_2S가 가장 강한 환원제이다.

10.4 산화·환원 반응에서의 양적관계

산화·환원 반응에서, 산화제에 의하여 증가되는 산화수와 환원제에 의하여 감소되는 산화수는 항상 같게 반응이 일어나고, 또 산화제가 얻는 전자의 몰수는 환원제가 잃는 전자의 몰수와 항상 같게 반응이 일어난다.

즉, 산화수 1을 증감시키든가 또는 전자 1 mol이 출입하는 산화제, 환원제의 양은 서로 반응할 때, 남지도 모자라지도 않게 완전히 반응하기 때문에 산화제 1 mol이 전자 몇 mol을 얻을 수 있고, 환원제 1 mol이 전자 몇 mol을 줄 수 있느냐 하는 것만 알면 서로 반응하는 산화제와 환원제의 양을 쉽게 계산할 수 있다.

(1) 산화제·환원제의 몰

산화·환원 반응에서 산화제에 의하여 증가하는 산화수와 환원제에 의하여 감소하는 산화수는 항상 같다.

예를 들면, 다음 반응에서 Cu 1 mol이 Cu^{2+}로 산화될 때는 전자 2 mol이 나오고, Ag^+ 1 mol이 Ag로 환원될 때는 전자 1 mol을 받으므로, Cu와 Ag^+는 1 : 2의 비로 반응한다.

$$2Ag^+ + Cu \rightarrow 2Ag + Cu^{2+}$$

예제 **다음 반응에서 Cu^{2+} 1몰을 환원시키는데 필요한 Al의 몰수는?**

$$Cu^{2+} + Al \rightarrow Cu + Al^{3+}$$

풀이 Cu^{2+}는 산화수가 2감소하였다.
$Cu^{2+} + 2e^- \rightarrow Cu$ (전자 2 mol이 필요)
Al은 산화수가 3증가하였다.
$Al \rightarrow Al^{3+} + 3e^-$ (전자 3 mol이 방출)
Al이 전자 2 mol을 방출하려면 $\frac{2}{3}$mol이 필요하다.

(2) 산화제·환원제의 당량

전자 1 mol을 주고 받는 산화제·환원제의 양을 산화제·환원제의 1그램 당량이라고 한다. 그러므로 이동된 전자수는, 산화수의 변화수와 같으므로 변화된 산화수 1에 해당하는 양이 산화제·환원제 당량이다.

[예] 산화제나 환원제 1 mol이 n mol의 전자를 주고 받을 때, 그 1 mol은 n그램 당량이 된다.
$MnO_4^- + 8H^+ + 5e^- \rightarrow Mn^{2+} + 4H_2O$에서 MnO_4^- 1 mol은 5그램 당량이다.
즉, 1 mol = 118 g, 1그램 당량 = $\frac{1}{5} \times 118g = 23.6\,g$이다.

(3) 산화·환원적정

산화제·환원제를 표준 용액으로 하여 산화제나 환원제의 농도를 적정으로 결정하는 방법이다. 산화·환원 반응에서는 반응시약의 색깔은 진하고 환원 생성물의 색깔은 엷기 때문에 지시약을 따로 쓰지 않아도 적정이 가능하다. 산화·환원 적정의 종말점에서는 같은 몰수의 전자가 이동하였으므로, 산화제의 몰 농도를 M, 부피를 Vml라 하고, 사용된 환원제의 몰 농도를 M', 부피를 V'ml라고 하면,

$$AMV = BM'V'$$

여기서, A는 산화제 1 mol당 받아들일 수 있는 전자의 몰수이고, B는 환원제 1 mol당 줄 수 있는 전자의 몰수이다.

예제 H_2SO_4가 환원되어 SO_2로 될 때, H_2SO_4의 당량은?

풀이 반쪽 반응식을 완결하면

$2H^+ + H_2SO_4 + 2e^- \rightarrow SO_2 + 2H_2O$

H_2SO_4 1몰은 전자 2몰을 받아들이므로 2 g당량이다.

H_2SO_4 1몰은 98.0 g이므로 이 반응에서 1 g당량은 49.0 g이다.

옥살산 표준 용액을 사용하여 $KMnO_4$의 농도를 결정하는 산화·환원적정 조작과 순서는 그림 10.1과 같다.

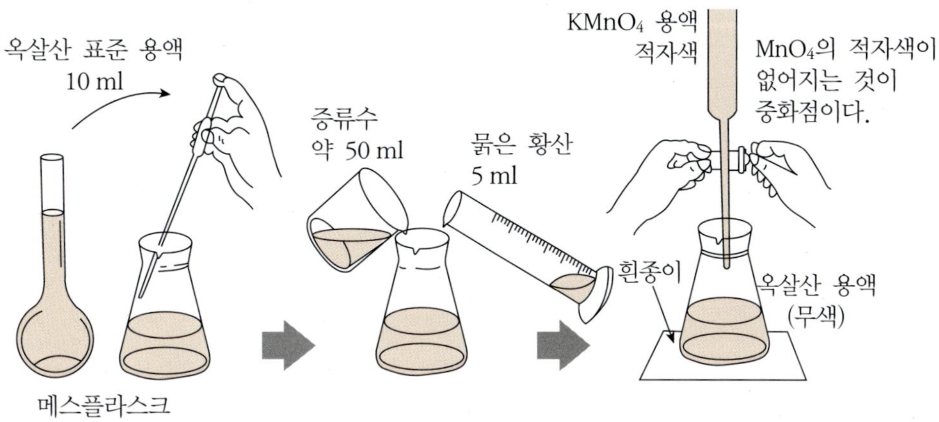

그림 10.1 **산화·환원 적정**

10.5 금속의 이온화 경향

금속이 전자를 잃고 양이온이 되려는 경향을 이온화 경향이라고 하며, 이온화 경향이 큰 금속은 이온화 경향이 작은 금속 이온에 전자를 주어 자신은 산화되고 금속 이온을 환원시킨다.

(산화)

$$Zn(s) + 2Ag^+(aq) \rightarrow Zn^{2+}(aq) + 2Ag(s)$$

(환원)

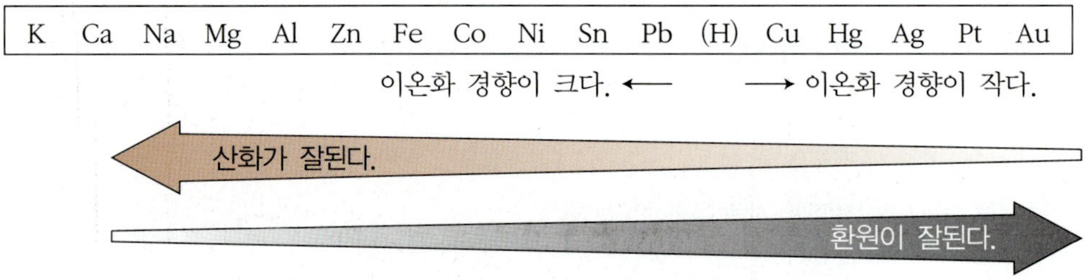

그림 10.2 금속의 이온화 경향 및 산화·환원되는 경향

황산구리의 수용액을 넣은 용기에 아연판을 담그면 아연판의 표면이 구리의 붉은 갈색을 띤다.

이것은 황산구리 용액 속에 들어 있는 Cu^{2+}의 일부가 금속으로 석출되고, 대신 약간의 금속아연이 Zn^{2+}으로 되어 용액 속으로 녹아 들어간다.

$$Zn + CuSO_4 \rightarrow ZnSO_4 + Cu$$

이온반응식으로 표시하면

$$Zn + Cu^{2+} \rightarrow Zn^{2+} + Cu$$

수소보다 왼쪽에 있는 이온화 경향이 큰 금속은 산과 반응시키면 금속은 이온으로 되고 수소이온은 수소 가스로 되어 석출한다. 그러나 수소보다 오른쪽에 있는 금속은 이온화 경향이 수소보다 작기 때문에 보통의 산에는 녹지않고 질산이나 따뜻하게 가열한 진한 황산과 같이 산화력이 있는 산에는 녹는다.

표 10.1 금속의 화학적 성질

<table>
<tr><th>구 분</th><th>K</th><th>Ca</th><th>Na</th><th>Mg</th><th>Al</th><th>Zn</th><th>Fe</th><th>Ni</th><th>Sn</th><th>Pb</th><th>(H)</th><th>Cu</th><th>Hg</th><th>Ag</th><th>Pt</th><th>Au</th></tr>
<tr><td>상온의 공기 속에서의 산화</td><td colspan="3">산화되기 쉽다.</td><td colspan="9">금속의 표면은 산화되나, 산화물이 내부를 보호한다.</td><td colspan="4">산화되기 어렵다.</td></tr>
<tr><td>물 및 수증기와의 반응</td><td colspan="3">상온에서 물과 반응하여 수소를 발생한다.</td><td colspan="4">수증기를 분해하여 자기 자신은 산화물이 된다.</td><td colspan="9">물 및 수증기와 반응하지 않는다.</td></tr>
<tr><td>산과의 반응</td><td colspan="10">산과 반응하여 수소를 발생한다.</td><td colspan="4">질산, 진한 황산과 반응한다.</td><td colspan="2">왕수와 반응한다.</td></tr>
</table>

연습문제

10.1 다음 반응에서 산화된 것과 환원된 것을 찾아라.

$$Cu + Cl_2 \rightarrow Cu^{2+} + 2Cl^-$$

10.2 다음에서 S의 산화수는 얼마인가?

(a) S_8 (b) H_2SO_4 (c) $Na_2S_2O_3$ (d) SO_3^{2-}

10.3 다음에서 산화수는 얼마인가?

(a) $H_3\underline{P}O_4$ (b) $K\underline{Mn}O_4$

10.4 산화수를 이용하여 산화된 원자와 환원된 원자를 찾아라.

$$SO_2 + 2H_2S \rightarrow 2H_2O + 3S$$

10.5 다음 반응에서 산화제와 환원제를 써라.

$$Cu^{2+} + Zn \rightarrow Cu + Zn^{2+}$$

10.6 다음 반응에서 산화되는 물질과 환원되는 물질을 구별하고, 산화제와 환원제가 각각 어떤 것인지 말하라.

$$2Na + Cl_2 \rightarrow 2NaCl$$

제 11 장 화학평형

대부분의 반응들이 모든 반응물들을 다 소모하는 것이 아니다. 반응물과 생성물이 끊임없이 상호 교환되어 농도가 일정하게 유지되는 동적 평형상태에 도달한다. 또, 어떤 조건 밑에서는 정방향의 반응과 역방향의 반응이 같은 정도로 일어나서 겉보기에는 변화가 정지된 것 같고, 그 반응에 관계되는 물질은 증가도 감소도 하지 않는 상태에 도달하기도 하는 데, 이러한 상태에 관하여 다루어 보기로 한다.

11.1 가역 반응과 비가역 반응

(1) 가역반응(reversible reaction)

정반응과 역반응이 동시에 일어나는 반응이다. 정확히 정의하면, 반응물과 생성물이 계속적으로 상호 교환하여 반응물과 생성물의 농도가 일정하게 유지되는 동적 평형 상태이다.

가역반응은 정반응과 역반응이 모두 진행되기 때문에 ⇆ 기호를 써서 나타내고 있다.

$$2HI(g) \underset{\text{냉각}}{\overset{\text{가열}}{\rightleftarrows}} H_2(g) + I_2(g)$$

$$CH_3COOH(aq) \leftrightarrows CH_3COO^-(aq) + H^+(aq)$$

(2) 비가역 반응(irreversible reaction)

정반응과 역반응 중 한 쪽 방향으로만 진행되는 반응이며 일반적으로 기체가 발생하거나 침전이 생기는 반응, 산과 염기의 중화반응에 의해 H_2O가 생기는 반응은 역반응이 일어나기 어렵다.

$$C(s) + O_2(g) \rightarrow CO_2(g)\uparrow$$

$$AgNO_3(aq) + NaCl(aq) \rightarrow AgCl(s)\downarrow + NaNO_3(aq)$$

$$HCl(aq) + NaOH(aq) \rightarrow NaCl(aq) + H_2O(\ell)$$

[참고] 분해와 화합이 일어나는 가역 반응에서 분해가 일어나는 방향의 반응을 특히 해리라 한다.

$$NH_4Cl \leftrightarrows NH_3 + HCl$$

문제 11.1 염화나트륨과 질산바륨이 반응하여 질산나트륨과 염화바륨이 생기는 반응은 가역 반응이다. 화학 반응식으로 나타내어라.

11.2 화학 평형

가역 반응에서 정반응과 역반응의 속도가 같으면 겉보기에는 반응이 정지된 것 같으나 실제는 정반응과 역반응이 같은 속도로 진행이 되고 있는 상태를 **동적 평형**(dynamic equilibrium)이라고 한다.

이와 같은 동적 평형이 화학 반응에 적용될 경우, 이러한 상태를 **화학 평형 상태**(chemical equilibrium state)라고 한다.

$$aA + bB \underset{v_2}{\overset{v_1}{\rightleftarrows}} cC + dD$$

화학평형 : v_1(정반응속도) = v_2(역반응속도)

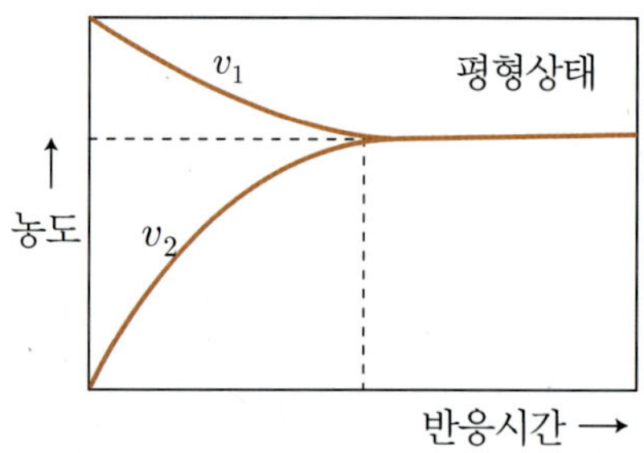

그림 11.1 평형상태에 도달할 때까지의 v_1와 v_2의 농도변화

11.3 화학 평형의 법칙

화학 반응이 평행상태에 있을 때는 생성물질의 농도의 곱과 반응물질의 농도의 곱의 비는 온도가 일정하면 항상 일정하다. 이를 **화학 평형의 법칙**(law of chemical equilibrium)이라 한다.

가역반응이 평형상태에 있을 때

$$aA + bB \underset{v_2}{\overset{v_1}{\rightleftarrows}} cC + dD$$

$v_1 = v_2$는 다음과 같은 관계가 성립한다.

$$K = \frac{[C]^c[D]^d}{[A]^a[B]^b}$$

위의 식에서 K를 **평형상수**라고 하며, 온도가 일정하면 반응물질과 생성물질의 농도에 관계없이 K값은 일정하다.

11.4 균일 평형과 불균일 평형

(1) 균일 평형

반응 물질과 생성 물질이 모두 같은 상태에 있는 반응의 평형을 **균일 평형**(homogeneous equilibrium)이라고 한다.

기체와 기체의 반응으로 기체가 생성될 때, 액체와 액체가 반응하여 액체가 생성될 때의 평형이 균일 평형이다.

$$H_2(g) + I_2(g) \rightleftarrows 2HI(g)$$

$$CH_3COOH(\ell) + C_2H_5OH(\ell) \rightleftarrows CH_3COOC_2H_5(\ell) + H_2O(\ell)$$

(2) 불균일 평형

둘 이상의 상들이 존재하는 반응에서의 평형을 **불균일 평형**(heterogeneous equilibrium)이라고 한다.

고체와 기체가 포함하는 경우 화학 평형의 법칙은 다음과 같다.

$$CaCO_3(s) \rightleftarrows CaO(s) + CO_2(g)$$

$$K = \frac{[CaO][CO_2]}{[CaCO_3]}$$

위 식에서 $[CaCO_3]$와 $[CaO]$는 순수한 고체이므로 이들의 농도는 일정하다. 그러므로 평형 상수식은 고체의 일정한 농도를 포함시켜 다음과 같이 쓴다.

$$K' = K \times \frac{[CaCO_3]}{[CaO]} = [CO_2]$$

$$K' = [CO_2]$$

즉, 고체 물질이 반응에 관여 할 때는 고체 물질을 평형상수식에 나타내지 않고 기체의 몰 농도만으로 나타낸다.

11.5 Le Chatelier's law

가역 반응이 평형 상태에 있을 때, 농도·온도 및 압력 등의 반응의 조건을 변화시키면 반응이 정반응 또는 역반응 중 어느 한 쪽 방향으로 반응이 진행하여서 새로운 평형 상태로 된다.

예를 들면, 암모니아의 생성 반응이 다음과 같이 평형 상태에 있다.

$$N_2(g) + 3H_2(g) \rightleftarrows 2NH_3(g)$$

이 혼합 기체 중의 N_2의 농도를 크게 하면 질량 작용의 법칙에 의하여 정반응의 속도가 커져서 반응이 오른쪽으로 진행된다. 반응이 진행됨에 따라 NH_3의 농도가 조금씩 증가되면 왼쪽으로 진행되는 반응의 속도도 조금씩 커져서 서로 반대 방향의 반응의 속도가 같아지며, 결국에는 다시 새로운 평형 상태로 된다. 이와 같은 평형 이동에 관해서 1884년 프랑스의 화학자 H. L. Le Chatelier(1850~1936)는 다음과 같은 법칙을 확립하였다.

가역 반응이 평형 상태에 있을 때, 농도·압력 및 온도와 같은 반응 조건을 변화시키면, 그 조건의 변화를 없애려는 방향으로 반응이 진행되어 새로운 평형 상태에 이른다. 이 법칙을 Le Chatelier's law 또는 **평형 이동의 법칙**이라고 한다.

(1) 농도의 영향

평형 상태에 있는 반응에 있어서 그 속에 있는 어떤 물질의 농도를 증가시키면, 그 물질의 농도를 감소시키려는 방향으로 반응이 진행된다. 평형 상태에 있는 다음과 같은 반응에서

$$N_2(g) + 3H_2(g) \rightleftarrows 2NH_3(g)$$

여기에 N_2의 농도를 증가시키면 N_2의 농도가 감소하는 방향(→), 즉 NH_3가 생기는 방향으로 반응이 진행된다.

이때 H_2는 N_2와 반응하므로 H_2의 농도는 처음 평형 상태보다 감소되며, NH_3의 농도는 증가한다.

반응 물질의 농도를 증가시키면 ⇒ 생성계 쪽으로 반응이 진행한다(정반응).

생성물질의 농도를 증가시키면 ⇒ 반응계 쪽으로 반응이 진행한다(역반응).

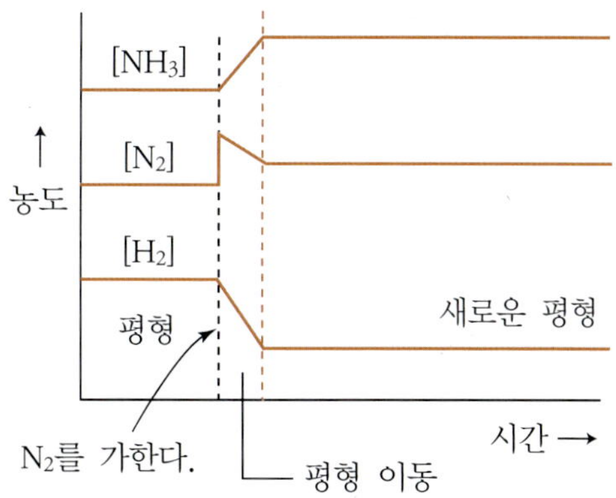

그림 11.2 $N_2(g) + 2H_2(g) \rightleftarrows 2NH_3(g)$의 평형에 N_2를 가했을 때, 각 성분의 농도 변화

예제 **다음의 가역 반응이 평형 상태에 있을 때, ( )와 같은 조건을 주면 반응은 어느 방향으로 진행되겠는가?**

(a) $C(s) + H_2O(g) \rightleftarrows CO(g) + H_2(g)$ (CO의 첨가)

(b) $N_2(g) + O_2(g) \rightleftarrows 2NO(g)$ (NO의 제거)

풀이 (a) CO를 가하면 [CO]가 감소하는 방향으로 반응이 진행된다(역방향).

(b) NO를 제거하면 [NO]가 증가하는 방향으로 반응이 진행된다(정방향).

문제 11.2 **다음의 각 평형식에서 주어진 변화가 생겼을 때 방향변화와 농도변화를 설명하라.**

(a) $H_2(g) + I_2(g) \rightleftarrows 2HI(g)$
$[H_2]$의 증가

(b) $H_2(g) + CO_2(g) \rightleftarrows H_2O(g) + CO(g)$
$[H_2O]$의 증가

(c) $N_2(g) + O_2(g) \rightleftarrows 2NO(g)$
$[O_2]$의 감소

(2) 온도의 영향

평형 상태에 있는 반응에 온도를 높이면 온도를 내리게 하는 방향(←), 즉 흡열하는 방향으로 반응이 진행되고, 온도를 내리면 발열하는 방향(→)으로 반응이 진행된다.

$$N_2(g) + 3H_2(g) \rightleftarrows 2NH_3(g) + 22\ \text{kcal}$$

반응계의 온도를 높이면 ⇒ 흡열반응 쪽으로 반응이 진행한다.

반응계의 온도를 낮추면 ⇒ 발열반응 쪽으로 반응이 진행한다.

예제 **다음의 반응이 평형 상태에 있을 때, 온도를 높이면 반응은 어느 방향으로 이동하겠는가?**

$$2SO_2 + O_2 \rightleftarrows 2SO_3 + 45\ \text{kcal}$$

풀이 가열하면 흡열하는 방향, 즉 역방향으로 반응이 진행된다.

(3) 압력의 방향

평형 상태에 있는 반응에 전체의 압력을 증가시키면, 압력을 감소시키는 방향, 즉 몰수가 감소하는 방향(→)으로 반응이 진행된다. 반대로 압력을 감소시키면, 압력이 증가하는 방향(←), 즉 몰수가 증가하는 방향으로 반응이 진행된다.

단, 반응물과 생성물의 분자수가 같은 반응에서는, 압력에 영향을 받지 않는다.

$$N_2(g) + 3H_2(g) \rightleftarrows 2NH_3(g)$$

위 반응에서 정반응은 몰수(분자수)가 4에서 2로 감소하는 반응이다.

일반적으로, 밀폐된 용기 속의 기체가 나타내는 압력은 분자수가 많으면 크고, 분자수가 적으면 감소된다. 따라서 위 반응의 정반응(→)은 압력이 감소되는 반응이고, 역반응은 압력이 증가하는 반응에 해당한다. 지금 이 평형에 외부로부터 압력을 증가시키면 그 반대, 즉 압력이 감소되는 방향(→)으로 평형이 이동하고, 외부로부터 압력을 감소시키면 압력이 증가되는 방향(←)으로 평형이 이동한다. 따라서 압력이 커지면 분자수가 적어지는 방향으로, 압력이 작아지면 분자수가 많아지는 방향으로 평형이 이동한다.

압력을 높이면 ⇒ 반응은 기체의 몰수가 감소하는 방향으로 진행한다.

압력을 낮추면 ⇒ 반응은 기체의 몰수가 증가하는 방향으로 진행한다.

예제 **다음의 가역 반응이 평형 상태에 있을 때, 압력을 크게 하면 평형은 어느 방행으로 이동하겠는가?**

(a) $N_2(g) + O_2(g) \rightleftarrows 2NO(g)$

(b) $2NO(g) + O_2(g) \rightleftarrows 2NO_2(g)$

(c) $C(s) + CO_2(g) \rightleftarrows 2CO(g)$

풀이 (a) 양쪽의 분자수가 같으므로 압력의 영향을 받지 않는다.

(b) 반응 물질의 분자수가 많으므로 압력을 가하면 정방향으로 반응이 진행된다.

(c) C(*s*)는 화학 평형의 법칙에 나타내지 않는다. 반응 물질의 분자수가 적으므로 역방향으로 반응이 진행된다.

문제 11.3 **용기 내의 부피가 감소하면 다음 평형은 어떻게 변하는가?**

(a) $2NO_2Cl(g) \rightleftarrows 2NO_2(g) + Cl_2(g)$

(b) $2IBr(g) \rightleftarrows I_2(g) + Br_2(g)$

(c) $2SO_2(g) + O_2(g) \rightleftarrows 2SO_3(g)$

(4) 촉매의 역할

촉매는 정·역 양쪽의 반응 속도를 모두 빠르게(정촉매)하거나 또는 느리게(부촉매)한다.

따라서, 촉매는 평형 상태에 도달하는 시간을 단축시키는 것이 원칙이나, 평형을 이동시키지는 못한다.

연습문제

11.1 정반응과 역반응이 모두 일어날 수 있는 화학반응을 무엇이라고 하는가?

11.2 $N_2(g) + 3H_2(g) \rightleftarrows 2NH_3(g) \quad \Delta H = -22\ kcal$
반응에서 수율을 높이기 위한 온도와 압력의 조건을 써라.

11.3 다음 반응이 평형을 이루고 있을 때, 아래 조건에 의해 평형은 어떻게 이동하는가?

$$2A(g) + B(g) \rightleftarrows 3C(g) + D(g) + Q\ kal$$

(a) 가열　(b) 냉각　(c) 감압　(d) 가압

11.4 압력에 의해 평형이 이동되지 않는 경우는?

11.5 다음 각 반응이 평형 상태에 있을 때 (　　)와 같은 조건을 주면 반응은 어느 쪽으로 진행되겠는가?

(a) $N_2O_4(g) \rightleftarrows 2NO_2(g)$ (NO_2 첨가)

(b) $N_2(g) + 3H_2(g) \rightleftarrows 2NH_3$ (NH_3 첨가)

(c) $CH_3COOH \rightleftarrows CH_3COO^- + H^+$ (HCl 첨가)

제 12 장 화학반응 속도

화학 반응이 빠르게 또는 느리게 일어나는 정도를 반응속도(reaction velocity)라고 한다.

여기서 반응 속도를 연구하는 목적은 어떤 반응이 어떤 조건하에서 얼마나 빨리 진행될 수 있는지를 아는 데도 있지만 또한 원자나 분자들이 어떤 방식으로 결합 또는 분해 등의 과정을 거치는 지에 관한 구체적인 이해를 얻는 데도 있다. 그 상세한 진행방식, 즉 메카니즘(mechanism)을 알려고 하는 것이다. 이 장에서는 반응 속도를 정리하고, 속도에 영향을 주는 인자, 즉 반응물, 촉매, 온도, 농도 등에 대해서 알아보기로 한다.

12.1 반응속도

반응속도(reaction rate)는 단위 시간당 생성된 생성물의 양 또는 소모된 반응물의 양이다. 반응속도를 계산할 때 반응 혼합물의 전체 양이 아닌 단위 부피 중 반응혼합물 내의 농도 변화를 다루게 된다. 따라서 반응속도는 단위 시간당 생성물의 몰농도의 증가 또는 반응물의 단위 시간당 몰농도의 감소로 표현된다.

반응속도의 단위는 대개 mol/(ℓ·s)가 사용된다.

$$\text{반응속도} = \frac{\text{감소한 반응물질의 농도}}{\text{시간}} = \frac{\text{증가한 생성물질의 농도}}{\text{시간}}$$

NO_2가 NO와 O_2로 분해되는 반응에서 시간의 지남에 따라 NO_2의 적갈색이 점점 넒어짐으로 농도의 변화량, 즉 반응속도를 알 수 있다.

$$2NO_2(g) \rightarrow 2NO(g) + O_2(g)$$

위 반응에서 $[NO_2]$의 감소속도는 $[O_2]$의 생성속도의 2배이므로 $[NO_2]$ 감소 속도의 반이 $[O_2]$의 생성속도와 같다.

그러므로 반응속도 v는 다음과 같다.

$$v = -\frac{1}{2} \cdot \frac{\Delta[NO_2]}{\Delta t} = \frac{1}{2} \cdot \frac{\Delta[NO]}{\Delta t} = \frac{\Delta[O_2]}{\Delta t}$$

반응속도 v에서 (−) 부호는 농도의 감소를 나타낸다.

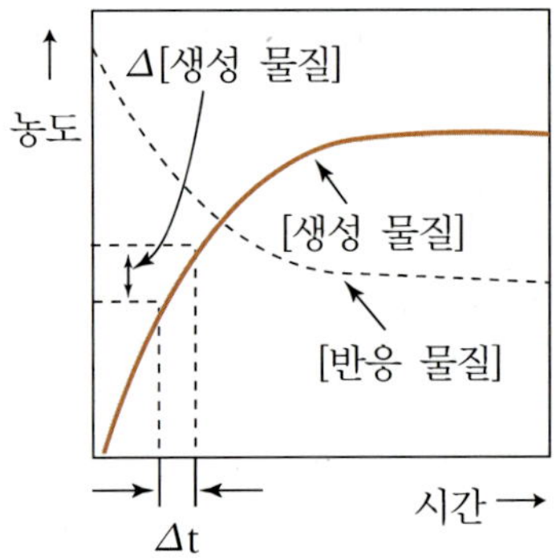

그림 12.1 시간에 따른 농도 변화

예제 $(CH_3)_2O(g) \rightarrow CH_4(g) + H_2(g) + CO(g)$의 반응속도 ν는?

풀이 $$\nu = -\frac{\Delta[(CH_3)_2O]}{\Delta t} = \frac{\Delta[CH_4]}{\Delta t} = \frac{\Delta[H_2]}{\Delta t} = \frac{\Delta[CO]}{\Delta t}$$

문제 12.1 $H_2(g) + I_2(g) \rightarrow 2HI(g)$에서 반응속도 ν로 나타내어라.

12.2 활성화 에너지

활성화 에너지란 반응 물질이 반응을 시작하는데 필요한 에너지라고 말할 수 있으므로, 활성화 에너지가 작으면 반응 속도는 크고, 활성화 에너지가 크면 그 반응 속도는 작다.

반응 물질이 일정한 활성화 에너지를 받으면 반응의 중간 단계에 있는 활성화착물이 형성되는데 다음과 같이 표현된다.

$$O = N + Cl - Cl \rightarrow O = N \cdots Cl \cdots Cl$$

적합한 방향으로 분자가 접근하면 N−Cl 결합이 형성되기 시작한다.

이와 동시에 충돌에 의하여 운동에너지는 활성화착물의 진동에너지 형태로 흡수된다. 이 에너지는 점선으로 표시된 부분에 몰려 있다가 다른 결합 사이로도 퍼지게 된다. 잠시 후 여분의 에너지는 활성화착물의 어느 한 부분에 몰리게 되고 그 결합은 끊어지게 된다. 결합이 끊어질 때 N … Cl이 끊어지느냐 Cl … Cl이 끊어지느냐에 따라 활성화착물은 원래의 반응물로 가든지 생성물로 간다.

$$\underset{\text{반응물}}{O = N + Cl_2} \leftarrow \underset{\text{활성화착물}}{O = N \cdots Cl \cdots Cl} \rightarrow \underset{\text{생성물}}{O = N - Cl + Cl}$$

반응이 일어나기 위해서 충돌 시 충분한 에너지(활성화에너지 이상의)가 필요한 이유는 활성화착물의 결합이 끊어져서 생성물로 가기 위한 에너지가 필요하기 때문이다.

그림 12.2와 같이, 반응 물질 A로부터 생성물질 B로 변화될 때는 h에 해당하는 에너지를 받아야만 반응이 진행되게 된다.

이러한 에너지를 **활성화 에너지**(activated energy)라고 하고, 반응 물질이 활성화 에너지를 얻은 C의 상태를 **활성화 상태**(activated state)라고 하며, 활성화 상태에 있는 불안정한 중간 생성 물질을 가리켜 **활성화 착물**(activated complex)이라고 한다.

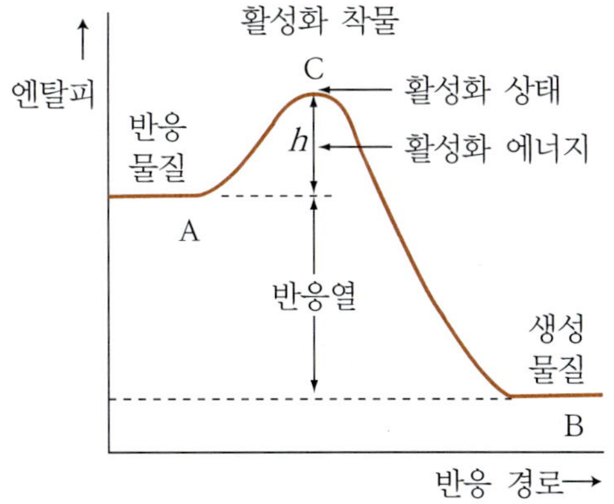

그림 12.2 **활성화 에너지**

문제 12.2 다음 그래프는 다음 반응의 에너지 함량을 그래프로 나타낸 것이다. 이 그래프를 보고, 물음에 A, B, C, D 등으로 답하여라.

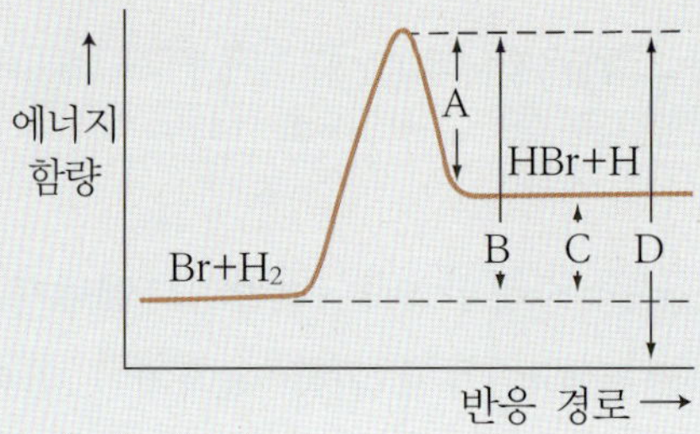

$$Br + H_2 \leftrightarrows HBr + H$$

(a) 정반응의 활성화 에너지에 해당하는 간격은 어느 것인가?
(b) 이 그래프에서, 반응열을 나타내는 간격은 어느 것인가?

12.3 반응속도에 영향을 주는 인자들

반응속도에 영향을 주는 인자들에는 반응물질의 종류, 온도, 농도(기체인 경우는 압력) 및 촉매가 있다.

(1) 반응물질의 종류

① 결합의 재배열이 일어나지 않는 반응 :

용액 중에서 이온들 사이에 일어나는 반응은 대부분 빠르다.

$$Ag^{+}(aq) + Cl^{-}(aq) \rightarrow AgCl(s)\downarrow$$

② 결합의 재배열이 일어나는 반응 :

공유결합물질 사이의 반응은 원자 사이의 결합이 끊어지고 새로운 결합이 생성되어야 하므로 반응은 느리게 일어난다.

$$2HI(g) \rightarrow H_2(g) + I_2(g)$$

(2) 온도의 영향

온도를 상승시키면 반응 속도는 증가한다. 일반적으로 수용액의 경우는 온도가 10℃ 상승하면 반응 속도는 약 2배, 20℃ 상승하면 2^2배, 50℃ 상승하면 2^5배로 되며, 기체의 경우는 그 이상임이 알려졌다.

이 현상에 대하여 Maxwell은 실험과 이론을 통하여 그림 12.3과 같은 분자에너지 분포곡선을 얻어 다음과 같이 설명하였다.

즉, 기체 반응은 충돌한 모든 분자가 반응하는 것이 아니라 반응하기에 충분한 에너지, 즉 활성화 에너지보다 큰 에너지를 가진 분자끼리 충돌하여야 반응이 일어나는 데(그림 12.3의 T_1 곡선의 빗금 부분), 온도가 10℃ 올라가면 이런 분자의 수가 2배 증가하여 반응속도가 2배가 된다고 하였다. 따라서, 그림 12. 3의 T_2 곡선을 보면 T_1 곡선의 경우보다 빗금 부분의 넓이, 즉 활성화 에너지보다 큰 에너지를 가진 분자수가 증가함을 알 수 있다. 그러므로 온도가 올라가면 화학반응의 속도는 커지는 것이다.

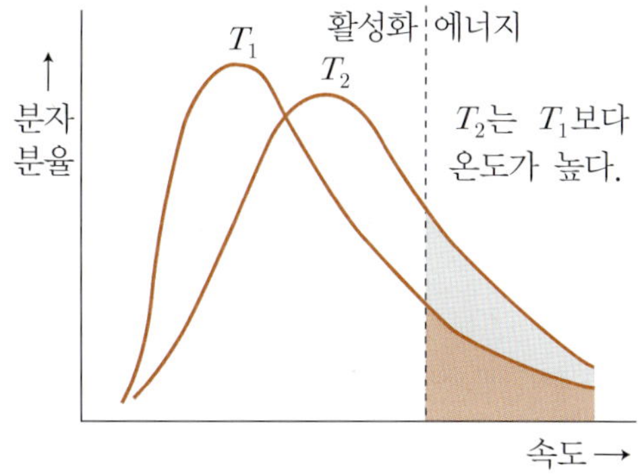

그림 12.3 Maxwell의 온도에 따른 분자 에너지 분포 곡선

(3) 농도의 영향(기체는 압력)

압력은 단위 시간에 그릇 벽의 단위 면적에 충돌하는 분자의 수로 나타낼 수 있다. 그런데, 이 충돌수는 분자의 농도가 클수록 클 것이므로, 반응 물질의 부분 압력은 그들의 농도에 비례하게 된다.

따라서, 기체 반응에서의 압력에 의한 영향은 농도에 의한 영향과 같은 결과를 나타낸다.

예를 들면, 요오드와 수소가 반응하여 요오드화수소가 되는 다음 반응식에서의 반응 속도 ν는 요오드의 부분 압력 P_{I_2}와 수소의 부분 압력 P_{H_2}의 곱에 비례한다.

$$H_2(g) + I_2(g) \xrightarrow{\nu} 2\,HI(g)$$

$$\nu = kP_{I_2} \cdot P_{H_2}$$

따라서, 기체 반응은 외부 압력을 크게 하면 반응 속도가 커진다.

(4) 촉매의 영향

과산화수소의 촉매분해 반응은 다음과 같다.

$$2H_2O_2(aq) \xrightarrow{MnO_2} 2H_2O(\ell) + O_2(g)$$

이 반응은 보통의 조건 하에서는 서서히 분해되지만 MnO_2를 조금 가하면 아주 빠른 속도로 일어난다. 촉매가 반응속도를 빠르게 하는 이유는 활성화 에너지를 작게 하기 때문이다.

활성화에너지가 감소되면 반응은 에너지가 낮은 과정을 밟아서 일어나기 때문에 반응속도는 빨라진다. 그림 12.4는 이것을 나타낸 것인데, 그림에서 알 수 있는 바와 같이 촉매는 에너지 Ea의 값을 낮추어 반응이 에너지가 낮은 경로로 일어나게 하므로 반응 속도가 빨라진다.

촉매를 써도 반응물과 생성물질 간의 에너지 차이는 없다.

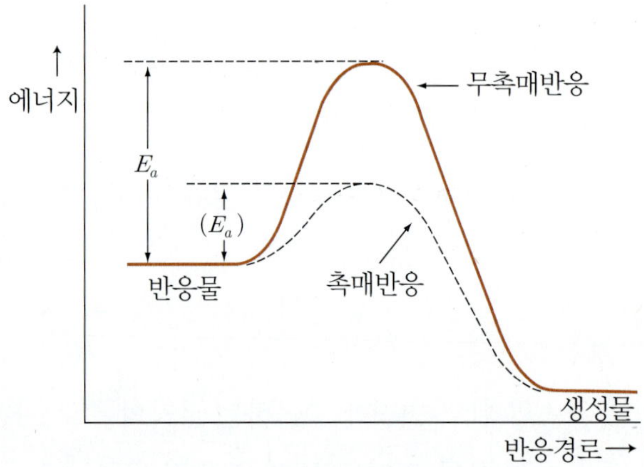

그림 12.4 **촉매와 활성화 에너지**

12.4 반응 메카니즘

대부분의 화학 반응은 반응이 한 단계로 일어나는 경우는 드물고, 여러 단계의 반응을 거쳐서 반응이 일어나는데, 이 단계 반응을 **반응 메카니즘**(reaction mechanism)이라고 하며, 이것이 반응 속도로부터 어떻게 결정되는가를 살피고, 아울러 연쇄적으로 일어나는 반응의 메카니즘도 알아보자.

(1) 반응 속도 결정 단계

일반적으로, 반응 물질 A와 B가 반응하여 생성 물질 C로 되는 반응 메카니즘을 생각하여 보자.

$$A + B \rightarrow C$$

이 반응에 관하여 두 가지의 반응 메카니즘을 생각할 수 있다. 그 첫째는 A가 활성화 에너지를 받아 활성화 상태로 되고, 이것이 B와 곧 반응하여 생성 물질인 C로 되는 반응이다.

$$A \rightarrow \dot{A} \text{ (느림)} \cdots\cdots\cdots \text{(i)}$$
$$\dot{A} \rightarrow B \rightarrow C \text{ (빠름)} \cdots\cdots\cdots \text{(ii)}$$

이 반응에서 전체 반응의 속도는 느린 단계인 식 (i)의 반응 속도에 의하여 좌우된다. 이러한 단계를 **반응 속도 결정 단계**(reaction rate determining step)라 한다.

예컨대, 수소 기체와 요오드 기체가 반응하여 요오드화수소가 되는 반응의 메카니즘은 다음과 같다.

$$H_2(g) + I_2(g) \rightarrow 2HI(g)$$
$$\text{A단계 : } I_2 \rightarrow 2\,I \text{ (빠름)}$$
$$\text{B단계 : } H_2 + 2\,I \rightarrow 2\,HI \text{ (느림)}$$

이 반응 메카니즘으로부터 B단계는 느리게 일어나는 반응이기 때문에 이 반응의 속도가 전체 반응의 속도를 결정하여 준다.

또 다른 반응 메카니즘은 A와 B가 각각 활성화 에너지를 받아서 $(A\dot{B})$인 활성화 착물을 만들어 생성 물질인 C로 되는 반응이다.

$$A + B \rightarrow (A\dot{B}) \text{ (느림)} \quad \cdots\cdots\cdots\cdots \quad \text{(iii)}$$
$$(A\dot{B}) \rightarrow C \text{ (빠름)} \quad \cdots\cdots\cdots\cdots \quad \text{(iv)}$$

이 반응에서 반응 속도 결정 단계는 반응 (iii)이다.

예컨대, 일산화탄소와 이산화질소가 반응하여 이산화탄소와 산화질소로 되는 반응의 반응 메카니즘은 다음과 같다.

$$CO(g) + NO_2(g) \rightarrow CO_2(g) + NO(g)$$
$$\text{A단계 : } CO + NO_2 \rightarrow O \equiv C \cdots O \cdots N = O \text{ (느림)}$$
$$\text{B단계 : } O \equiv C \cdots O \cdots N = O \rightarrow CO_2 + NO \text{ (빠름)}$$

이 반응 메카니즘으로부터 A단계는 느리게 일어나는 반응이므로 속도 결정 단계이다.

반응 속도에 관여하는 각 단계 반응의 분자수로부터 반응의 차수를 알 수 있다.

$$mA(g) + nB(g) \rightarrow \text{생성 물질}$$

위와 같이 표시되는 어느 반응에 대하여 반응 속도를 나타내는 식은 다음과 같다.

$$\text{반응 속도} = k[A]^m \cdot [B]^n$$

여기서, 반응 물질의 농도의 제곱수인 m 및 n을 그 **반응의 차수**(order of reaction)이라 하여, 위의 식에서 m이 1이면, 이 반응은 반응 물질 A에 대하여 1차라고 하며, n이 2이면 반응물질 B에 대하여 2차라고 한다.

또, 반응의 전체 차수는 m과 n의 합계로 표시되므로 $m + n = 1$일 때는 **1차 반응**(first order reaction)이라 하며, $m + n = 2$일 때는 **2차 반응**(second order reaction)이라 한다.

반응 메카니즘은 전체의 화학 반응식으로는 알 수 없고, 반응 속도를 측정함으로써 반응 속도 결정 단계를 알아야 비로소 찾아 볼 수 있다.

반응 (ⅰ)에서는 한 개의 A분자가 관여하였으므로 1차 반응이 되고, 반응 (iii)에서는 두 분자, 즉 A와 B가 관여하였으므로 A 및 B에 관하여 2차 반응이 된다.

또 다른 반응 형태의 예로서 수소 기체와 브롬 기체의 반응을 생각하여 보자.

$$H_2(g) + Br_2(g) \rightarrow 2HBr(g)$$

A단계 : $Br_2 \leftrightarrows 2Br$ (빠름)

B단계 : $Br + H_2 \rightarrow HBr + H$ (느림)

C단계 : $H + Br_2 \rightarrow HBr + Br$ (빠름)

A단계에서의 평형은 빠르게 이루어져서 활성인 Br 원자를 반응 혼합물에 공급한다. 다른 두 단계에서는 생성 물질이 만들어지는 데 B단계보다 C단계가 훨씬 빨리 일어난다. 다시 말하면, 매번 B단계에서 생성되는 H원자 1개는 C단계에서 Br_2와 즉시 반응하여 HBr와 또 다른 Br 원자를 만들어내므로, 느린 단계인 B단계가 바로 속도 결정 단계가 된다.

즉, HBr가 생성되는 전체 반응 속도는 B단계 반응의 속도에 의하여 결정된다. 실제로, 전체 반응 속도는 B단계에서 만들어지는 HBr에 대하여 또 하나의 HBr가 C단계에서 동시에 만들어지기 때문에 B단계의 속도의 2배가 될 것이다.

(2) 연쇄 반응

수소와 염소의 혼합 기체는 햇빛(자외선)에 의해 폭발적으로 반응하여 염화수소가 된다. 이 반응의 반응 메카니즘은 다음과 같다.

$$Cl_2 \xrightarrow{\text{햇빛}} 2Cl\cdot \cdots\cdots \text{(i)} \quad \text{(연쇄 개시 반응)}$$

$$\left.\begin{aligned} Cl\cdot + H_2 &\rightarrow HCl + H\cdot \cdots\cdots \text{(ii)} \\ H\cdot + Cl_2 &\rightarrow HCl + Cl\cdot \cdots\cdots \text{(iii)} \end{aligned}\right\} \text{(연쇄 전파 반응)}$$

즉, 먼저 염소 분자가 빛 에너지로($E = h\nu$)를 받아서 화학적으로 활성인 원자 상태의 염소로 된다. 이러한 반응을 **연쇄 개시 반응**(chain initiation reaction)이라고 한다.

Cl·의 점은 1개의 홀로 남아 있는 전자를 나타내고, 이와 같은 전자를 가지는 원자나 원자단을 라디칼이라고 하는데, 이 활성인 라디칼(Cl·)은 수소 분자와 반응하여 안정한 염화수소로 변하고, 동시에 활성인 라디칼 H·을 만든다(반응 (ii)). 또, 이것이 염소 분자와 반응하여 염화수소와 새로운 라디칼(Cl·)이 되며, 반응 (ii)와 (iii)이 계속적으로 일어나서 염화수소를 만드는 데, 이 반응 (ii)와 (iii)을 **연쇄 전파 반응**(chain propagation reaction)이라고 한다.

이와 같이, 몇 개의 단계 반응이 반복하여 계속적으로 일어나는 반응을 연쇄 반응(chain reaction)이라고 하며, 연쇄 반응을 지속시키는 H·나 Cl·과 같은 활성인 라디칼을 **연쇄 운반체**(chain carrier)라 한다.

연쇄 반응은 언제까지나 계속되는 것이 아니고, 에너지가 커진 연쇄 운반체가 벽에 충돌하여 에너지를 잃으면 라디칼끼리 반응하여 안정한 분자를 만들어 연쇄 반응이 끝나버린다.

즉,

$$\left.\begin{array}{llll} H\cdot + H\cdot & \rightarrow & H_2 \cdots\cdots\cdots\cdots & \text{(iv)} \\ Cl\cdot + Cl\cdot + & \rightarrow & Cl_2 \cdots\cdots\cdots\cdots & \text{(v)} \end{array}\right\} \text{(연쇄 종결 반응)}$$

이러한 반응 (ⅳ)와 (ⅴ)를 **연쇄 종결 반응**(chain termination reaction)이라고 한다.

산소와 수소가 폭발적으로 반응하여 수증기가 되는 반응도 복잡한 연쇄 반응으로 일어나는 것의 하나이다.

12.5 반응열

(1) 반응열 :

화학 반응이 일어날 때 방출되거나 흡수되는 열량을 반응열이라고 한다.

발열 반응 : 반응 물질의 에너지가 생성 물질의 에너지보다 높으면 반응이 일어날 때 열을 방출하는데 이런 반응을 발열 반응이라고 한다.

$$C(s) + O_2(g) \rightarrow CO_2(g) + 94.1\ \text{kcal}$$

흡열 반응 : 반응 물질의 에너지가 생성 물질의 에너지보다 작으면 열을 흡수하는데 이런 반응을 흡열 반응이라고 한다.

$$H_2O(g) + C(s) \rightarrow CO(g) + H_2(g) - 31.4\ \text{kcal}$$

(2) 반응열의 종류

① 생성열 : 물질 1몰이 성분 원소로부터 생성될 때의 반응열을 생성열이라고 하며, ΔH_f로 나타낸다.

$$H_2(g) + \frac{1}{2}O_2(g) \rightarrow H_2O(g) \qquad \Delta H = -57.8\,\text{kcal}$$

H_2O의 생성열(ΔH_f): $-57.8\,\text{kcal}$

생성열은 화합물의 상대적 안정성을 나타내는데 같은 원소로부터 생성되는 여러 종류의 화합물에서 안정성은 생성열이 작은 물질일수록 안정하다.

② 연소열 : 물질 1몰이 완전 연소할 때의 반응열을 연소열이라고 한다.

$$CO(g) + \frac{1}{2}O_2(g) \rightarrow CO_2(g) \qquad \Delta H = -68.0\,kcal$$

CO의 연소열(ΔH): $-68.0\,kcal$

③ 분해열 : 물질 1몰이 성분 원소로 분해될 때의 반응열을 분해열이라고 한다.

$$NO(g) \rightarrow \frac{1}{2}N_2(g) + \frac{1}{2}O_2(g) \qquad \Delta H = -21.6\,kcal$$

NO의 분해열(ΔH): $-21.6\,kcal$

④ 용해열 : 물질 1몰을 다량의 용매에 넣어서 용해시킬 때의 반응열을 용해열이라고 한다.

$$H_2SO_4 + aq \rightarrow H_2SO_4(aq) \qquad \Delta H = -19.6\,kcal$$

H_2SO_4의 용해열(ΔH) = $-19.6\,kcal$

⑤ 중화열 : 산과 염기가 중화하여 $H_2O(\ell)$ 1몰이 생성될 때의 발생하는 열량을 중화열이라고 한다.

$$H^+(aq) + OH^-(aq) \rightarrow H_2O(\ell) \qquad \Delta H = -13.8\,kcal$$

중화열(ΔH) = $-13.8\,kcal$

연습문제

12.1 반응 $2A(g) + B(g) \rightarrow C(g)$에서 반응속도 ν는?
[A], [B], [C]는 A, B, C의 농도(mol/ℓ)이다.

12.2 반응속도의 정의와 단위를 써라.

12.3 결합의 재배열이 일어나지 않는 (   )은 빠르게 일어난다.

12.4 $H_2(g) + I_2(g) \leftrightarrows 2HI(g)$의 반응이 상온에서 느리게 일어나는 이유를 써라.

12.5 메테인(CH_4) 1 g이 연소하면 13.3 kcal의 열이 발생한다. 이 반응을 열화학 반응식으로 나타내어라.

제 13 장 전형원소

전형원소(representative element, 그림 13.1)의 전자배열은 ns^anp^b이다. 같은 족에 속하는 원소의 원자가전자의 전자배열은 유사하다. 그러므로 같은족의 원소는 유사한 물리적 성질과 화학적 성질을 나타낸다. 예를 들어 알카리 금속들은 화학적으로 물리적으로 서로 유사하다. 알카리토금속의 금속들도 마찬가지이다.

헬륨을 제외한 18(0)족의 모든 원소는 8개의 원자가전자를 갖는다. 헬륨은 단지 2개의 전자가 원자가전자이므로 18(0)족에서 예외이다.

주기율표 중 한 족이 나타내는 성질이나 한 주기가 나타내는 성질의 경향을 살피는 것이 중요하다. 이온화에너지, 전자친화도, 전기음성도 등의 성질은 한 원소에서 다른 원소로 원소가 바뀔 때 주기율표 상에서 아주 명확하게 변한다.

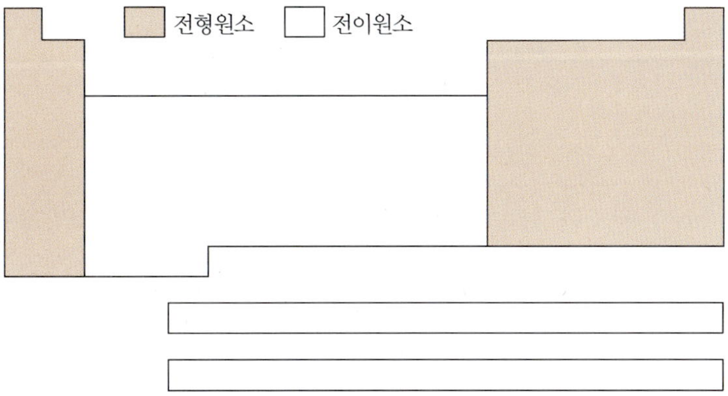

그림 13.1 **전형원소와 전이원소**

표 13.1은 금속과 비금속원소의 성질을 비교하였다. 금속은 금속의 이온이 규칙적으로 배열되어 있으며 그 사이를 자유롭게 움직이는 자유전자(自由電子)가 있다. 이것이 금속을 결합시키는 역할을 하며 또 전기를 통하게 한다(광택성이 있으며 열의 전도성과 전기전도성이 있다). 또 금속에 외력을 가하면 양이온의 결정격자가 미끄러져서 전성(펴짐성)·연성(뽑힘성)이 생긴다. 비금속은 광택이 없으며 대부분 이원자분자의 기체(O_2, N_2, Cl_2)이거나 20℃, 1기압 하에서 잘 깨어지는 고체(C, S_8, I_2)이다.

금속원소의 이온화에너지와 전기음성도는 낮다. 그러므로 이들은 화합물이나 수용액에서는 양이온의 형태로 존재한다. 그러나 비금속원소는 일원자의 음이온(O^{2-}, Cl^-)이나 산소산 음이온(NO_3^-, SO_4^{2-})을 이룬다.

금속산화물은 대부분 염기성이다. 반응성이 큰 금속의 산화물이 염기성을 나타내는 이유는 간단하다. 이들 산화물은 이온성이며 산화이온, O^{2-}을 포함한다. 그런데 이들 산화이온, O^{2-}

은 물과 반응하여 염기성을 나타내며, 산과 반응하여 물을 생성한다.

$$O^{2-}(aq) + H_2O(\ell) \rightarrow 2OH^-(aq)$$
$$O^{2-}(aq) + 2H^+(aq) \rightarrow H_2O(\ell)$$

표 13.1 전형원소의 특성

금 속	비 금 속
광택성이 있다. 20℃에서 고체(예외 : 수은)이다. 연성과 전성이 있다. 열전도성, 전기전도성이 있다. 이온화에너지와 전기음성도가 낮다. 양이온을 형성한다. 산화물은 염기성(높은 산화상태가 높지 않은 경우)이다.	광택성이 없다. 20℃에서 고체나 기체(예외 : 브롬)이다. 고체는 경도가 크나 잘 깨어진다. 열 및 전기전도성이 없다. 이온화에너지와 전기음성도가 높다. 음이온이나 산소산이온을 형성한다. 산화물은 산성이다.

※ 금속산화물의 결합은 이온성이 적으므로 산화물은 염기성이 적다.

양쪽성(amphoteric) 원소란 금속과 비금속의 성질을 함께 가지고 있으며, 산에도 알카리에도 녹을 수 있는 원소들을 양쪽성 원소라 한다.

$$Zn + H_2SO_4 \rightarrow ZnSO_4 + H_2\uparrow$$
$$Zn + 2NaOH \rightarrow Na_2ZnO_2(\text{아연산 나트륨}) + H_2\uparrow$$

양쪽성 원소가 산소와 결합된 화합물로서 산성과 염기성의 성질을 모두 가지는 산화물을 **양쪽성 산화물**이라고 부른다. 따라서 양쪽성 산화물은 산 또는 염기와도 중화할 수 있는 물질인 것이다.

$$ZnO + H_2SO_4 \rightarrow ZnSO_4 + H_2O$$
$$ZnO + 2NaOH \rightarrow Na_2ZnO_2 + H_2O$$

양쪽성 원소가 수산기와 결합된 화합물을 **양쪽성 수산화물**이라고 하는데, 양쪽성 수산화물은 수산기를 가지고 있다 하더라도 수용액 중에서 전리하여 H^+ 또는 OH^-을 내놓으므로 산성 또는 염기성의 성질을 동시에 갖는다. 따라서 양쪽성 산화물과 같이 산 또는 염기와도 중화할 수 있는 물질인 것이다.

$$Zn(OH)_2 + H_2SO_4 \rightarrow ZnSO_4 + 2H_2O$$
$$Zn(OH)_2 + 2NaOH \rightarrow Na_2ZnO_2 + 2H_2O$$

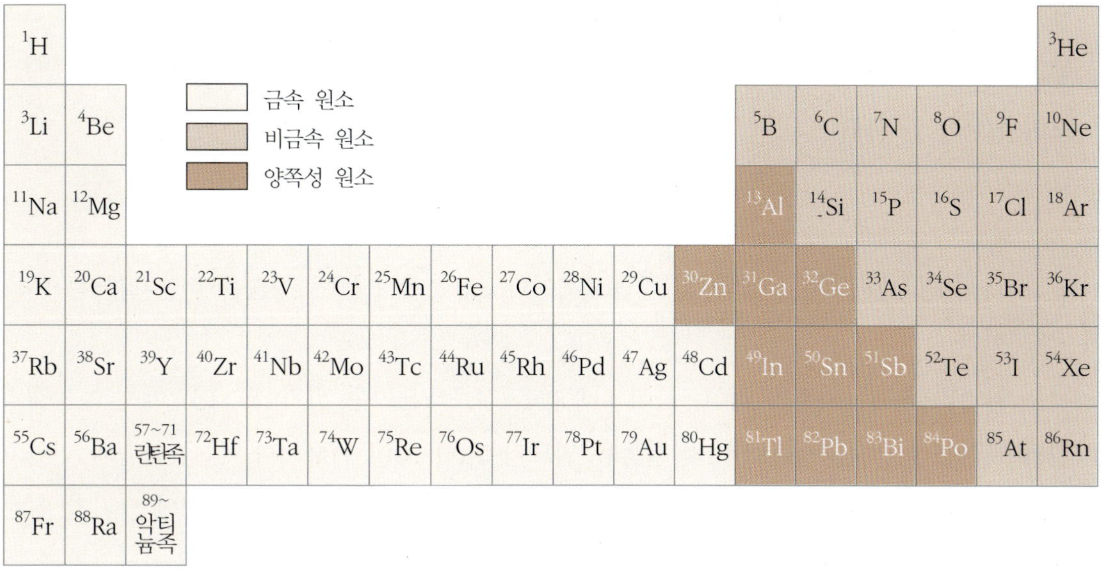

그림 13.2 장주기형 주기율표에서 금속과 비금속, 양쪽성 원소

13.1 1(IA)족 원소 (알카리금속원소)

알카리금속원소(alkali metal elements)는 Li(lithium), Na(sodium), K(potassium), Rb (rubidium), Cs(cesium), Fr(francium)으로 되어 있다.

알카리금속원소들은 반응성이 대단히 큰 원소들이다. 즉 ns'의 원자가 전자를 쉽게 잃고 +1의 산화상태의 화합물을 이룬다. 이들 화합물은 대부분 물에 잘 녹고 이온성 화합물이다.

순수한 원소로는 이와같은 반응성 때문에 자연에 존재하지 않는다. **나트륨**과 **칼륨**은 지각의 바위에 많이 있으며, 이들 바위는 물에 녹지 않는 규소 및 알루미늄과 산소를 포함한 Na^+이나 K^+같은 양이온의 규화 알루미늄 광물로 되어 있다.

이들 광물은 자연적인 우천 등으로 수용성 염 등으로 유출되고 바다로 흘러들어간다. 바닷물은 알카리금속이나 알카리토금속의 염이 녹아 있으며, 이중 염화나트륨이 주요성분이다.

바닷물이 증발하면 녹아있는 염이 석출된다. 염화나트륨이나 염화칼륨으로 된 광물이 노출되어 있는 곳이 지구상에는 많이 있다. 이들 광물에는 NaCl, KCl, $MgCl_2 \cdot 6H_2O$ 등이 포함되어 있다.

프란슘을 제외한 알카리금속은 이러한 광물에서 얻는다.

리튬은 스포두멘(spodemene, $LiAl(SiO_3)_2$)에서 얻는다.

세슘은 폴루사이트(pollucite, $CsAl(SiO_3)_2 \cdot H_2O$)에서 얻는다.

루비듐은 폴루사이트 같은 광물에 불순물로 존재한다.

프란슘은 매우 희귀한 방사성이 있는 원소이다.

(1) 알카리금속의 성질

알카리금속원소는 모두 은빛의 흰 금속고체이다. 28℃에서 녹는 세슘은 더운 날에는 액체로 존재한다.

모든 알카리금속은 경도가 작고, 특히 나트륨은 칼로 자를 수 있다. 표 13.2에는 녹는점과 성질을 나타냈다. 리튬과 나트륨 및 칼륨은 밀도가 1.00 g/ml 이하이다. 이들 금속이 연하고 녹는점이 낮다는 사실은 금속결합이 약한 까닭이다. 약한 결합은 알카리금속의 크기가 같은 주기에 있는 다른 원소에 비하여 비교적 크기 때문이다. 또한 단지 하나의 원자가전자를 가지고 있기 때문이기도 하다. 리튬에서 세슘으로 내려 갈수록 녹는점이 감소하는데 이 역시 원자반경이 증가하므로 금속결합의 세기가 감소하기 때문이다.

표 13.2 알카리금속

성 질	Li	Na	K	Rb	Cs
전자 배열	[He]$2s^1$	[Ne]$3s^1$	[Ar]$4s^1$	[Kr]$5s^1$	[Xe]$6s^1$
불꽃반응	빨간색	노란색	보라색	빨간색	파란색
녹는점, ℃	186	97.5	63.7	39.0	28.5
끓는점, ℃	1,336	880	760	700	670
밀도, g/cm^3	0.53	0.97	0.86	1.53	1.90
전기음성도	1.0	0.9	0.8	0.8	0.7

모든 알카리금속은 반응성이 매우 크고 강한 환원제이며 또한 전기음성도가 작으므로, 이온성화합물을 형성한다. 일차 이온화에너지는 작으나, 이차 이온화에너지는 크므로 항상 +1가의 이온상태로 화합물을 생성한다.

알카리금속은 매우 반응성이 커서 잘랐을 때 광택나는 표면은 즉시 공기중에서 산소와 반응하여 산화물 피막이 형성된다. 이들 금속은 보통 공기나 습기와 쉽게 반응하므로, 알카리금속은 석유같은 액체나 반응성이 없는 환경에 보관하여야 하며 손으로 직접 다루지 않아야 한다.

알카리금속은 물과 격렬하게 반응하므로 물과 접촉하지 않도록 특별히 주의를 해야 한다.

리튬은 쉽게 물과 반응하여 나트륨과 칼륨은 물과 격렬하게 반응한다. 이때는 발열반응이며 수소를 발생한다. 루비듐과 세슘은 물과 더욱 격렬히 반응한다.

$$2Na + 2H_2O \rightarrow 2NaOH + H_2\uparrow$$

$$2K + 2H_2O \rightarrow 2KOH + H_2\uparrow$$

알카리금속은 공기 중에서 곧 산소와 결합하여 산화된다. 리튬은 산화리튬(LiO), 나트륨은 주로 과산화나트륨(Na_2O_2)을 생성한다. 칼륨은 노란색 고체인 초과산화물(KO_2)을 생성한다.

알카리금속원소는 할로젠원소와 쉽게 반응하여 염화물을 생성하고, 고온에서 수소와 반응하여 수화물(Li^+H^- 등)을 형성한다.

(2) 알카리금속과 화합물의 용도

나트륨은 강한 환원제이며 핵반응로에서 열 전달제로 쓰이며, 다른 금속(티탄 등)의 제조와 유기화합물의 합성에 쓰인다.

리튬은 금속의 처리 과정에서 산소나 황같은 불순물을 제거하는데 쓰인다. 납의 합금에 가하여 강도 높은 베아링 같은 용도에 쓰이기도 하며 마그네슘과 섞어 비행체에 쓰이는 가볍고 강한 합금에 이용된다.

칼륨은 초산화칼륨(KO_2)을 만드는데 쓰이는데, 이 화합물은 가스마스크에 쓰인다. 그 까닭은 KO_2가 공기 중의 물과 반응하여 산소를 생성하기 때문이다.

$$4KO_2(s) + 2H_2O(\ell) \rightarrow 4KOH(s) + 3O_2(g)$$

수산화칼륨(KOH)은 공기 중의 이산화탄소를 제거하는데 쓰인다.

$$KOH(s) + CO_2(g) \rightarrow KHCO_3(s)$$

칼륨은 나트륨과 합금을 만드는데 쓰이는 데, 이 합금은 열전달제로 쓰인다.

세슘과 루비듐은 광전지(photoelectric cell)에 쓰인다.

표 13.3에는 중요한 알카리금속 화합물의 용도를 나타냈다.

표 13.3 알카리금속 화합물의 용도

화 합 물	용 도
LiOH	윤활제로 쓰이는 리튬비누의 제조
NaCl	나트륨의 제조, 식품첨가물, 비누제조
NaOH	비누제조, 인조섬유, 화학약품, 제지
Na_2CO_3	유리, 펄프, 염료의 제조, 세제
$Na_2SO_3 \cdot 7H_2O$	탈염소제
$Na_2S_2O_3 \cdot 5H_2O$	염소, 요오드와 반응하여 환원시킨다.
Na_2O_2	섬유의 탈색
$NaNO_3$	비료
KCl	비료
KOH	연성비누의 제조
KNO_3	비료, 폭약

13.2 2(ⅡA)족 원소 (알카리토금속원소)

Be(beryllium), Mg(magnesium), Ca(calcium), Sr(strontium), Ba(barium), Ra(radium)이 알카리토금속원소(alkaline earth metal elements)이다.

알카리토금속은 알카리금속보다는 반응성은 작으나 화학적 반응성이 크다. 알칼리토금속은 반응 시 ns^2의 원자가전자를 이용하여 +2의 산화상태의 화합물을 생성한다. 칼슘, 스트론튬, 바륨과 라듐의 화합물은 항상 이온성이며 +2의 금속이온으로 이루어져 있다.

그러나 마그네슘 화합물의 결합은 공유성이 있으며, 베릴륨의 결합은 공유성이 대단히 크다. 알카리금속과 마찬가지로 알카리토금속 원소도 자연에서 화합물의 형태로 존재한다. 마그네슘과 칼슘은 지각에 대단히 많이 존재한다. 지각의 외곽은 규산염이나 알루미늄규산염이다.

마그네슘과 칼슘은 나트륨이나 칼륨과 같이 양이온으로 존재한다. 자연적인 우천 등에 의하여 이들 양이온의 화합물은 씻기어 바다에 유입된다. 바닷물 속의 칼슘이온은 탄산염으로 된 패류의 껍질로 이용되고 죽은 어패류의 껍질이 수만년 동안 쌓여서 석출된다. 바닷물 속의 마그네슘이온은 이렇게 석출된 탄산칼슘과 반응하여 돌로마이트(dolomite, $CaCO_3 \cdot MgCO_3$)를 형성한다.

마그네슘의 공업적인 수요는 바닷물, 지하수, 돌로마이트, 마그네사이트 등에서 충당한다. 다른 알카리토금속원소는 마그네슘이나 칼슘보다는 희귀하다. 베릴륨광석은 알루미늄규산염인 베릴($Be_3Al_2(SiO_3)_6$)이다. 베릴 중의 아쿠아머린(aquamarine)은 담청색이고 에머랄드는 초록색으로 보석으로서의 가치가 있다.

스트론튬은 셀레스타이트($SrSO_4$) 광석과 스트론티아나이트($SrCO_3$) 광석에서 발견되며, **바륨**은 바리트($BaSO_4$)와 위더리트($BaCO_3$)의 광석에서 얻어진다. **라듐**은 우라늄광에서 적은 양이 발견된다.

(1) 알카리토금속의 성질

베릴륨은 철과 같은 정도의 경도를 가지고 있는 회색의 금속이다. 다른 알카리토금속 원소는 은빛의 금속으로 베릴륨보다 경도는 작으나 알칼리금속보다는 경도가 크다(표 13.4).

2(ⅡA)족 금속의 녹는점은 1(ⅠA)족 금속의 녹는점보다 높다. 녹는점이 높고 경도가 큰 것은 두 원자가전자 사이의 결합세기가 증가하기 때문이다.

2(ⅡA)족 원소의 일차와 이차 이온화에너지는 비교적 작다. 따라서 +2가의 양이온을 형성한다. 즉 Ca, Sr, Ba와 Ra은 물과 격렬하게 반응하여 금속이온이 쉽게 생성된다.

$$Ca(s) + 2H_2O(\ell) \rightarrow [Ca^{2+}(aq) + 2OH^-(aq)] + H_2(g)$$

마그네슘은 실온에서 물과 서서히 반응한다. 그러나 수증기와는 빠른 속도로 반응한다. 베릴륨은 물과 반응하지 않으며, $Be(OH)_4^{2-}$과 같은 착이온을 형성한다는 점에서 다른 2(ⅡA)족 원소와 다르다. 이 점이 베릴륨이 비금속성을 나타내는 사실이다.

즉 베릴륨은 산과 반응할 뿐만 아니라 강염기에도 녹는다.

$$Be(s) + 2[Na^+(aq) + OH^-(aq)] + 2H_2O(\ell) \rightarrow$$
$$[2Na^+(aq) + Be(OH)_4^{2-}(aq)] + H_2(g)$$

마그네슘금속은 염기성용액과 반응하지 않는다. 물론 마그네슘보다 밑의 주기에 있는 2(ⅡA)족 금속들은 염기성에서 반응한다.

알카리토금속은 산소 존재하에 연소하여 산화물을 생성하며, 바륨은 과산화물을 생성한다. 과산화바륨은 낮은 온도에서 생성되나 700℃에서 분해되어 산화물로 된다. Ca, Sr, Ba은 수소와 수화물을 형성할 때 발열반응을 일으킨다.

$$Ca(s) + H_2(g) \rightarrow CaH_2(s) \; ; \; \Delta H = -183 \text{ kJ}$$

표 13.4 알카리토금속

성 질	Be	Mg	Ca	Sr	Ba
전자 배열	[He]$2s^2$	[Ne]$3s^2$	[Ar]$4s^2$	[Kr]$5s^2$	[Xe]$6s^2$
불꽃반응	무색	무색	등적색	빨강색	황록색
녹는점, ℃	1,280	651	851	800	850
끓는점, ℃	1,500	1,107	1,440	1,366	1,537
밀도, g/cm^3	1.86	1.75	1.55	2.6	3.59
전기음성도	1.5	1.2	1.0	1.0	0.9

(2) 알카리토금속과 화합물의 용도

마그네슘은 연소할 때 방출하는 밝은 백색광으로 인해 플래쉬 전구나 불꽃놀이 등에 이용된다. 마그네슘은 알루미늄 합금을 제조하는 데 쓰이는데, 그 까닭은 마그네슘이 경도를 높이고, 부식을 방지하는 역할을 높이기 때문이다. 마그네슘은 염기에 강하고 알루미늄은 산에 어느 정도 강하다. 또한 마그네슘 합금에도 알루미늄이 들어간다. 이와 같은 합금들은 항공기나 미사일 제조에 쓰인다. 마그네슘 중 일부는 우라늄이나 베릴륨 같은 금속의 제조에 환원제로 쓰인다.

베릴륨은 고가의 금속이다. 이 금속을 구리에 소량 가하여 합금을 만들면 철 정도의 강도를 갖게 된다. 베릴륨은 X-선이 투과하므로 X-선 튜브나 X-선 창을 만드는데 쓰인다. 베릴륨은 중성자 감속체(moderator)이다. 그러므로 핵반응로나 무기에 쓰인다. 베릴륨이나 베릴륨 합금을 다룰 때는, 이 금속의 독성에 주의하여야 한다.

칼슘은 금속 내의 불순물을 제거하는데 쓰인다. 구리에 가하여 합금을 제조하면 축전지의 전극에 쓰는 강한 금속을 얻을 수 있다. 칼슘은 토륨과 같은 희귀금속의 제조에 환원제로 쓰이기도 한다.

$$\mathrm{ThO_2}(s) + 2\mathrm{Ca}(\ell) \xrightarrow[\Delta]{1000℃} \mathrm{Th}(s) + 2\mathrm{CaO}(s)$$

바륨은 텔레비전의 제조나 진공튜브의 잔유공기를 제거하는 데 쓰인다.

표 13.5에는 중요한 알카리토금속 화합물의 용도를 나타냈다.

표 13.5 알카리토금속 화합물의 용도

화 합 물	용 도
MgO	내화벽돌이나 하제(下劑)의 원료
$Mg(OH)_2$	마그네슘의 제조, 제산제(위장약)
$MgSO_4 \cdot H_2O$	하제, 제지, 염료의 원료
CaO와 $Ca(OH)_2$	강철의 제조, 화학공정에서의 중화제, 물의 처리
$CaCO_3$	제지의 표면처리, 여과지, 치약
$CaSO_4 \cdot 2H_2O$	의료용 깁스나 공예품을 만드는데 이용
$CaCl_2 \cdot 6H_2O$	탈수제나 건조제
$BaSO_4$	내장 X-선 촬영, 페인트 안료

13.3 13(ⅢA)족 원소

이 족은 B(boron), Al(aluminium), Ga(gallium), In(indium)과 Tl(thallium)으로 된다. 13(ⅢA)족의 모든 원소는 총 3개의 원자가전자를 갖는 원자가 껍질 배치로서 ns^2np^1를 갖는다.

원소의 금속성은 같은 족에서 원자번호가 클수록 증가한다. 첫 번째 원소인 붕소는 반도성 고체이며, 이 원소의 화합물은 비금속성을 나타낸다. 예를 들어 산화물인 B_2O_3는 산성이며, 나머지 원소는 금속이나 산화물이며 수산화물은 알루미늄이나 갈륨의 경우 양쪽성이고, 인듐이나 탈륨은 염기성이다.

붕소와의 결합은 $2s^22p^1$의 원자가전자를 공유하여 이루어지는 +3산화상태의 공유성이다. 알루미늄화합물 중 공유성화합물 중 공유성화합물이 많으나, AlF_3같은 이온성화합물도 있다. $Al^{3+}(aq)$ 양이온은 알루미늄염의 수용액에 존재한다. 갈륨, 인듐과 탈륨도 이온성화합물을 이룬다. 알루미늄의 경우 +3의 산화상태만이 있으나, 갈륨이나 인듐은 +1, 탈륨은 +1과 +3의 산화상태도 있다.

알루미늄은 산소와 규소 다음으로 지각에 가장 많은 원소이다. 광석은 AlO(OH)와 $Al(OH)_3$가 여러 비율로 섞여있는 보오크사이트(bauxite)의 형태로 있다. 코런덤(corundum)도 Al_2O_3의 광석이다. 순수한 산화물은 무색이나, 불순물에 의하여 여러 가지 색깔을 나타낸다. 사파이어(sapphire, 청색)와 루비(ruby, 홍색)는 코런덤의 일종이다.

붕소는 흔한 원소는 아니다. 보락스(borax, $Na_2B_4O_7 \cdot 10H_2O$)나 케르니트(kernite, $Na_2B_4O_7 \cdot 4H_2O$) 그리고 콜레마니트(colemanite, $Ca_2B_6O_{11} \cdot 5H_2O$)같은 광물로 잘 알려져 있다. 이러한 광석은 온천이나 염천의 증발 시에 생긴다. 주요 산지는 미국의 California주이다.

13(ⅢA)족의 원소 중 갈륨, 인듐과 탈륨은 비교적 희귀하고 다른 금속의 제련 중 부산물로 얻는다.

(1) 13(ⅢA)족 원소의 성질

13(ⅢA)족의 모든 원소는 총 3개의 원자가전자를 갖는 원자가 껍질 배치로서 ns^2np^1를 갖는다. **붕소**는 캘리포니아와 인디아의 사막지역에서 붕사화합물의 퇴적물에서 발견되나, 고순도의 유리된 원소를 만드는 것은 극히 어렵다. 제조된 소량의 붕소는 금속성 광택을 지닌 것으로 나타낸다. 붕소는 매우 단단하여 원소 중에서 다이아몬드에 다음가는 경도를 지닌다. 붕소는 자연계에서 화합물로 발견되지만 화합물에서 분리된 붕소는 화학적으로 안정하다.

붕소를 제외한 13(ⅢA)족 원소는 금속이다. **알루미늄**은 녹는점이 660℃이며, 다른 원소들은 더 낮은 온도에서 녹는다. 그러나 주기율표 상에서 일정한 경향을 나타내고 있지는 않다. **갈륨**은 손에 쥐고 있어도 녹으나, **인듐**이나 탈륨은 녹는점이 더 높다. 칼륨을 제외하고, 이들 금속은 표면에 산화물로 자체가 코팅되어 더 이상 산화되지 않는다. Al_2O_3같이 +3의 산화물을 이룬다. **탈륨**은 Tl_2O와 같이 +1의 산화물을 형성한다. 알루미늄, 갈륨, 인듐은 할로젠과 반응하여 할로젠화물(Ⅲ)을 생성한다. 탈륨은 +1가와 +3의 할로젠화물을 이룬다.

표 13.6 13(ⅢA)족 원소

성　질	B	Al	Ga	In	Tl
전자 배열	[He]$2s^22p^1$	[Ne]$3s^23p^1$	[Ar]$3d^{10}4s^24p^1$	[Kr]$4d^{10}5s^25p^1$	[Xe]$4f^{14}5d^{10}6s^26p^1$
색깔	흑회색	은백색	청색을 띤 백색	은백색	연백색
녹는점, ℃	2,300	660	30	155	304
끓는점, ℃	2,550	2,500	2,070	2,100	1,457
밀도, g/cm^3	2.34	2.70	5.90	7.30	11.85
전기음성도	2.0	1.5	1.6	1.7	1.8

(2) 13(ⅢA)족 원소와 화합물의 용도

분말의 알루미늄과 산화철(Ⅱ)의 혼합물은 용접에 쓰이는 철의 제조에 쓰인다. 이 혼합물은 **테르밋**(thermite)이라 불리우는 데, 일단 점화되면 연속적으로 불이 일어난다. **붕소**는 플라스틱의 강한 목적으로 필라멘트로 만들어 쓰고 **갈륨**이나 **인듐**은 반도체로 쓰이고 있다.

표 13.7 붕소와 알루미늄 화합물의 용도

화 합 물	용 도
$Na_2B_4O_7 \cdot 10H_2O$(보락스)	붕소와 그 화합물의 원천, 세제
$B(OH)_3$	산화붕소의 제조, 방부제나 음식, 가죽제품의 첨가제
B_2O_3	섬유유리, 에나멜
Al_2O_3	내화벽돌, 합성 사파이어, 합성 루비, 가루는 촉매와 분석시약
$KAl(SO_4)_2 \cdot 12H_2O$	물의 정화, 매염제(봉숭아 물감)
$AlCl_3$	알루미늄의 제조, 촉매(유기합성)

* Al_2O_3에 미량의 Cr_2O_3가 포함된 것을 루비, 소량의 TiO_2를 포함한 것을 사파이어라고 한다.

13.4 14(ⅣA)족 원소

이 족은 비금속의 C(carbon), Si(silicon), Ge(germanium) 및 금속원소인 Sn(tin)과 Pb(lead)으로 되어 있다.

모든 14(ⅣA)족 원소들은 원래 공유결합 화합물로 +4의 산화상태를 가진다. 탄소와 규소 역시 −4의 산화상태를 갖는다. Al_4C_3와 같은 몇몇 탄소화합물들은 C^{4-}의 음이온이 되기도 한다. −4 상태에 있는 대부분의 화합물은 공유결합이다. +4 또는 −4의 4가의 산화상태는 원자의 전자배치가 ns^2np^2이므로 공유결합이 대개는 정사면체이며 sp^3 혼성이다. 그러나 탄소를 제외한 모든 원소는 sp^3d^2의 혼성을 이용하여 여섯 개의 결합을 형성한다. 예를 들면, SiF_6^{2-}, $GeCl_6^{2-}$, $Sn(OH)_6^{2-}$와 $Pb(OH)_6^{2-}$의 착이온이 있다. 주석과 납 및 이들 화합물이나 수용액에서 발견되는 이들 원소의 +2가 양이온들에서 +2의 산화상태는 중요하다.

14(ⅣA)족 원소 중 **규소**는 가장 풍부한 원소로 SiO_2나 규산염 광물로 존재한다. 다음에 가장 많은 원소는 탄소로 화석연료는 물론, 생체에 존재한다. 그러나 **탄소**의 가장 큰 자원은 석회석과 백운석이다. **탄소**는 또한 대기 중에 이산화탄소로 존재하며 흑연과 다이아몬드 같은 원소의 동소체(allotrope)로도 존재한다.

게르마늄은 희귀하며 은-게르마늄의 황화물($4Ag_2S \cdot GeS_2$)이 혼합된 은광석 같은 여러 광물들이 발견된다. 이 원소의 가장 중요한 공급원은 아연광의 야금에서 나온 푸른 분말과 석탄의 연소로부터 나오는 것이다.

중요한 주석광은 SnO_2이며 납은 주로 PbS로부터 얻어진다.

(1) 14(ⅣA)족 원소의 성질

탄소는 자연계에서 다양한 화합물로 존재하는 비금속원소이며, 탄소가 만들 수 있는 화합물의 수는 수소 다음으로 많다.

유리된 원소로서 탄소는 자연상태에서 두 개의 다른 형태, 즉 동소체로 존재한다. 두 동소체는 흑연과 다이아몬드이다. 흑연은 윤활제, 착색제와 연필로 사용되는 검고, 벗겨지기 쉬운 분말이다. 다이아몬드는 무색결정으로 존재하며 알려진 물질 중 가장 단단한 결정이다. 흑연을 고온 고압에서 다이아몬드로 바꿀 수 있으므로 자연적으로 생성되는 다이아몬드는 지각작용에 의해 고온, 고압하에서 형성되었다고 생각된다. 탄소의 어느 형태도 연소될 수 있으나 반응성이 크지는 않다.

규소는 딱딱하며 광택이 있는 회색 고체이며 녹는점이 1,410℃이다. 게르마늄은 은빛 재색의 광택있는 금속으로 대부분의 금속들과는 다르게 유리처럼 쉽게 부서진다.

주석은 두 개의 동소체가 존재한다. 보통의 형태는 흰색의 주석으로 금속성이고 전성(펴짐성)이 있다. 이것은 금속성의 전기전도체로 실온에서 전기가 잘 통하고 온도가 증가함에 따라 전도도가 떨어진다. 흰색 주석은 13℃에서 회색으로 변화되며 부서지기 쉬운 반도체로 된다. 이것은 다이아몬드와 같은 구조를 갖는 동소체이다.

$$\text{회색 주석} \xrightleftharpoons{13℃} \text{흰색 주석}$$

이들 동소체 간의 변화는 느리며 흰색 주석은 회색으로 변하지 않고 13℃ 이하까지 냉각될 수 있다. 그러나 예를 들어 주석관을 13℃ 이하에 보관하면 회색의 주석으로 변하게 된다.

납은 촘촘히 채워진 입방체구조 금속으로 발견된다. 금속을 금방 자른 단면은 은빛의 광택을 갖는다. 이는 곧 산화물이 부착된 것처럼 검음 회색을 나타내게 된다.

표 13.8 14(ⅣA)족 원소

성 질	C	Si	Ge	Sn	Pb
전자 배열	$[He]2s^22p^2$	$[Ne]3s^23p^2$	$[Ar]3d^{10}4s^24p^2$	$[Kr]4d^{10}5s^25p^2$	$[Xe]4f^{14}5d^{10}6s^26p^2$
색깔	흑색	흑색	회백색	백색	회색
녹는점, ℃	3,570 (daiamond)	1,420	959	232	327
끓는점, ℃	4,827	2,355	2,700	2,360	1,755
밀도, g/cm^3	3.51 (daiamond)	2.33	5.35	7.28 (white Sn)	11.3
전자친화도 kJ/mol	−122	−134	−120	−121	−110
전기음성도	2.5	1.8	1.8	1.8	1.8

(2) 14(ⅣA)족 원소와 화합물의 용도

카아본 블랙 형태의 **탄소**는 고무 바퀴 공장에서 이용되거나 검은 인쇄용 잉크의 원료로 쓰인다.

$$CH_4(g) \xrightarrow[\triangle]{} \underset{\text{카아본 블랙}}{C(s)} + 2H_2$$

천연 흑연은 연필심을 만드는 데 이용되고 있으나, 합성 흑연은 전기화학에서 전극을 만드는 데 필요로 한다.

순수한 **규소**는 트랜지스터나 태양전지, 마이크로 컴퓨터-부품 같은 고체-상태의 반도체 장치를 만드는데 필요하다.

게르마늄 또한 반도체 물질로 사용된다. 규소와 게르마늄은 컴퓨터 칩(chip)의 구성성분이다. **주석**은 주석으로 피막이 입혀진 철판으로 만들어진 주석깡통으로 알려져 있다. **납**은 매우 조밀한 금속이나 무른 편이며 반응성이 없어 부식을 방지하므로 화학공업에서 사용되는 장비에 넓게 이용되고 있다. 또한 납은 신경계통의 기능을 방해하고 중독성이 강하다.

표 13.9 14(ⅣA)족 화합물의 용도

화합물	용 도	화합물	용 도
CO	금속의 야금, 연료	SnO_2	양철, 유기산 산성인 통조림의 용기
CO_2	청량음료, 냉각용(드라이아이스), 소화제(消化劑)	PbO	납유리, 안료제조
		$PbCrO_4$	물에 녹지 않는 노란색 안료
SiO_2	석영유리, 수정, 도자기	Pb_3O_4	녹이나지 않는 페인트 제조

13.5 15(VA)족 원소

N(nitrogen)와 P(phosphorus)은 비금속이고 As(arsenic), Sb(antimony)와 Bi (bismuth)는 금속이다. 이 족의 원자가 껍질 전자배치는 원자가전자가 다섯 개인 ns^2np^3이다.

비스무트를 제외하면 15(VA)족 원소는 +5의 산화상태를 갖는 안정한 화합물이다. 질소의 경우는 이들 화합물들이 산화제로 작용한다. HNO_3는 환원되어 NO_2(산화상태 ; +4), NO(+2), N_2(0) 및 NH_3(−3)가 된다. +5 상태에서 인은 아주 안정하다. 그러나 H_3PO_4는 산화제가 아니다. 나머지 원소들은 +3 상태가 되어 훨씬 더 안정해진다.

인은 가장 많이 존재하는 15(VA)족 원소로 인산염 광물인 $Ca_5(PO_3)_3F$ 등에 존재한다. 또한 인산칼슘염을 표현하기 위해 $3Ca_3(PO_4)_2 \cdot CaF_2$로 쓰기도 한다. 질소를 제외한 다른 원소들은 훨씬 적게 존재하는 산화물이나 황화물로 존재한다. 비스무트도 또한 단체로서 발견된다.

(1) 15(VA)족 원소의 성질

인에는 **흰 인**과 **붉은 인**의 두 가지 동소체가 있다. 흰 인(P_4)은 밀납으로 흰색 고체이다. 이것은 이황화탄소와 같은 비극성 용매에 잘 녹는다. 붉은 인은 반응성이 적다. 비소는 대개 투명한 잿빛의 금속성 고체이다. 잿빛의 비소는 615℃에서 승화된다. 만일 증기가 갑자기 냉각되면 노란 비금속성 고체결정이 생긴다. 노란 비소는 흰 인과 비슷한 As_4 분자고체이다.

이것은 실온에서는 불안정하여 잿빛의 비소로 되돌아간다. 안티몬은 은과 같이 광택이 있는 고체이다. 노란 비금속 형태로 알려졌는데 단지 매우 낮은 온도에서만 안정하다. 비스무트는 핑크빛의 엷은 색을 띠는 흰색 고체이다.

흰 인은 화학적으로 매우 활성이다. 공기 중에서 계속적으로 가열하면 인산화물의 짙은 염기를 형성한다. 과량의 산소 존재 하에서는 이 원소들이 연소되어 **오산화인**(P_4O_{10})이 된다.

$$P_4(s) + 5O_2(g) \rightarrow P_4O_{10}(s)$$

산소가 부족한 상태에서는 산화인(Ⅲ) P_4O_6를 형성한다. 비소, 안티몬 및 비스무트는 만일 공기 중에서 가열되면 탄다. 비소는 비소산화물(Ⅲ) As_4O_6를 형성한다. 안티몬은 산화안티몬(Ⅲ) (Sb_4O_6)과 사산화이안티몬(Sb_2O_4)을 형성하고 +3과 +5의 산화상태를 갖는다. 비스무트는 산화비스무트(Ⅲ)(Bi_2O_3)를 형성한다.

표 13.10 15(VA)족 원소

성 질	N	P	AS	Sb	Bi
전자 배열	[He]$2s^2 2p^3$	[Ne]$3s^2 3p^3$	[Ar]$3d^{10} 4s^2 4p^3$	[Kr]$4d^{10} 5s^2 5p^3$	[Xe]$4f^{14} 5d^{10} 6s^2 6p^3$
색깔	무색	황백색	회색	은백색	은백색
녹는점, ℃	−210	44(white P)	613(sublimes)	631	271
끓는점, ℃	−196	280	633(승화)	1,325	1,560
밀도, g/cm³	1.25×10^{-3}	1.82	5.73	3.68	9.80
전기음성도	3.0	2.1	2.0	1.9	1.9

인과 무거운 원소(As, Sb 및 Bi)는 직접적으로 할로젠과 반응한다. 인은 삼할로젠화물(PF_3, PCl_3, PBr_3 및 PI_3)과 오할로젠화물(PI_5를 제외한 PF_5, PCl_5, PBr_5)을 형성한다. 다른 원소들은 비록 SbF_5, $SbCl_5$ 및 AsF_5를 형성할 수 있으나 대부분 삼할로젠화물을 형성한다.

(2) 15(VA)족 원소의 제법과 용도

반응성이 거의 없는 **질소**는 거의 지구 대기의 80%를 차지하고 있고 살아있는 유기체와 지구표면에 존재하는 화합물 중 상당히 많은 화합물에 존재한다. 상업적으로 NH_3와 화학비료를 만드는데 사용된다.

인은 소수의 별똥을 제외하면 자연상태에서는 유리된 채로 발견되지 않는다. 그러나 바위, 무기물, 식물, 동물 등에 있는 여러 화합물에 존재하며 인은 4개의 원자를 포함하는 분자로 존재한다. 인의 가장 큰 상업적 이용은 청량음료의 맛을 내고 화학비료를 만드는데 사용되는 H_3PO_4을 만드는 것이다.

비소는 많은 양은 아닐지라도 자연계에 넓게 분포되어 있고 때때로 유리된 상태로 발견된다. 비소는 독성이 강해서 살충제와 제초제를 만드는 데 사용된다. **안티몬**은 광택이 나는 은백색의 고체이고, 딱딱하고 깨지기 쉬우며 안티몬광(mineral stibnite)으로 자연계에서 많이 발견된다. 이 안티몬은 자동차 축전지, 총알, 전화선의 피복에 사용하는 강하고 딱딱한 합금을 만드는데 사용한다.

비스무트는 원소들 중 존재하는 양이 가장 적고 자연계에서는 화합물로만 존재한다. 비스무트는 주석 및 납과 섞어서 자동화재 경보기 등에 쓰이는 낮은 온도에서 녹는 합금을 만든다.

13.6 16(VIA)족 원소

16(VIA)족 원소는 O(oxygen), S(sulfur), Se(selenium), Te(tellurium), Po(polonium)으로 되어 있다.

산소와 황은 완전한 비금속이고 셀레늄과 텔루륨 화합물은 비금속성이 크다. 폴로늄은 금속성을 나타낸다.

이 원소들은 원자가전자가 6개이고 원자가 껍질 전자배치는 ns^2np^4이다. 이들의 가전자는 6개이므로 −2가의 화합물을 만들며, 산소를 제외한 다른 원소는 6가와 4가의 화합물도 만든다.

4가 …… SO_2, SeO_2, TeO_2

6가 …… SO_3, SeO_3, TeO_3

+6 상태의 셀레늄과 텔루륨은 강한 산화제이고 무거운 16(VIA)족 원소에서 +4 상태의 큰 안정도를 나타낸다.

황은 풍부한 원소이다. 이는 중요한 금속광인 황화물광물에서 $CaSO_4 \cdot 2H_2O$와 같은 황산염 광물에 존재한다. 황은 석탄과 원유에 유기황화물과 수소황화물로 천연가스에 존재한다. 황은 화산 지대에 많은데 화산가스에 존재하는 수소황화물과 황산화물의 반응에 의해서 형성되는 것으로 짐작된다.

$$16H_2S(s) + 8SO_2(g) \rightarrow 16H_2O(\ell) + 3S_8(s)$$

시판되는 황원소는 지표면 100 m 이상의 암석에 끼워져 있는 암석지대에서 발견되는 것들이다. 16(VIA)족의 다른 어떤 원소도 풍부하게 존재하지 않는다. 셀레늄과 텔루륨은 황화물 광석으로 혼합되어 있고 폴로늄 210은 토륨과 우라늄 광석에서 발견된다. 폴로늄 210은 반감기가 138일이고 α 붕괴를 한다.

(1) 16(VIA)족 원소의 성질

황의 안정한 형태를 **사방황**이라 부르는데 노란 결정성고체로 왕관 모양의 S_8 분자격자를 갖는다(그림 13.3). S_6^{2-}와 같은 선형연쇄이온들처럼 황화합물에서도 역시 연쇄화(catenation)가 확실하다. 사방황은 113℃에서 녹아서 지푸라기 색깔의 액체로 된다(표 13.11). 계속해서 가열하게 되면 어두운 적갈색의 끈끈한 액체가 된다. 원래의 것은 S_8 분자로 이루어졌으나 결합이 열려서 이들 조각이 다시 결합되어 나선형의 긴 황원자 연쇄구조를 이룬다. 점도는 촘촘하게 되어 S_8 분자보다 증가되는 데 이는 긴 분자의 연쇄가 서로 얽혀서 변한 것으로 기인된다. 약 180℃에서는 연쇄가 파괴되기 시작하여 점도는 감소된다. 황은 445℃ 근처에서 끓어서 S_8, S_6, S_4 및 S_2 분자의 증기가 된다.

셀레늄은 역시 여러 동소체가 존재한다. 무정형 붉은 셀레늄은 Se_8, 아셀렌산, H_2SeO_3 용액이 환원될 때 침전된다. 이것이 끓는점 이하로 가열될 때 결정과 붉은 셀레늄으로 변한다. 녹은 잿빛으로부터 안정한 잿빛의 결정이 생긴다. 잿빛 셀레늄은 광전도체(photoconductor)로 전기는 잘 전도되지 않으나 빛이 그 위에 비춰지면 좋은 전도체가 된다.

텔루륨은 금속성의 은빛나는 고체이다. **폴로늄**은 금속으로 간단한 입방격자를 나타낸다.

황은 거의 모든 원소와 반응한다. 황은 공기 중에서 독특한 푸른 색을 내면서 이산화황가스로 되며 숨막히는 자극적인 냄새를 낸다. 비록 황은 SO_3를 형성하나 매우 작은 양이 과량의 공기 중에서 연소된다. 황과 마찬가지로 셀레늄이나 텔루륨도 공기 중에서 연소되어 산화물을 형성하는데 이들 산화물은 고체이다.

황, 셀레늄 및 텔루륨 역시 할로젠들과 직접 반응한다. 예를 들면, 이들은 플루오르와 격렬하게 반응하여 SF_6가 된다.

$$S(s) + 3F_2(g) \rightarrow SF_6(g)$$

표 13.11 16(VIA)족 원소

성 질	O	S	Se	Te
전자 배열	$[He]2s^22p^4$	$[Ne]3s^23p^4$	$[Ar]3d^{10}4s^24p^4$	$[Kr]4d^{10}5s^25p^4$
색깔	무색	노랑	빨강에서 검정	은백색
녹는점, ℃	−218	119	217(gray Se)	452
끓는점, ℃	−183	445	688	1,390
밀도, g/cm^3	1.43×10^{-3}	2.07	4.81(gray Se)	6.25
전자친화도, kJ/mol	−141	−200	−195	−190
전기음성도	3.5	2.5	2.4	2.1

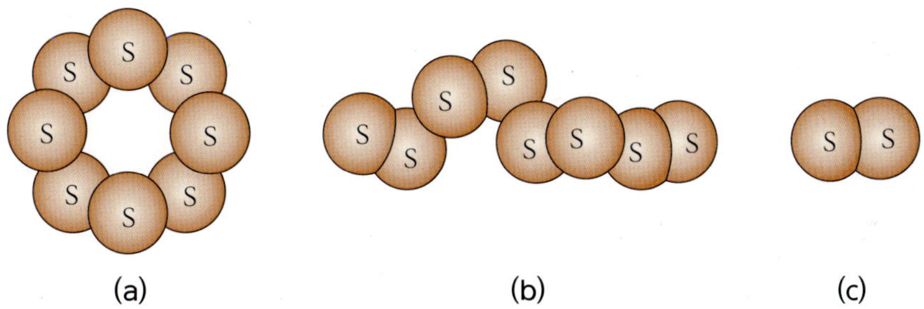

(a)는 고체이고, (b)는 끓는점 가까이에서 액체이며, (c)는 기체이다.

그림 13.3 황원자의 집합체

(2) 16(VIA)족 원소의 제법과 용도

산소는 대기의 20%를 차지하고 있는 기체상태의 비금속이다. 이 산소는 지구표면에서 화합물의 형태로 상당히 많은 양이 발견된다, 산소는 두 가지의 동소체가 있다.

안정한 동소체는 O_2로 구성된 무색기체이며 또 다른 동소체, O_3(ozone)은 O_2에 전기방전을 하거나 자외선을 방사해줌으로써 생성된다. 오존은 신맛과 냄새가 나는 무색의 기체이며 오염된 공기에 소량 존재하며 대기 상층에 존재하는데 이곳의 오존은 태양으로부터 오는 위해한 자외선을 막아주는 역할을 한다.

황은 자연계 내에서 유리된 원소나 화합물의 형태로 넓게 존재한다. 황은 화학, 고무, 화학비료, 성냥, 종이펄프, 살충제, 살균제 등을 제조하거나 과일을 건조시키는 데에 사용된다.

셀레늄(Se)은 자연계에 널리 분포되어 있으나 양이 적고, 때때로 유리된 원소로서 발견된다. 셀레늄의 전기전도도는 빛을 쪼여주면 증가하므로 광전지(photoelectric cell), 태양전지(solar cell), 사진기노출계(photographic exposure meter)에 사용된다. 셀레늄은 또한 투명하고 붉은 색이 나는 유리와 신호등을 만드는데 사용된다.

텔루륨(Te)은 자연계에 여러 화합물의 형태로 존재하지만 그 양은 많지 않고 유리된 원소로는 거의 발견되지 않는다. 텔루륨은 반응성이 나쁘고 용도는 합금을 만드는데 사용된다.

폴로늄(Po)은 Marie Curie가 1898년에 발견하였으며 그녀의 조국 폴란드의 이름을 따서 명명하였다. 은회색 고체이고 방사능 물질인 폴로늄은 우라늄, 토륨, 악티늄과 같이 방사능 물질 붕괴의 산물로써 자연계에 존재하므로 아주 희귀한 원소이다. 폴로늄은 아주 높은 방사성물질이기 때문에 실용하는 경우는 거의 없다.

13.7 17(ⅦA)족 원소 (할로젠족 원소)

할로젠 원소는 비금속성이며 F(fluorine), Cl(chlorine), Br(bromine), I(iodine)와 방사성 원소의 At(astatine)으로 되어 있다.

할로젠(halogen)의 이름은 그리스어로부터 유래가 되었는데 hal의 뜻은 "염(salt)"이고 gen은 "만들다(to produce)"를 의미한다.

할로젠 원소들의 원자가전자수는 7개이고 원자가껍질 전자배치는 ns^2np^5이다. 불소는 여러 원소 중 가장 전기음성도가 크기 때문에 −1의 산화상태만을 갖는다. 다른 할로젠 원소는 −1, 0, +1, +3, +5 및 +7의 산화상태를 갖는 화합물이 존재한다. 이들 원소는 모두 화학적으로 활성이 높고 천연에서는 유리 상태로 존재하지 않는다. 원소는 상온에서는 2원자 분자로서 존재한다. 할로젠 원소는 모두 산화제로서 작용한다.

(1) 17(ⅦA)족 원소의 성질

모든 할로젠들은 F_2, Cl_2, Br_2, I_2의 이원자분자 물질로 존재한다. F_2와 Cl_2는 기체이고, F_2는 연한 노랑색이고 Cl_2는 녹색을 띤 노랑색이다. Br_2는 휘발성이고, 붉은 갈색의 증기와 붉은 갈색의 액체로 되어 있다. 요오드는 광택이 있으며 쉽게 승화하는 검은 고체이며, 보랏빛 증기로 된다. 녹는점과 끓는점 및 다른 성질들을 표 13.12에 나타냈다. F_2에서 I_2로 갈수록 녹는점과 끓는점이 증가하는 것은, 할로젠분자들의 크기가 증가되는 사이에 분자들 사이의 London힘의 변화에 의한 것으로 설명된다.

표 13.12 ⅦA(17)족 원소

성 질	F_2	Cl_2	Br_2	I_2
전자 배열	$[He]2s^2 2p^5$	$[Ne]3s^2 3p^5$	$[Ar]3d^{10}4s^2 4p^5$	$[Kr]4d^{10}5s^2 5p^5$
색깔	담황색(기체)	황록색(기체)	적갈색(액체)	흑자색(고체)
녹는점, ℃	−220	−101	−7.9	113.6
끓는점, ℃	−188	−35	59	183
밀도, g/cm^3	1.69×10^{-3}	3.21×10^{-3}	3.12	4.93
전자친화도, kcal/mol	79.3	83.1	77.3	60.7
전기음성도	4.0	3.0	2.8	2.5

할로젠은 모두 산화제로써 F_2에서 I_2로 갈수록 산화력은 감소한다.

할로젠들은 대부분 다른 원소들과 직접적으로 반응한다. 할로젠들은 할로젠들끼리 반응하여 이 성분화합물인 ClF, BrF, IBr, ClF_3, ClF_5 및 IF_7과 같은 할로젠 간 결합을 형성한다.

(2) ⅦA(17)족 원소의 제법과 이용

불소는 화합력이 대단히 강하기 때문에 단체의 상태로는 존재하기 어렵고 주로 형석 CaF_2, 빙정석 Na_3AlF_6 등의 광석으로 존재하며, F_2는 충치예방(1 ppm 이하), 액체 플루오르는 로켓트 연료의 산화제로 쓰이며, $CClF_2$(freon)은 냉동제로 쓰인다.

염소는 화합력이 강하기 때문에 자연에 홀로 존재하지 않고, 바닷물에 NaCl이나 $MgCl_2$로 존재한다. 바닷물 1 kg 속에 19 정도의 염소이온이 존재하며 상수도의 살균(액체 염소를 쓴다), $CaCl(ClO) \cdot H_2O$(표백분), 살균제의 제조원료(D.D.T, B.H.C) 염산·염화바이닐 등의 합성에 쓰인다.

브롬은 해수 중에 $MgBr_2$, KBr, $KBr \cdot MgBr_2 \cdot 6H_2O$(브로모 카아날릿트)로서 존재하며, 사진의 감광제인 AgBr의 제조, 살균제, 산화제, 독가스, KBr(신경진정제)의 제조에 쓰인다.

요오드는 해초(미역, 다시마)의 재(NaI), 목밑샘(갑상선)에 들어 있으며, 요오드팅크(요오드 6 g, KI 4 g, 70% 알코올 90 g) 등의 의약, 사진약, 색소의 제조에 쓰인다.

자연계에 미량 존재하는 **아스타틴**은 방사능물질로 아주 적은 양만이 연구하는 곳에서 사용되고 있다.

13.8 18(0)족 원소 (희유기체 원소)

이 원소들은 반응성이 거의 없고 그 양이 무척 적으므로 비활성기체(inert gas) 혹은 희유기체(rare gas)라고도 하며, He(helium), Ne(neon), Ar(argon), Kr(krypton), Xe(xenon)과 방사성의 Rn(radon)이 있다.

첫 번째 원소인 헬륨의 원자가껍질 전자배치는 $1s^2$이고 그밖의 다른 원소들은 ns^2np^6이다. 따라서 헬륨을 제외한 모든 원소의 최외각전자는 8개이다. 희유기체들은 대기 중에서 발견되는 데 아르곤(Ar)은 전체 대기의 약 1% 정도 존재하고 다른 기체들은 미량 존재한다.

헬륨은 밀도가 매우 작아(0℃ 1 atm 하에서 0.18 g/ℓ) 풍선이나 비행선에 사용한다. 공기 중에서 부력은 수소에 이어 두 번째이지만 불이 붙지 않는다는 이점이 있다(유명한 힌덴버그(Hindenburg) 비행선은 수소를 사용했다.).

또한 잠수부들이 깊은 바닷속을 잠수할 때 사용하는 혼합기체의 한 원소로 사용하고, 용접할 때도 사용한다.

네온은 네온사인을 만들 때 내부기체로 사용하고 아르곤은 보통 전구 내에 주입해 필라멘트의 수명을 길게하는 데 사용한다.

크립톤은 형광등에, **크세논**은 사진을 찍을 때 사용하는 섬광 등의 내부기체로 사용한다. 방사성 원소인 **라돈**은 암환자의 방사성 치료를 할 때 사용한다.

연습문제

13.1 다음 중 산에도 녹고 알카리도에도 녹아서 수소를 발생하는 것은 어느 것인가?

(a) Fe (b) Mg (c) Ca (d) Zn (e) Cu

13.2 다음 화합물 중 NaOH와 중화반응을 할 수 있는 것은 어느 것인가?

(a) NH_4OH (b) $Ca(OH)_2$ (c) KOH

(d) $Zn(OH)_2$ (e) $Ba(OH)_2$

13.3 인에는 두 가지의 동소체가 있다. 노란 인과 붉은 인의 차이점은?

13.4 알카리 금속원소(Li, Na, K, Rb, Cs)에 대하여 다음 물음에 답하여라.

(a) 환원력의 세기를 예측하고 그 이유는?

(b) 녹는점이 높은 순으로 나열하고 그 이유는?

13.5 어떤 원소가 2원자 분자로 존재하는가? 분자식의 화학식을 써라.

13.6 어떤 족의 원소가 기체만을 포함하는가?

13.7 상층권에 오존은 어떤 역할을 하는가?
오존은 산소와 어떻게 다른가?

13.8 다음 물질에 포함되어 있는 할로젠 원소의 이름을 말하여라.

(a) 형석

(b) 표백분

(c) 요오드팅크

(d) 소금

13.9 각 족(전형원소)의 원소의 용도를 말하여라.

(a) 알카리 금속원소

(b) 알카리 토금속원소

(c) 할로젠족원소

(d) 희유기체원소

제 14 장 전이원소와 착이온

14.1 전이원소의 성질

전이원소는 주기율표의 제 4주기 이후에 나타나는 원소로서 주기율표의 중앙부분에 자리 잡고 있다.

전이원소는 일반적으로 0의 산화상태에서 *d*나 *f*껍질에 부분적으로 전자가 채워진 것이다. 예를 들면, 구리는 0의 산화상태에서 $[Ar]3d^{10}4s^1$의 전자 배열을 가지며 일반적으로 +2의 산화상태에서는 $[Ar]3d^9$의 형태를 갖는다. 그러므로 구리(II)가 *d*껍질에 전자가 일부 채워져 있기 때문에 구리는 전이원소이다. 그림 14.1에 전이원소들을 나타내고 있다.

		Sc	Ti	V	Cr	Mn	Fe	Co	Ni	Cu	Zn						
		Y	Zr	Nb	Mo	Tc	Ru	Rh	Pd	Ag	Cd						
		La*	Hf	Ta	W	Re	Os	Ir	Pt	Au	Hg						
		Ac**	104	105	106												

* 란탄족	Ce	Pr	Nd	Pm	Sm	Eu	Gd	Tb	Dy	Ho	Er	Tm	Yb	Lu
** 악티늄족	Th	Pa	U	Np	Pu	Am	Cm	Bk	Cf	Es	Fm	Md	No	Lr

그림 14.1 전이원소 분류

주기율표의 맨 밑에 있는 **란탄족**(lanthanide)와 **악티늄족**(actinide)도 전이원소에 포함된다. 악티니드계열의 모든 원소들은 방사성 원소이며 원소번호 93인 넵투니윰(Np)부터는 합성원소이다. 이들은 핵반응에서 생성된 것이거나 또는 촉진제를 사용함으로써 생성된 것이다.

전이원소는 모두 금속이며, 일반적으로 밀도가 크고 녹는점이 높다. 그리고 열과 전기의 전도도가 좋으며, 자석에 의하여 끌리는 성질이 있다. 전이원소는 전형원소의 금속에 비해 일반적으로 그 반응성이 약하다. 즉, 4주기 전이원소들의 물과의 반응을 보면, 스칸듐(Sc)만이 상온에서 반응하고, 그 이외의 원소들은 높은 온도에서 반응하거나 전혀 반응을 하지 않는다. 전이원소의 화합물은 대개 색깔을 띠고 있으며, 이온들은 물이나 다른 분자 또는 이온과 착이온을 만드는 성질이 있다.

전이원소의 화합물들이 색깔을 띠는 이유는 전이금속 이온의 짝지지 않은 *d*전자가 가시광선 부근에서 빛에너지를 흡수하여 보다 높은 에너지 준위로 전이하기 때문이다.

전이원소의 원자는 *s* 오비탈의 전자뿐만 아니라 덜채워진 *d* 오비탈의 전자도 결합에 참여하기 때문에 여러 개의 산화수를 가지는 경우가 많다.

표 14.1 몇 가지 전이 원소의 이온들과 그들의 색깔

수용액에 포함된 이온		수용액의 색 깔	수용액에 포함된 이온		수용액의 색 깔
이 온	이 름		이 온	이 름	
Fe^{2+}	철(II) 이온	담록색	CrO_4^{2-}	크롬산 이온	황 색
Fe^{3+}	철(III) 이온	담황색	$Cr_2O_7^{2-}$	중크롬산 이온	주황색
Co^{2+}	코발트(II) 이온	암적색	MnO_4^-	과망간산 이온	적자색
Ni^{2+}	니켈(II) 이온	녹 색	$Fe(CN)_6^{4-}$	육시아노철(II)산 이온*	담황색
Cr^{3+}	크롬(III) 이온	암록색	$Fe(CN)_6^{3-}$	육시아노철(III)산 이온*	황 색
Cu^{2+}	구리(II)	청 색	$Cu(NH_3)_4^{2+}$	사암민구리 이온	청자색

* $Fe(CN)_6^{4-}$와 $Fe(CN)_6^{3-}$의 관용명은 페로시안화 이온과 페리시안화 이온이다.

14.2 전이원소의 전자배치

원소의 화학적 특성은 주로 그의 전자배치에 의하여 결정되므로 전이원소의 전자배치는 전형원소의 그것과는 다른 특성이 있을 것이다.

주기율표의 전이원소들은 원자번호가 증가함에 따라 비어있는 속껍질의 *d*궤도함수나 *f*궤도함수에 전자가 채워진다.

4주기의 원소는 3*d*궤도함수 그리고 5주기의 원소는 4*d*궤도함수가 또 6주기의 원소는 5*d*궤도함수가 관여한다. 그리고 6주기의 $_{57}La$에서 $_{71}Lu$까지의 란탄족 원소 중에는 4*f*궤도함수가 관여하여 7주기의 $_{89}Ac$에서 $_{103}Lr$까지의 악티늄족 원소 중에는 5*f*궤도함수가 관여하는 원소가 존재하는데, 이와 같이 *f*궤도함수가 관여하는 전이원소들은 화학적 성질이 아주 비슷하다. 예로, 4주기 원소들의 전자배치를 표 14.2에 나타내었다.

전이원소들은 전자를 잃을 경우에는 *s*궤도함수의 전자가 먼저 떨어져 나가고, 다음으로 속껍질의 *d*궤도함수에 있는 전자가 떨어져 나간다. 예로, 첫째 계열 전이원소의 양이온의 전자배치를 표 14.3에 나타내었다.

표 14.2 4주기 원소의 전자 배치

원자번호	원소	K: 1s, L: 2s 2p, M: 3s 3p	M: 3d	N: 4s	N: 4p
19	K	$_{18}$Ar의 전자 배치와 같다.	□ □ □ □ □	↑	□ □ □
20	Ca		□ □ □ □ □	↑↓	□ □ □
21	Sc		↑ □ □ □ □	↑↓	□ □ □
22	Ti		↑ ↑ □ □ □	↑↓	□ □ □
23	V		↑ ↑ ↑ □ □	↑↓	□ □ □
24	Cr		↑ ↑ ↑ ↑ ↑	↑	□ □ □
25	Mn		↑ ↑ ↑ ↑ ↑	↑↓	□ □ □
26	Fe		↑↓ ↑ ↑ ↑ ↑	↑↓	□ □ □
27	Co		↑↓ ↑↓ ↑ ↑ ↑	↑↓	□ □ □
28	Ni		↑↓ ↑↓ ↑↓ ↑ ↑	↑↓	□ □ □
29	Cu		↑↓ ↑↓ ↑↓ ↑↓ ↑↓	↑	□ □ □
30	Zn		↑↓ ↑↓ ↑↓ ↑↓ ↑↓	↑↓	□ □ □

표 14.3 Cr, Mn, Fe의 원자와 이온의 전자 배치

원자	전자배치 3d	전자배치 4s	이온	전자배치 3d	전자배치 4s	이온	전자배치 3d	전자배치 4s
$_{24}$Cr	↑ ↑ ↑ ↑ ↑	↑	Cr^{2+}	↑ ↑ ↑ ↑ □	□	Cr^{3+}	↑ ↑ ↑ □ □	□
$_{25}$Mn	↑ ↑ ↑ ↑ ↑	↑↓	Mn^{2+}	↑ ↑ ↑ ↑ ↑	□	Mn^{3+}	↑ ↑ ↑ ↑ □	□
$_{26}$Fe	↑↓ ↑ ↑ ↑ ↑	↑↓	Fe^{2+}	↑↓ ↑ ↑ ↑ ↑	□	Fe^{3+}	↑ ↑ ↑ ↑ ↑	□

예제 **각 제 4주기 원소의 일부분을 원자번호 순으로 나열하였다. 각 물음에 답하여라.**

$_{20}$Ca, $_{21}$Sc, $_{22}$Ti, $_{23}$V, $_{24}$Cr, $_{25}$Mn, $_{26}$Fe, $_{27}$Co, $_{28}$Ni, $_{29}$Cu, $_{30}$Zn

(a) 전자 배치의 안정성으로 보아 +1의 산화수를 가지는 원소를 써라.
(b) 바닥 상태의 전자 배치에서 최외각 전자수가 1개인 원소는?
(c) 최고 산화수가 +7로서 그 산화물은 강력한 산화제가 되는 원소는?
(d) 전이 원소에 속하지 않는 원소를 모두 써라.

풀이

(a) $_{29}$Cu : $1s^2\ 2s^2\ 2p^6\ 3s^2\ 3p^6\ 4s^1\ 3d^{10}$에서 $4s$의 전자 1개를 잃고 안정된 이온이 된다(Cu).
(b) $_{24}$Cr과 $_{29}$Cu는 d 오비탈의 전자 배치가 안정화되기 위하여 $4s$의 전자 하나가 d 오비탈로 옮겨가기 때문에 $4s$에 전자 1개만 남는다(Cr, Cu).
(c) $_{25}$Mn의 전자 배치는 $1s^2\ 2s^2\ 2p^6\ 3s^2\ 3p^6\ 4s^2\ 3d^5$에서 $4s$와 $3d$ 오비탈의 전자가 모두 결합에 참여할 때 +7의 산화수를 갖는다. MnO_4^-은 강력한 산화제이다(Mn).
(d) Ca, Zn은 전이 원소가 아니다.

14.3 전이원소와 그 화합물

우리의 일상생활과 관계가 깊은 전이원소로는 Fe, Cr, Mn, Cu 및 Ag 등이 있다. 이들 원소와 이들의 화합물에 관해 간단히 살펴보기로 한다.

(1) 철과 그의 화합물

철광석에는 적철광(Fe_2O_3), 자철광(Fe_3O_4), 갈철광(Fe_2O_3, xH_2O) 등이 있다. 철의 제련에는 철광석, 코우크스 및 탄산칼슘을 적당한 비율로 용광로의 꼭대기로부터 넣어주고 가열공기는 하부에서 공급한다. 용광로 하부에서 코우크스는 연소하여 이산화탄소로 된다. 코우크스가 가열되면서 CO_2가 발생하고 이것은 환원되어 CO로 된다. CO는 산화철을 환원하여 금속철을 생성한다. Fe_2O_3의 환원방정식은 다음과 같다.

$$Fe_2O_3 + 2CO \rightarrow 2Fe + 3CO_2$$

철은 Fe^{2+}, Fe^{3+}로 존재하는데, 검출방법은 다음과 같다.

육시아노철(Ⅲ)산 칼륨($K_3Fe(CN)_6$)은 붉은 색의 결정으로 **적혈염** 또는 **페리시안화칼륨**이라고 하며 이것을 물에 녹이면 $[Fe(CN)_6]^{3-}$ 때문에 엷은 등황색을 띤다.

$$K_3Fe(CN)_6 \rightarrow 3K^+ + [Fe(CN)_6]^{3-}$$

$[Fe(CN)_6]^{3-}$은 Fe^{2+}과 작용하여 파란색의 조성이 일정하지 않은 침전을 만드는 데 이 침전을 터언불 블루우(turnbuls blue)라고 한다. 이 반응을 Fe^{2+}을 검출하는데 쓰인다.

$$Fe^{2+} + \underset{\text{(Fe의 산화수 : +3)}}{K_3Fe(CN)_6} \rightarrow \text{푸른색침전}$$

육시아노철(Ⅱ)산 칼륨($K_4Fe(CN)_6$)은 노란색의 결정으로 **황혈염** 또는 **페로시안화칼륨**이라고 하며 이를 녹이면 $[Fe(CN)_6]^{4-}$이 생기고 수용액은 담황색이 된다.

$$K_4Fe(CN)_6 \rightarrow 4K^+ + [Fe(CN)_6]^{4-}$$

$[Fe(CN)_6]^{4-}$은 Fe^{3+}과 작용하여 프루시안 블루우(prussian blue)라는 조성이 일정하지 않은 푸른색의 침전이 생기며 이 반응은 Fe^{3+}의 검출에 쓰인다.

$$Fe^{3+} + K_4Fe(CN)_6 \rightarrow \text{푸른색침전}$$
(Fe의 산화수 : +2)

(2) 크롬과 그의 화합물

크롬은 은백색의 광택이 있으며 매우 강하고 높은 녹는점(1,920℃)을 가지고 있다. 실온에서 안정하여 공기 중에서 잘 부식되지 않으므로 도금에 많이 쓰인다. 중크롬산칼륨($K_2Cr_2O_7$)은 주황색 결정으로 물에 녹아 $Cr_2O_7^{2-}$을 내는 데, 이 때 크롬은 +6의 가장 높은 산화수를 가지고 있어서 중크롬산칼륨의 수용액에 황산을 섞으면 다음과 같이 다른 물질로부터 전자를 빼앗으므로 산화작용을 나타낸다.

$$Cr_2O_7^{2-} + 14H^+ + 6e^- \rightarrow 2Cr^{3+} + 7H_2O$$

$K_2Cr_2O_7$의 수용액에 KOH 용액을 가해서 염기성으로 하면 K_2CrO_4이 생기며, 반대로 K_2CrO_4의 수용액에 산을 가하면 $K_2Cr_2O_7$이 생긴다. 즉, $Cr_2O_7^{2-}$과 CrO_4^{2-} 사이에는 다음과 같이 성립한다.

중크롬산 용액에 염기를 가하면 황색이 되고, 크롬산 용액에 산을 가하면 주황색이 된다.

$$\underset{\text{(주황색)}}{Cr_2O_7^{2-}} + 2OH^- \rightarrow \underset{\text{(황색)}}{2CrO_4^{2-}} + H_2O$$

$$\underset{\text{(황색)}}{2CrO_4^{2-}} + 2H^+ \rightarrow \underset{\text{(주황색)}}{Cr_2O_7^{2-}} + H_2O$$

(3) 망간과 그의 화합물

망간은 은회색의 금속으로 비교적 반응성이 크며 +2~+7까지의 여러 가지 산화수를 가지는데 그 이온의 색깔도 각각 다르다.

이산화망간(MnO_2)은 산화제로 쓰이고 산소를 만들 때 촉매로도 쓰인다.

$$MnO_2 + 4H^+ + 2e^- \rightarrow Mn^{2+} + 2H_2O$$

$$2H_2O_2 \xrightarrow{MnO_2} 2H_2O + O_2,\ 2KClO_3 \xrightarrow{MnO_2} 2KCl + 3O_2\uparrow$$

과망간산칼륨($KMnO_4$)은 흑자색의 결정이며, 물에 녹으면 적자색의 과망간산이온(MnO_4^-)이 생긴다. $KMnO_4$에서 망간의 산화수는 +7로 가장 큰 산화수이므로, 산성 용액에서 중크롬산칼륨과 같은 산화 작용을 하기 때문에 산화제로 쓰인다.

$$MnO_4^- + 8H^+ + 5e^- \rightarrow Mn^{2+} + 4H_2O$$

(4) 구리, 은 및 그의 화합물

구리(Cu)는 전선의 재료나 여러 가지 합금으로 사용되고, 공기 중에 습기가 있으면 염기성 탄산염의 초록색 막을 형성한다.

황산구리(Ⅱ)($CuSO_4$)는 구리를 황산에 녹이고 증발시키면 5수화물의 푸른색 결정($CuSO_4 \cdot 5H_2O$)으로 얻어진다. 결정수가 없는 $CuSO_4$는 수분을 만나면 푸른색으로 되므로 알코올이나 벤젠 속에 있는 미량의 수분 검출에 쓰인다.

$$CuSO_4 + H_2O(\text{수분}) \rightarrow CuSO_4 \cdot 5H_2O(\text{푸른색})$$

푸른색의 황산구리 결정을 가열하면 결정수를 잃고 흰색의 분말로 된다.

$$\underset{(\text{푸른색 결정})}{CuSO_4 \cdot 5H_2O} \xrightarrow{100℃} \underset{(\text{연한 푸른색})}{CuSO_4 \cdot H_2O} \xrightarrow{200℃\ \text{이상}} \underset{(\text{흰색의 분말})}{CuSO_4}$$

은(Ag)은 묽은 황산이나 염산에는 녹지 않지만, 질산이나 뜨겁고 진한 황산에는 잘 녹아서 질산은이나 황산은이 된다.

$$3Ag + 4HNO_3 \rightarrow 3AgNO_3 + NO + 2H_2O(\text{묽은 질산})$$
$$Ag + 2HNO_3 \rightarrow AgNO_3 + NO_2 + H_2O(\text{진한 질산})$$
$$2Ag + 2H_2SO_4 \rightarrow AgSO_4 + SO_2 + 2H_2O(\text{뜨겁고 진한 황산})$$

은(Ag)은 금속중에서 열과 전기의 전도성이 가장 크며 +1가의 산화수만 갖는다. Ag^+는 할로젠이온(X−)과 반응하여 할로젠화은(AgX)를 형성한다.

$$\text{광화학 반응 : } 2AgX \xrightarrow{\text{빛}} 2Ag + X_2$$

예제 $K_4Fe(CN)_6$를 물에 녹일 때 생기는 이온을 모두 써라.

풀이 $K_4Fe(CN)_6 \rightarrow 4K^+ + [Fe(CN)_6]^{4-}$

14.4 착이온과 착화합물

황산구리 수용액에서 구리이온은 암모니아수에 의하여 청백색의 침전 $Cu(OH)_2$이 생성되나 계속해서 암모니아수를 가하면 진한 푸른색 용액으로 변하는데 이것은 암모니아 분자에 의해 물에 녹는 착이온인 짙은 푸른색의 사암민구리(Ⅱ)이온 $[Cu(NH_3)_4]^{2+}$이 생성되었기 때문이다.

$$Cu^{2+} + 2NH_3 + 2H_2O \rightarrow Cu(OH)_2\downarrow + 2NH_4^+$$
$$Cu(OH)_2 + 4NH_3 \rightarrow [Cu(NH_3)_4]^{2+} + 2OH^-$$

사암민구리(Ⅱ)이온은 Cu^{2+} 1개와 NH_3 분자 4개가 결합하여 형성된 것인데, 이와 같이 일정한 수의 분자가 금속이온을 둘러싸서 일정한 입체적 구조를 가진 것을 착이온(complex ion)이라고 하며, 착염이나 착이온이 들어 있는 화합물을 착화합물(complex compound) 또는 배위화합물(coordination compound)이라고 한다.

배위결합(coordinated bond)

어떤 원자가 일반적으로 고립전자쌍을 제공하여 이룩된 공유결합을 배위결합이라고 한다. 루이스의 전자구조식에서는 고립전자쌍을 제공하는 방향으로 화살표를 그어서 배위했음을 나타낸다.

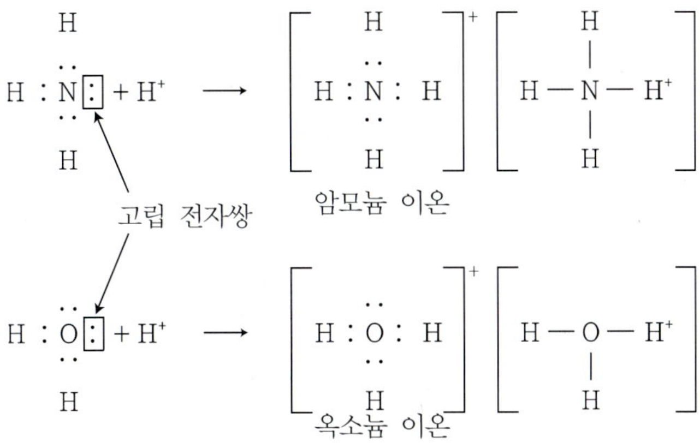

14.5 리간드와 배위수

착이온의 구조는 중심에 금속이온이 있고 이것을 둘러싸고 있는 분자나 이온은 금속이온에 비공유 전자쌍을 제공하여 배위결합을 형성하는 데 이 분자나 이온을 **리간드**(ligand)라고 하며, 중심 금속이온에 붙어 있는 리간드의 수를 **배위수**(coordination number)라고 한다.

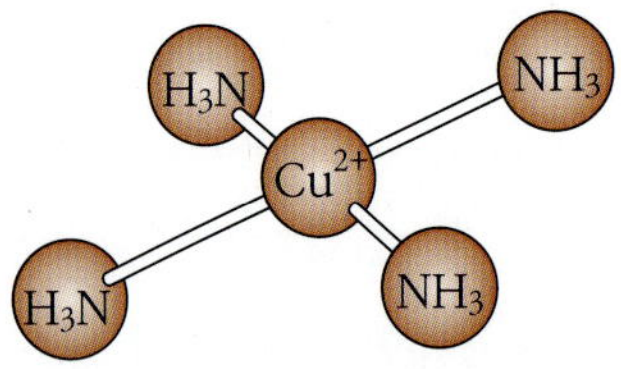

리간드 : NH_3, 배위수 : 4
중심 금속 이온 : Cu^{2+}

그림 14.2 $[Cu(NH_3)_4]^{2+}$의 구조

리간드는 중심 금속이온과 배위결합을 형성하므로 비공유 전자쌍을 가지고 있는 분자나 이온만의 리간드로 작용한다.

리간드로 작용할 수 있는 분자는 NH_3, H_2O, NO 등이며 이온은 Cl^-, CN^-, Br^-, $S_2O_3^{2-}$ 등이다.

착이온의 전하는 중심 금속의 전하와 리간드의 전하를 합한 것과 같다.

배위수의 결정은 하나의 중심 금속이온에 결합되는 리간드는 두 가지 이상일 수도 있다.

표 14.4 몇 가지 금속 이온의 배위수와 착이온의 전하

중심 금속 이온	배위수	리간드	착이온	전 하	명 칭
Ag^+	2	NH_3	$[Ag(NH_3)_2]^+$	+1	이암민은(Ⅰ)이온
Cu^{2+}	4	NH_3	$[Cu(NH_3)_4]^{2+}$	+2	사암민구리(Ⅱ)이온
Zn^{2+}	4	NH_3	$[Zn(NH_3)_4]^{2+}$	+2	사암민아연(Ⅱ)이온
Co^{3+}	6	NH_3	$[Co(NH_3)_6]^{3+}$	+3	육암민코발트(Ⅲ)이온
Cr^{3+}	6	NH_3	$[Cr(NH_3)_6]^{3+}$	+3	육암민크롬(Ⅲ)이온
Fe^{2+}	6	CN^-	$[Fe(CN)_6]^{4-}$	−4	육시아노철(Ⅱ)산 이온
Fe^{3+}	6	CN^-	$[Fe(CN)_6]^{3-}$	−3	육시아노철(Ⅲ)산 이온

14.6 착이온의 구조

착이온의 구조는 배위수에 의해 입체구조가 결정된다. 착이온의 배위수에 따라 입체구조는 다음과 같다.

(1) 선형구조

배위수가 2인 착이온이나 착화합물은 모두 성형구조로 되어있다.

예로 $[Ag(CN)_2]^-$, $[Ag(NH_3)_2]^+$, $[Au(CN)_2]^-$ 등이 있다.

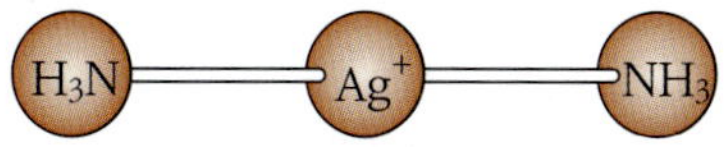

그림 14.3 $[Ag(NH_3)_2]^+$의 직선형

(2) 사각 평면구조

배위수가 4인 착이온이나 착화합물 중에서 중심 금속이온이 Cu^{2+}, Ni^{2+}, Pt^{2+}의 착이온이나 착화합물은 평면사각형 구조로 되어 있다.

예로 $[Cu(NH_3)_4]^{2+}$, $[Ni(CN)_4]^{2-}$ 등이 있다.

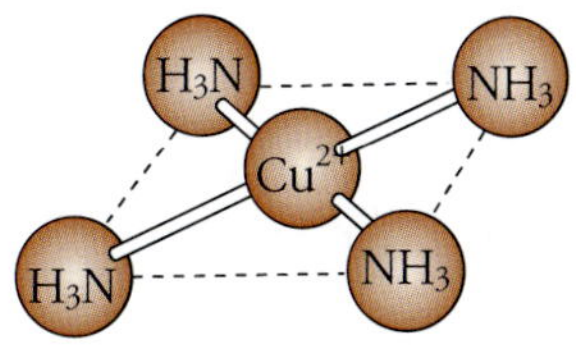

그림 14.4 $[Cu(NH_3)_4]^{2+}$의 평면 사각형

(3) 정사면체 구조

배위수가 4인 착이온이나 착화합물 중에서 금속이온이 전형원소인 $2n^{2+}$, Cd^{2+} 등은 정사면체 구조로 되어 있다.

예로 $[Zn(NH_3)_4]^{2+}$, $[Cd(NH_3)_4]^{2+}$ 등이 있다.

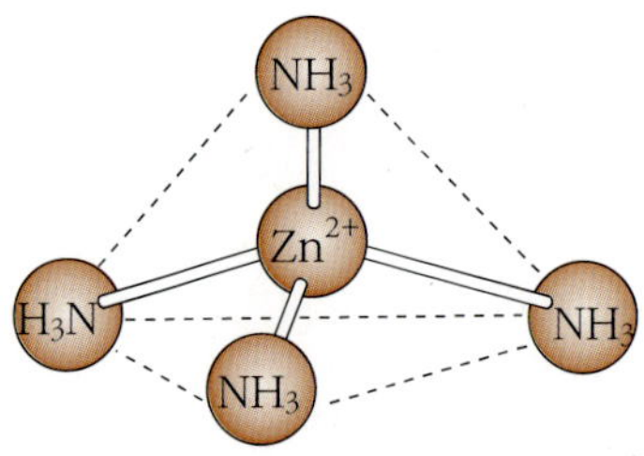

그림 14.5 $[Zn(NH_3)_4]^{2+}$의 정사면체

(4) 정팔면체 구조

배위수가 6인 착이온이나 착화합물은 전이금속의 +2, +3, +4가 이온들이 흔히 만드는 데 그 예로 $[Fe(CN)_6]^{3-}$, $[Fe(CN)_6]^{4-}$, $[Co(NH_3)_6]^{3+}$ 및 $[Pt(NH_3)_6]^{4+}$ 등이 있다.

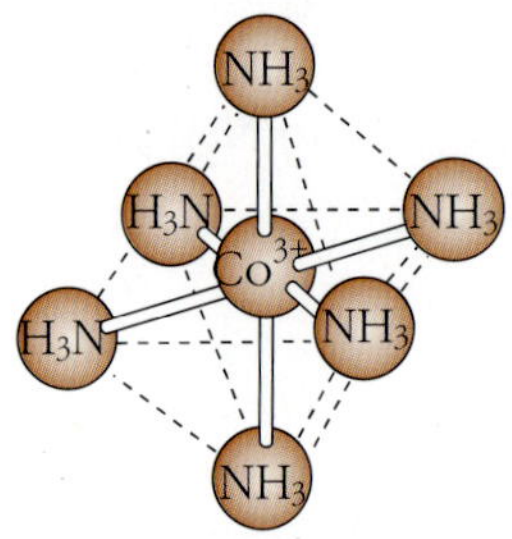

그림 14.6 $[Co(NH_3)_6]^{3+}$의 팔면체

14.7 착이온의 이성질체

조성이 같은 착이온이나 착화합물은 입체 구조가 다른 이성질체가 존재한다.

(1) 기하 이성질체

시스형과 트란스형이 있다.

cis형 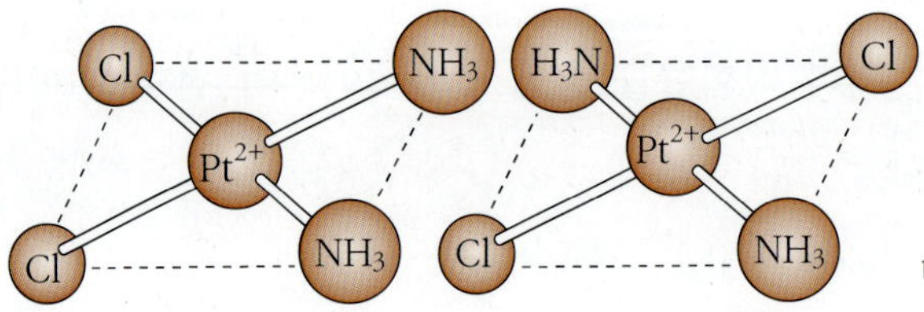 trans형

그림 14.7 $[Pt(NH_3)_2Cl_2]$의 이성질체

(2) 구조 이성질체

착화합물 중 $[Pt(NH_3)_4Cl_2]Br_2$와 $[Pt(NH_3)_4Br_2]Cl_2$는 서로 구조(또는 배위) 이성질체의 관계에 있다.

$$[Pt(NH_3)_4Cl_2]Br_2 \rightleftarrows [Pt(NH_3)_4Cl_2]^{2+} + 2Br^-$$
$$[Pt(NH_3)_4Br_2]Cl_2 \rightleftarrows [Pt(NH_3)_4Br_2]^{2+} + 2Cl^-$$

14.8 킬레이트

Cu^{2+}가 포함되어 있는 용액에 에틸렌디아민($H_2NCH_2CH_2NH_2$) 수용액을 가하면 Cu^{2+}는 에틸렌디아민의 두 NH_2의 N과 결합을 하여 고리모양의 착이온을 만든다. 이와 같이, 한 개의 리간드가 금속이온과 두 자리 이상에서 배위결합을 이루어 생긴 고리모양을 착이온을 **킬레이트**(chelate)라고 한다.

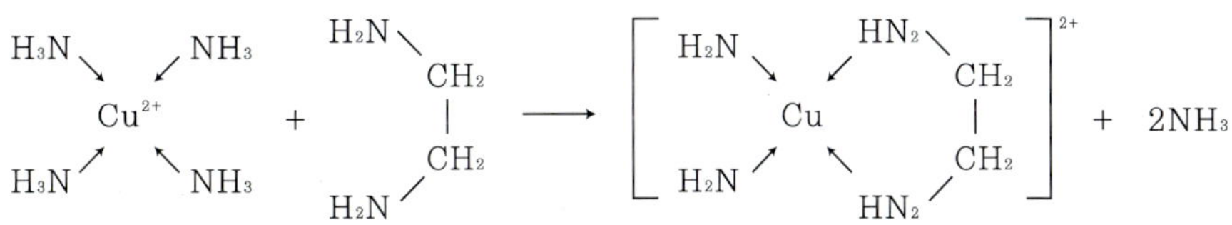

사암민구리(Ⅱ)이온 에틸렌디아민 구리의 에틸렌디아민 킬레이트

미량의 금속 이온을 분석하는 EDTA(ethylene diamine tetraacetic acid)나 적혈구에 들어 있는 헤모글로빈(철이 중심 금속 이온임)도 모두 킬레이트의 일종이다.

에틸렌디아민아세트산(EDTA)의 음이온은 다음과 같이 여섯 자리 리간드인데, 고딕체로 표시한 2개의 질소 원자와 4개의 산소 원자가 금속 이온과 동시에 직접 결합하여 안정한 킬레이트를 이루므로 미량의 금속이온을 뽑거나 없애는 데에 쓰인다. 그리고, EDTA는 배위수가 6인 금속 이온과 1 : 1로 결합한 킬레이트를 만든다.

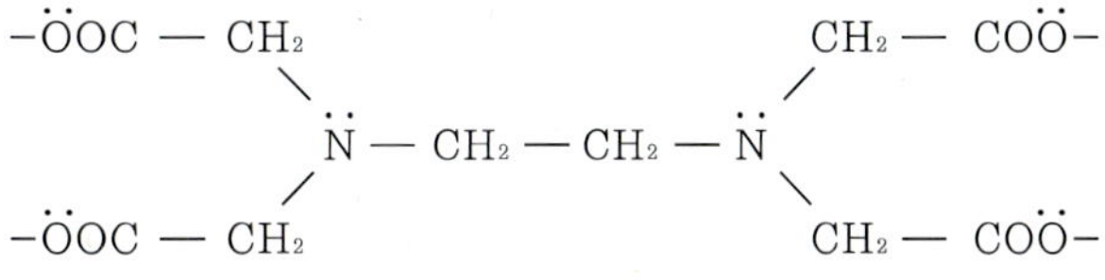

(에틸렌디아민사아세트산(EDTA)의 음이온 구조)

14.9 배위화합물의 명명법

배위화합물의 일부분은 구조가 알려지기 이전부터 사용되어 온 이름을 가지고 있다. 과거의 이름이 여전히 사용되는 경우도 있으나 점차 규칙에 의하여 체계적인 이름으로 바뀌고 있다.

다음은 여러 착화합물들에 대한 체계적인 명명법의 예들이다.

$K_3[Fe(CN)_6]$	육시아노철(Ⅲ)칼륨
$K_4[Fe(CN)_6]$	육시아노철(Ⅱ)칼륨
$Fe(CO)_5$	오카르보닐철(0)
$[Co(NH_3)_5CO_3]Cl$	염화오암민탄산코발트(Ⅲ)
$K_7[Co(NO_2)_6]$	육나이트로코발트(Ⅲ)칼륨
$[Cr(H_2O)_4Cl_2]Cl$	염화사아쿠오이클로로클롬(Ⅲ)
$[Pt(NH_2CH_2CH_2NH_2)_3]Br_4$	브롬화삼에틸렌디아민백금(Ⅳ)
$K_2[CuCl_4]$	사클로로구리(Ⅱ)칼륨
$[Ag(NH_3)_2]Cl$	염화이암민은(Ⅰ)

1. 착화합물이 염일 때는 양이온을 앞에 쓰고 뒤이어 음이온을 쓴다.
2. 착화합물의 명명법은 배위자(리간드)를 먼저 명명하고 다음에 금속원자를 명명한다.

$Fe(CN)_6^{4-}$ → hexacyanoferrate(Ⅱ) ion
(배위자이름) (금속이름)

$Co(NH_3)_6^{3+}$ → hexaamminecobalt(Ⅲ) ion
(리간드이름) (금속이름)

3. 음이온 리간드의 경우 접미사 -O를 붙이지만, 중성리간드의 이름은 그대로 부른다. 이에 대한 예외는 H_2O(아쿠오), NH_3(암민), CO(카르보닐), NO(나이트로실) 등이다(표 14.5, 표 14.6).

표 14.5 리간드와 그들의 이름

음이온 이름	리간드 이름
NO_2^-	Nitro
Br^-	Bromo
CO_3^{2-}	Carbonato
Cl^-	Chloro
CN^-	Cyano
OH^-	Hydroxo
$C_2O_4^{2-}$	Oxalato
O_2^{2-}	Oxo
SO_4^{2-}	Sulfato

표 14.6 분자와 배위자 이름

분자	배위자 이름
NH_3	Ammine
CO	Carbonyl
H_2O	Aquo

4. 리간드 수가 많을 때에는 접두어로 *di*–, *tri*–, *tetra*–, *penta*–, *hexa*–를 붙이고, 복잡한 리간드(예 ; 에틸렌디아민)는 앞에 *bis*–, *tris*–, *tetrakis*– 등을 붙여 준다.

$[Cu(en)_2]^{2+}$ bis(ethlyenediamine) copper(Ⅱ) ion

5. 착화합물이 양이온 또는 중성분자이면 중심금속원자의 이름을 그대로 두고, 다음에 산화상태를 괄호 안에 로마숫자로 표시한다.
6. 착화합물이 음이온이면 중심금속의 이름 끝에 –ate를 붙인 다음 산화 상태를 괄호 안에 로마숫자를 기입한다(표 14.7).

$[Fe(CN)_6]^{4-}$ hexacyanoferrate(Ⅱ) ion

7. 기하 이성질체는 *cis*–와 *trans*–로 나타낸다. Diamminedichloroplatinum(Ⅱ) 화합물을 기하 이성질체로 나타내면 다음과 같다.

(cis) (trans)

표 14.7 **금속이름과 음이온 이름**

금속 이름	음이온 이름
Copper	Cuprate
Gold	Aurate
Iron	Ferrate
Silver	Argentate
Tin	Stannate

연습문제

14.1 석유나 알코올 속의 수분을 검출하는데 이용되는 물질을 써라.

14.2 착이온에서 금속이온에 비공유전자쌍을 제공하는 분자나 이온을 (   )라고 하며, 그 수를 (   )라고 한다.

14.3 다음 착이온에서 중심 금속 이온의 전하는 얼마인가?

(a) $[\underline{Fe}(CN)_6]^{4-}$ (b) $[\underline{Ag}(NH_3)_2]^{+}$

14.4 다음 착이온의 구조를 써라.

(a) $[Cu(NH_3)_4]^{2+}$
(b) $[Ag(NH_3)_2]^{+}$
(c) $Zn(NH_3)_4^{2+}$
(d) $[CoCl_6]^{3-}$

14.5 다음 각 항을 정의하여라.

(a) 악티늄족(actinide)
(b) 란탄족(lanthanide)
(c) 착화합물(complex compound)
(d) 리간드(ligand)
(e) 배위수(coordination number)
(f) 착이온의 이성질체
(g) 킬레이트(chelate)

제 15 장 수질화학

15.1 물의 일반적 특성

(1) 물의 물리적 성질

물은 온도, 불순물의 농도 및 압력 등에 의해 약간 팽창 수축하나 거의 일정한 체적을 가지고 있고, 밀도는 3.98℃에서 최대값 1을 가지며, 얼음의 경우는 0.9167로 물보다는 낮은 값을 갖는다. 만약, 물이 다른 물질처럼 온도가 낮아질수록 밀도가 커지는 특성을 가졌다면 지구생태계의 지탱이 어려울 것이며, 따라서 4℃에서 최대의 밀도를 갖는 물의 특성으로 수중생태계가 유지 될 수 있는 것이다.

(2) 물의 생물 및 화학적 특성

물의 분자 구조는 산소원자 하나에 두 개의 수소원자가 104.5℃의 각을 이루어 결합되어 있으며, 이 결합에서 전자를 주는 쪽인 수소는 양(+)전기를 띠게 되고, 전자를 받는 쪽인 산소는 음(-)전기를 띠게 되어 이중극이 형성되므로 전기적 인력에 의해 서로 결합할 수 있게 된다. 이러한 물의 분자구조를 그림 15.1에 나타내었으며 그림 15.2에 물 분자의 결합상태를 나타내었다.

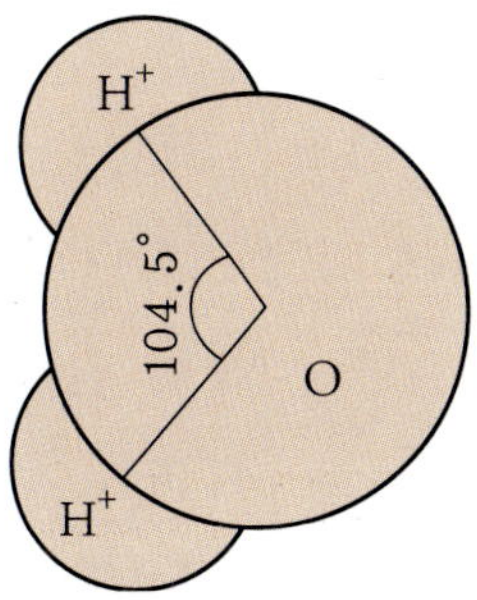

그림 15.1 물의 분자구조

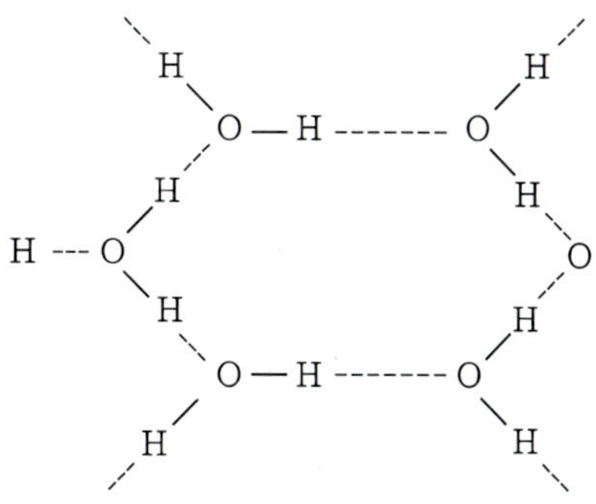

그림 15.2 물분자의 결합상태

물 분자의 크기는 약 3.3Å이지만 물 분자끼리 결합한 액체 상태에서는 빈 공간이 차지하는 비중이 크므로 한 분자가 차지하는 용적은 29.7Å이다.

즉, 이러한 빈 공간에 각종 무기이온들이 자유로이 이동하면서 용해되는 것이다. 다시 말해 물의 용매적 특성은 물 분자의 결합상태에서 양이온을 띤 격자상의 결정구조를 가진 무기물질이 음(−)전기를 띤 산소로, 음이온을 띤 물질의 양(+)전기를 띤 수소로 둘러싸여 전기적 중화작용에 따라 각종 무기물질을 분리해내는 것이다. 따라서 대부분의 물질은 물에 조금이라도 용해하게 되며, 물은 모든 생화학적 반응을 담당하게 되는 것이다.

15.2 수원의 종류와 특성

우리가 사용하는 모든 물, 즉 용수의 근원을 수원(水源, water resources)이라 하고, 이것은 빗물(天水 또는 雨水, rain water), 지표수(地表水, surface water), 지하수(地下水, ground water) 그리고 해수(海水, sea water)의 4종류로 크게 구분되며 각각의 특성을 살펴보면 다음과 같다.

(1) 빗물

천수(또는 우수)는 대기 중의 수증기(지표수 또는 바다로부터 증발)가 비나 눈으로 낙하하는 물로써 자연수 가운데 가장 순수(純水)에 가깝다고 볼 수 있으나, 대기오염으로 인하여 낙하하는 도중에 각종 오염물질(매연, SO_x, NO_x, 먼지 등)을 흡수함에 따라 오염되는 경우가 빈번하다. 최근, 화석연료의 사용증가로 pH 5.6 이하의 산성비를 초래하여 각종 구조물에 피해를 주고 있으며, 특히 생태계에 나쁜 영향을 미치고 있다. 한편 대기가 오염되지 않은 청정한 지역에서의 빗물은 **연수**(煙水, soft water)이므로 세척 및 공업용수로 유용하게 이용될 수 있을 것이다.

(2) 지표수

지표수는 하천수(河川水, river water), 저수지수(貯水池水, reservior water) 그리고 호수(湖水, lake water)로 크게 나누어지며, 일반적으로 유기물질의 함량이 높은 물이다.

도시하수가 유입되는 하천수의 수질은 생물화학적 산소요구량(BOD), 화학적 산소요구량(COD) 및 질소류의 함량이 매우 높고, 또 분뇨가 유입되면, 대장균군이 다량으로 검출되며 각종 세제류의 유입으로 인한 음이온계면활성제(ABS, LAS 등)의 함량이 높게 나타나는 것이 특징이다.

호수는 하천수에 비하여 침전에 의한 자정작용이 크고, 오염물질이 멀리 운반되지 않으며, 수질의 변화가 심하지 않은 장점을 가지고 있으나, 미생물의 번식이 용이하고 순환기(循環期, 봄 또는 가을)에 수질이 악화되는 단점을 가지고 있다.

호수(또는 저수지)는 각 계절에 따라 물의 온도, 밀도 및 바람의 상호작용에 의하여 여러 가지 형태의 온도성층(溫度成層)을 나타낸다. 겨울과 여름에는 호수(또는 저수지)의 수심에 따라 수온이 일정하여 각기 밀도가 다른 3층을 형성하는데 최상부층은 수온이 일정하고 바람이 없을 때에는 물의 유동이 없으나, 바람의 영향을 받으면 순환류를 형성하므로 순환층(循環層, circulation zone) 또는 표수층(表水層, epilimnion)이라 하고, 최하부층은 수온이 거의 일정하고, 따라서 물의 움직임이 거의 없으므로 정체층(停滯層, stagnation zone) 또는 심수층(深水層, hypolimnion)이라 한다. 순환층과 정체층 사이에 얇은 수층이 존재하는데 이를 변화수층(變化水層, transition zone) 또는 약층(躍層, mesolimnion)이라 하고, 물 속에서의 열교환상태에 관계하여 형성되는 것으로 알려져 있으며 수심 1 m 당 0.9℃ 또는 그 이상의 온도변화가 있다. 봄이나 가을이 되면 호수의 전 수심에 걸쳐 수온차가 거의 없으므로 성층이 해소되고 불안정한 평형상태가 되는데 1일 중의 온도변화나 바람에 의하여 호수 전체에 연직(鉛直) 방향의 큰 순환이 일어난다. 이것을 봄, 가을의 순환이라 하며 그림 15.3은 호수의 성층현상과 봄, 가을의 순환에 대하여 나타낸 것이다.

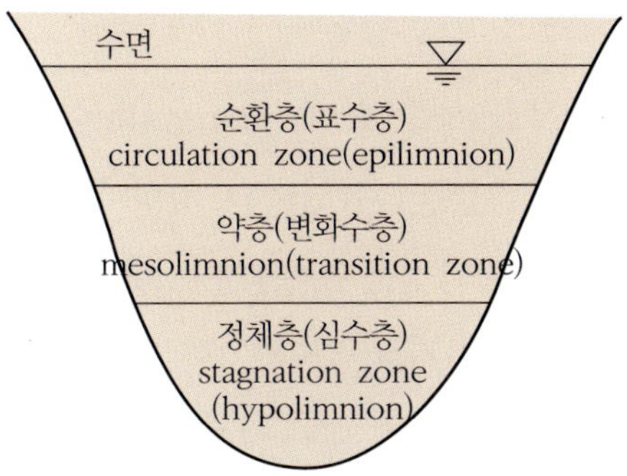

그림 15.3 **호수의 성층현상과 순환**

지표수는 댐과 같은 인공저수지로부터 취수하여 식수원으로 이용되는 등 다량으로 공급받기 쉬우므로 오염되지 않도록 철저한 위생적 관리가 요구된다.

(3) 지하수

빗물이나 지하수가 일부 땅 속으로 흘러들어가 고인물을 지하수(地下水, ground water)라 한다. 지하수는 모래나 자갈층(sand & gravel deposits), 사암(砂巖, sandstone) 그리고 석회암층(石灰巖層, limestone formations) 등으로부터 공급되며, 땅 속에서 솟아오르는 용천수(湧泉水, spring water), 하천의 밑면과 옆면이 모래와 자갈로 형성되어 있을 경우 지층 내에 삼투(滲透)하여 생기는 복류수(伏流水, river bed water)도 포함된다.

지하수는 일반적으로 지질에 수질이 다르기는 하지만 대체적으로 양호한 수질을 가지고 있다. 지표수와 비교하여 지하수 수질의 특성을 살펴보면 다음과 같다.

① 지표수는 모든 유하지점에서 오염받기 쉬우며, 자정작용 등과 관련되어 다양한 수질형태를 나타내지만, 지하수는 대수층(aquifer)의 지질과 지표로부터의 오염을 국부적으로 받는다.

② 지표수는 대기 중의 각종 가스가 분압에 비례하여 용해되어 들어가지만, 지하수는 대기와 차단되어 있어 유기물의 분해에 의해 용존산소가 소비되어도 그것은 보충되지 않고 발생된 탄산가스는 대기보다도 고압의 지하수 중에 더 많이 녹아 들어간다.

③ 지하수는 일광을 받지 않으므로 유기물 분해는 광화학작용을 받지 않고, 미생물에 의한 생물화학적인 작용이 대부분이다.

④ 지표수에 비하여 지하수는 무기염류의 농도가 높고 알카리도 및 경도가 높다.

(4) 해수

유출수가 최종적으로 모이는 물을 해수(海水, sea water)라 한다. 해수의 성분은 조류(潮流)와 육지로부터의 담수(淡水)와 기타의 유입물의 영향에 의해 변화한다.

해수는 염분농도가 높아 먹는 물, 가정용수, 관개수 및 공업용수로 적합하지 않으므로 탈염화공정을 거쳐 담수화하여 이용되어지고 있다.

15.3 수질오염의 요인과 발생원

수질오염(水質汚染, water pollution)이라 함은 자연적 혹은 인위적 요인에 의하여 물이 자정능력을 초과하여 지장을 주는 것으로, 더 나아가 환경에 영향을 미치게 되어 생태계의 변화까지도 초래할 수 있다. 여기서 자정능력이란 유입된 오염물질을 물리화학적 및 생물학적 작용에 의해 자연계의 물 스스로가 정화할 수 있는 능력이다. 수질오염을 일으키는 요인은 자연의 요인과 사회적 요인으로 크게 구분되며, 수질오염의 발생원은 가정하수, 산업폐수, 농축산폐수 등으로 나누어진다.

(1) 수질오염의 요인

① 자연적 요인

수질오염의 자연적 요인으로는 기후적 변화에 의한 기상조건의 불규칙적 변화로 가뭄이 연속적으로 일어날 때나 하천수의 유속 및 유량의 불연속성으로 하천 유역의 토사 등이 퇴적함으로써 각종 부유물질이 하천에 유입되어 수질오염을 일으키는 경우가 이에 해당한다.

② 사회적 요인

수질오염의 사회적 요인에 해당하는 것은 인구의 증가, 도시와 산업의 집중화, 대규모화에 따라 가정에서 쓰고 버리는 생활하수, 산업폐수, 농촌의 농·축산폐수 등의 배출량이 처리시설의 능력을 초과하여 수질오염을 일으키는 것이다.

(2) 수질오염의 발생원

① 가정하수

가정하수는 주거지역과 상업용 및 공공시설에서 배출되는 생활폐수를 말한다. 배출량은 현장에서 직접 측정하거나 상수소비량의 분석 또는 비슷한 지역사회에서의 1인당 배출량을 감안하여 추정할 수 있다. 가정하수는 수질오염 발생원이 주를 이루고 있으며 특히 밀집된 대도시 수역에서의 수질관리가 시급한 실정이다.

② 산업폐수

산업폐수는 각종 산업공정에서 발생하는 공장폐수로 수질오염에 중대한 문제를 일으키며, 그 특성상 산업공정에 따라 오염물질이 매우 다종다양하게 배출되므로 폐수처리시설에서 처리된 후라 할지라도 그 물을 상수원으로 취 할 때에는 보다 고도의 정수설비가 반드시 필요하다.

③ 농·축산폐수

농업활동 과정에서 배출되는 농업폐수는 농지에 투입된 농약 및 비료의 유출이 문제가 되며, 특히 관개용수 중에 함유되어 있는 영양염류인 질소나 인등의 유출이 부영양화를 일으키는데서 문제시되고 있다. 소나 돼지의 집단 사육과정에서 배출되는 축산폐수도 수질오염의 발생원이다.

15.4 수질오염의 지표

수질오염은 물과 오염물질 사이의 물리학적, 화학적, 생물학적 작용의 복합 작용에 의한 것이므로 어떤 단일 항목의 결과로 전체적인 오염도를 판단할 수는 없다. 따라서 오염현상을 측정하는 항목은 일반적으로 다음과 같다.

(1) 냄새

자연수 중의 냄새는 수 중의 유기물이나 조류 등에 의해 유발되는 흙냄새 또는 곰팡이 냄새를 띠며, 또한 오수나 산업폐수의 유입으로 인해 냄새가 발생되기도 하며 특히 상수, 하수, 분뇨 등에서 심한 악취를 유발하여 공기를 오염시키고 하천을 오염시키게 된다.

(2) 탁도

부유물질을 포함하고 있는 물에 빛을 투과하였을 때 빛이 직진하지 않고 산란되거나 흡수되어 물이 흐리게 보이는 정도를 **탁도**(濁度, turbidity)라 한다. 부유물질과 같은 큰 물질, clay, 콜로이드, silt 등과 같은 미세한 물질 그리고 무기·유기 물질 등은 탁도를 유발하는 물질이다. 탁도는 지표에 존재하는 점토성 물질 및 유기성 물질 등이 수역으로 유입하거나 수중에 서식하는 플랑크톤이나 기타 미생물, 도시하수나 각종 산업폐수의 유입에 의한 현탁물질, 유속의 증가에 의한 하상 침전물질 등의 부상 등에 기인한다.

(3) 수소이온 농도(pH)

pH는 수소이온 농도를 그 역수의 상용대수로서 나타내는 값이다. 순수한 물은 수소이온과 수산화 이온으로 전리된다.

$$H_2 \rightleftarrows H^+ + OH^-$$

$$\frac{[H^+][OH^-]}{[H_2O]} = K$$

25℃ 순수일 때 $[H^+][OH^-] = 10^{-7} \times 10^{-7} = 10^{-14} = K_w$가 되며, 이것은 물의 이온곱(ion product) 또는 물의 이온화상수(ionization constant)라 한다.

Sorenson(1909)은 이 값에 음의 로그를 취하며 pH로 나타내었으며, 따라서 $pH = -\log[H^+]$ 또는 $pH = \log\frac{1}{[H^+]}$로 나타낼 수 있다. pH의 눈금은 보통 0에서 14까지로 나타내며 pH 7이 중성을 나타낸다. 또한 수산화이온농도를 음의 로그를 취하여 pOH로 나타낼 수 있으며, pH와 pOH의 관계는 다음과 같다.

$$pH + pOH = 14$$
$$pH = 14 - pOH$$
$$pH = 14 - (-\log[OH^-])$$
$$pH = 14 + \log[OH^-]$$

예제 **물 1 ℓ에 NaOH를 0.4 g 용해시킨 액의 pH는 얼마인가?**

풀이 0.4 g/ ℓ ÷ 40 g/mole = 0.01 mole/ ℓ

$$\underset{0.01\,M}{NaOH} \rightleftarrows \underset{0.01}{Na^+} + \underset{0.01\,M}{OH^-}$$

$$\therefore\ pOH = -\log p[OH^-] = -\log 10^{-2} = 2$$
$$\therefore\ pH = 14 - pOH = 14 - 2 = 12$$

(4) 산도

어떤 물이 강염기를 중화시킬 수 있는 능력의 척도를 **산도**(酸度, acidity)라 하며, 자연수의 산도는 수중의 CO_2에 의한 것으로 CO_2의 일부가 탄산(H_2CO_3)으로 되어 있으므로 수중의 탄산을 중화시키는데 필요한 탄산칼슘의 양으로 나타낸다. pH가 8.3 이하인 물에는 반드시 유리탄산이 존재하며 유리탄산은 수중 알카리를 중탄산알카리로 변화시키고 여분의 유리탄산은 탄산으로 되어 pH의 저하를 가져온다.

$$CO_2 + H_2O \rightleftarrows H_2CO_3 \rightleftarrows HCO_3^- + H^+$$

$$\frac{[H][HCO_3^-]}{[H_2CO_3]} = K_1(4.45 \times 10^{-7},\quad 25\,℃)$$

무기산도는 메틸오렌지를 이용하여 적색에서 yellow orange가 되는 점을 종말점(pH 4.5)으로 하며 MO 산도라 한다. 탄산산도는 페놀프탈레인을 사용하여 무색에서 분홍색으로 변하는 점(pH 8.3)으로 이를 총 산도 또는 phenolphthalein 산도라고도 한다.

(1) $MO산도(mg/\ell\ as\ CaCO_3) = \dfrac{A \times N \times 1000}{시료량(ml)} \times 50$

(2) 총산도(phenolphthalein 산도)(mg/ℓ as $CaCO_3$) = $\frac{B \times N \times 1000}{시료량(ml)} \times 50$

여기서 A : pH 4.5까지의 NaOH 주입량(ml)
B : pH 8.3까지의 NaOH 주입량(ml)
C : NaOH의 규정농도(0.02 N)

(5) 알카리도

알카리도는 산을 중화시킬 수 있는 능력의 척도로서 자연수의 알카리도는 수 중에 수산화물(OH^-), 탄산염(CO_3^{2-}), 중탄산염(HCO_3^-)의 형으로 함유되어 있는 알카리분을 이에 대응하는 탄산칼슘(CaCO)으로 환산해서 ppm으로 나타낸 것을 **알카리도**(alkalinity)라 하며, 수산화물로 된 알카리도를 수산화 알카리도(hydroxide alkalinity), 탄산염으로 된 알카리도를 탄산알카리도(carbonate alkalinity) 그리고 중탄산염으로부터의 알카리도를 중탄산알카리도(bicarbonate alkalinity)라 한다.

초기 pH가 8.3이 넘는 시료에 대해서는 두 단계로 적정을 시도한다. 첫 번째 단계는 pH가 8.3으로 될 때까지 적정하며, 이때 페놀프탈레인 지시약이 분홍색에서 무색으로 변한다. 두 번째 단계는 pH가 약 4.5로 될 때까지 적정하여 이 때 메틸오렌지 종말점에 해당하여 yellow orange에서 적색으로의 변화가 일어난다.

그림 15.4에서 변곡점인 pH 8.3은 CO_3^{2-}이 HCO_3^-로 전환되는 당량점에 해당하고 두 번째 변곡점인 pH 4.5는 HCO_3^-이 탄산(H_2CO_3)으로 전환되는 당량점에 해당하는 것이다. 알카리도는 0.02 N 황산으로 적정하여 탄산칼슘 **등가량**(equivalent)으로 다음과 같이 환산하여 계산한다.

(1) P/P알칼리도(mg/ℓ as $CaCO_3$) = $\frac{A \times N \times 1000}{시료량(ml)} \times 50$

(2) 총알칼리도(MO 알칼리도)(mg/ℓ as $CaCO_3$) = $\frac{B \times N \times 1000}{시료량(ml)} \times 50$

여기서 A : pH 8.3까지의 황산 주입량(ml)
B : pH 4.5까지의 산 주입량(ml)
C : 황산의 규정농도(0.02 N)

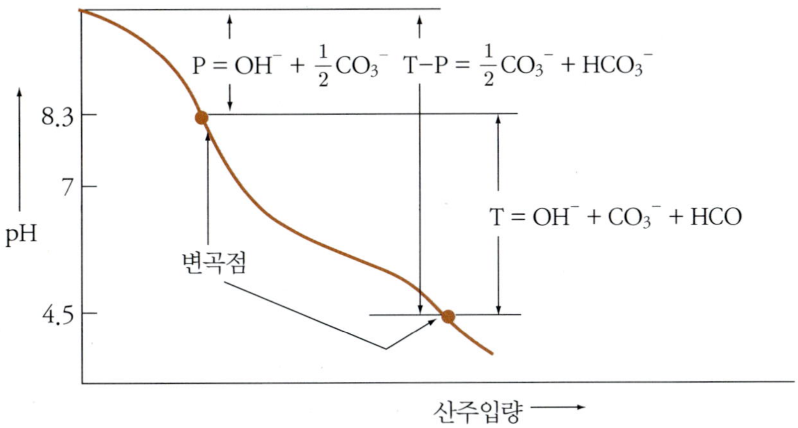

그림 15.4 pH와 알카리도

(6) 경도

물의 세기를 나타나는 것을 **경도**(硬度, hardness)라 하며, 물 속에 존재하고 있는 Ca^{2+}, Mg^{2+}, Sr^{2+}, Fe^{2+}, Mn^{2+} 등의 2가 양이온 금속의 함량을 이에 대응하는 $CaCO_3$(ppm)으로 환산하여 표시한 값이다. 표 15.1에 경도 유발물질들을 나타내었다.

표 15.1 경도를 유발하는 주요 양·음이온

양이온	음이온
Ca^{2+}	HCO_3^-
Mg^{2+}	SO_4^{2-}
Sr^{2+}	Cl^-
Fe^{2+}	NO_3^-
Mn^{2+}	SiO_3^{2-}

경도에는 일시경도(temporary hardness)와 영구경도(permanent hardness)가 있으며 양자를 합한 것을 총경도(total hardness)라 한다. Ca^{2+}과 Mg^{2+} 등이 알카리도를 이루는 탄산염(CO_3^{2-}), 중탄산염(HCO_3^-) 등과 결합한 존재로 있을 때에는 탄산경도(carbonate hardness)라 하여 끓여서 제거되는 경도를 **일시경도**라 하고, 반면, Ca^{2+}, Mg^{2+} 등이 산이온인 SO_4^{2-}, Cl^-, NO_3^-, SiO_3^-와 화합물을 이루고 있을 때 나타나는 경도를 비탄산경도(noncarbonate hardness)라 하며 이들은 끓여도 제거되지 않는 경도이므로 **영구경도**라 한다.

경도를 계산하는 식은 다음과 같다.

$$경도(mg/\ell \text{ as } CaCO_3) = (M^{2+},\ mg/\ell) \times \frac{50}{(M^{2+} \text{ 당량})}$$

계산 결과의 값이 0~75 mg/ℓ : 연수(soft water)

75~150 mg/ℓ : 경수(hard water)

150~300 mg/ℓ : 강한 경수

300 mg/ℓ 이상 : 매우 강한 경수(very hard water)이다.

예제 **다음과 같은 수질 분석치를 갖는 원수의 총 경도를 계산하여라.**

Na^+ 20 mg/ℓ,	Cl^- 40 mg/ℓ
Ca^{2+} 15 mg/ℓ,	SO_4^{2-} 16 mg/ℓ
Mg^{2+} 10 mg/ℓ,	NO_3^- 1 mg/ℓ
Sr^{2+} 2 mg/ℓ,	alkalinity 50 mg/ℓ

풀이 위 분석치 가운데 2가 양이온은 Ca^{2+}, Mg^{2+}, Sr^{2+}이며, $CaCO_3$의 당량은 50이므로 총경도는 다음과 같이 계산한다.

Ca^{2+} 경도 $= 15 \times \frac{50}{20} = 37.5$

Mg^{2+} 경도 $= 10 \times \frac{50}{12} = 41.7$

Sr^{2+} 경도 $= 2 \times \frac{50}{43.8} = 2.3$

∴ 총 경도 = 37.5 + 41.7 + 2.3 = 81.5(mg/ℓ as $CaCO_3$)

(7) 용존산소(DO)

용존산소(dissolved oxygen, DO)는 물속에 용해되어 있는 산소를 말하는데 그 산소량을 mg/ℓ, 즉 ppm으로 나타낸다. 수중의 DO 농도는 대기 중 산소의 자연적 용해, 조류나 수생 생물의 광합성 작용에 의하여($CO_2 + H_2O \rightleftarrows CH_2O + O_2 + H_2O$) 증가하고, 수중 불순물의 환원작용, 동식물의 호흡작용, 미생물에 의한 유기물의 분해작용으로 감소하여 수질오염이 발생하게 된다. 한편, 오염물질을 하천에 방류한 직후에는 용존산소량의 변화가 일시적으로 없으나 시간이 지남에 따라 오염물질의 분해로 산소가 소모되어 용존산소량이 감소하게 된다. 그러나 오염물질이 더 이상 유입되지 않으면 하류로 내려감에 따라 수표면으로부터 산소를 흡수하여 다시 용존산소량이 증가하게 된다. 여기서 용존산소량이 낮아졌다가 다시 상승되는 지점을 임계점(臨界點, critical point)이라 하며, 오염물질의 양, 수온과 기압상태, 유속 및 유량 등에 따라 임계점이 달라질 수 있다.

그림 15.5에 DO와 BOD 곡선의 관계를 나타내었다.

용존산소량은 수질오염의 지표로 널리 이용되고 있으며 하천, 호수 등의 수역에 어패류가 생존하려면 최소 5 ppm의 DO가 존재하여야 하고 2 ppm 이하가 되면 DO부족으로 어패류의 생존이 어렵게 된다.

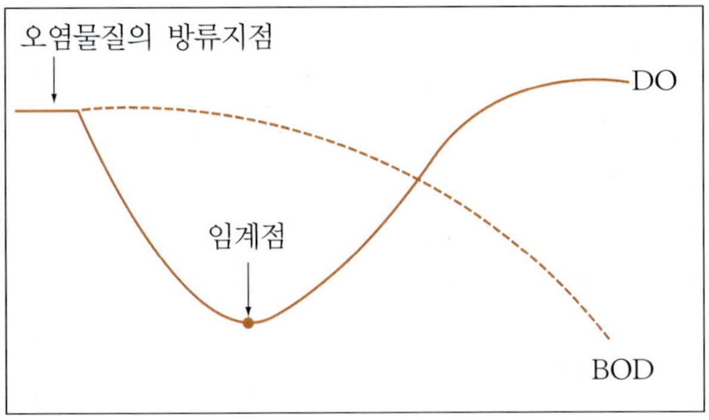

그림 15.5 DO와 BOD곡선의 관계

(8) 생화학적 산소요구량(BOD)

미생물이 물 속에 있는 각종 오염물질(유기물)을 분해하기 위해서는 산소가 필요하다. 이와같이 물 속에 들어있는 유기오염물질을 미생물이 분해하기 위해서 필요로 하는 산소의 양을 **생화학적 산소요구량**(biochemical oxygen demand)이라고 한다. 다시 말해서 어느 정도 오염되었는가를 나타내는 기준으로 일정시간 내에 미생물이 물 속의 유기물을 분해하여 정화하는데 소비되는 산소의 양을 ppm으로 나타낸 것을 말한다.

BOD실험에서, 20℃에서 5일간 시료를 배양했을 때 시료 중의 호기성 미생물의 증식과 호흡작용에 의해서 소모된 산소량을 보통 BOD로 표시하며 도시하수나 하천수 내의 유기물질 함량을 간접적으로 나타내는 지표로 이용된다. 일반적으로 생화학적 산화가 끝나 더 이상 산소 소모가 없을 때까지는 약 20일 정도 소요되며(95~99%), 측정을 위해 20일이나 소비하는 것은 비효율적이므로 총 BOD의 60~70%가 소모되는 5일 BOD값을 사용하는 것이다.

시간의 경과에 따른 BOD 변화를 그림 15.6에 나타내었다.

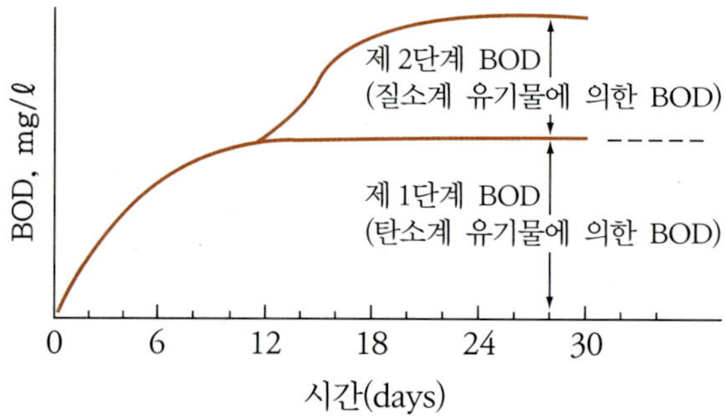

그림 15.6 BOD의 시간적 변화

그림에서와 같이 1단계는 미생물에 의해 분해되기 쉬운 탄소화합물 분해시 소모되는 산소량을 나타낸 그래프이며 완전분해되는데 걸리는 시간은 20℃에서 약 20일이다.

1단계 분해 후에 2단계 분해가 시작되는데 이는 주로 유기물 중 질소화합물이 산화분해될 때 소비되는 산소량을 말하며 1단계 분해가 끝나면서 질산화가 시작되는 시간은 20℃에서 7~10일 사이에 일어나고 완전히 분해되는데는 100여일 정도 요한다.

이러한 **질산화작용**은 다음과 같다.

$$2NH_3 + 3O_2 \xrightarrow{\text{아질산균}} 2NO_2^- + 2H^+ + 2H_2O$$

$$2NO_2^- + O_2 + 2H^+ \xrightarrow{\text{질산균}} 2NO_3^- + 2H^+$$

일반적으로 BOD가 10 ppm 이상이 되면 악취가 발생하고 상대적으로 용존 산소량은 2.0 ppm 이하가 되며, 먹는 물로서는 1 ppm 이하여야 한다.

물고기가 살 수 있는 BOD의 농도

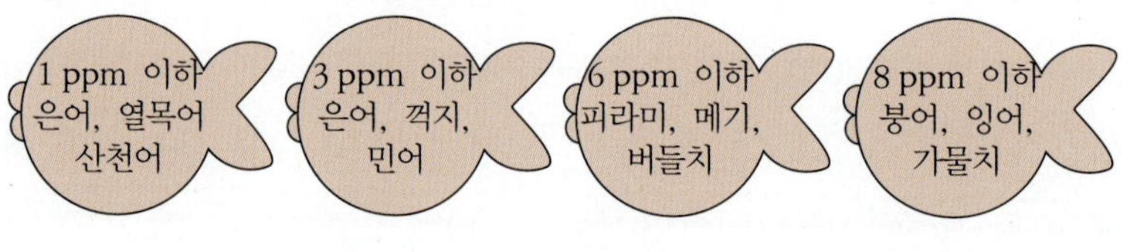

(9) 화학적 산소요구량(COD)

BOD와 마찬가지로 수 중에 있는 유기물질을 간접적으로 측정하는 방법으로 유기물질을 강력한 산화제($KMnO_4$, $K_2Cr_2O_7$)로 산화시킬 때 소모되는 산화제의 양에 상당하는 산소의 양을 **화학적 산소요구량**(chemical oxygen demand, COD)이라고 한다. 특히 **해양이나 호**

수에 흘러 들어온 유해물질을 함유한 공장폐수의 오염도를 알고자 할 때 COD를 이용한다.

물이 오염된 정도를 지표로 나타낼 때는 BOD나 COD라는 단위를 써서 나타내며 이 수치가 높으면 높을수록 그만큼 유기물이 많다는 것을 의미하므로 오염이 심한 물이라고 할 수 있다.

COD실험의 장점은 짧은 시간내에 폐수의 강도를 측정할 수 있고, BOD에 비해 간단하다. 그러므로 BOD 측정 대신에 COD 측정을 하는 일이 많으며 많은 측정을 통하여 상관 관계가 일정하게 나타날 때는 COD값으르부터 BOD값을 추정할 수 있다.

표 15.2 COD_{Mn}법과 COD_{Cr}의 비교

구 분	COD_{Mn}법	COD_{Cr}법
측정시간	30분~1시간	2~3시간
가열방법	수욕조(water bath)	가열판(hot plate)
산화제	$KMnO_4$	$K_2Cr_2O_7$
산화력	50~60%	80~100%
기타	오염물이 없다.	폐액이 유독하다(Cr^{6+}, Hg)

(10) 부유물질(SS)

부유물질(suspended solid, SS)에는 유기성인 것과 무기성인 것으로 구분되는데 유기성인 것은 BOD 증가의 원인이 되며 부패를 일으켜 폐수혼탁의 원인이 되어 수질탁도에 관계가 있다.

SS는 비중이 큰 대부분의 유기성 입자로 플랑크톤 및 세균 등의 미생물이 다량 흡착된 생물덩어리이며 서서히 분해되어 물 속의 DO를 소비시켜 하천을 오염시키는 환경의 원인이 되기도 한다.

부유물질의 크기는 직경이 0.1 μm 이상이며 0.1~0.001 μm를 콜로이드 상태물질이라 하고, 0.001 μm 이하를 용존물질이라 한다.

(11) 질소화합물

암모니아성질소(NH_3-N), 아질산성질소(NO_2-N) 그리고 질산성질소(NO_3-N)를 총칭하여 **질소화합물**(窒素化合物, nitrogen compounds)이라 하며, 이것은 수질오염의 지표뿐만 아니라 먹는 물의 위생학적 안전성을 확인하는 데 중요한 지표로 이용되어 지고 있다. 생활하

수, 분뇨처리수 및 산업폐수 등의 유기성 질소화합물이 생물학적 분해과정을 통해 암모니아성질소, 아질산성질소 및 질산성질소 등의 무기성질소로 물 속에 존재하게 되는 것으로 **암모니아성질소**는 동물의 배설물 등의 유기성 질소화합물이 분해하여 생긴 첫 단계의 물질로 최근에 오염되었음을 알 수 있는 지표가 될 수 있다. **아질산성질소**는 암모니아성 질소의 산화에 의해 생긴 것으로 음료수로서의 부적합함을 판단할 수 있는 오염의 지표로 널리 사용되며, 마지막으로 **질산성질소**는 질소화합물이 산화된 최종 분해 산물로서 과거에 오염된 것임을 알 수 있으나 오염의 지표로 이용되지는 않는다.

15.5 수질오염의 영향

(1) 부영양화

수중 생물의 성장에 필요한 영양분이 수중에 과다하게 공급되어 빈영양에서 부영양으로 변하는 현상을 **부영양화**(富榮養化, eutrophication)라 한다. 부영양화의 발생원은 생활하수(특히 합성세제 중 경도 성분을 없애는 인산염), 공장폐수, 농업폐수(질소, 인산비료) 등에서 흘러나오는 각종 물질 가운데 질소와 인 성분이며, 호수나 강 등에 질소나 인 농도가 일정수준 이상 초과 공급되면 조류와 플랑크톤이 급격히 늘어나며 이들의 과밀성장으로 수중생물이 썩게 되고 이 과정에서 막대한 수중산소가 소모되므로 물고기들이 살 수 없게 되고 이로 인해 수중 생태계의 균형이 깨지게 된다. 부영양화를 나타내는 질소농도는 0.2~0.3 mg/ℓ, 인 농도는 0.01~0.02 mg/ℓ이다.

부영양화의 방지대책으로

① 유기오염물질을 비료로 사용하지 않는다.
② 합성세제의 인 성분을 제거한다.
③ 폐수의 3차처리(고도처리) 실시로 질소나 인 성분의 유입을 막는다.
④ 조류번식 때 $CuCO_4$, 활성탄소를 뿌림으로써 제거한다.

(2) 적조현상

바닷물의 색깔이 변색될 정도로 식물성 플랑크톤이 과다하게 번식하는 현상을 **적조현상**(赤潮現象, red tide)이라고 한다.

흔히 바닷물이 빨간색으로 변한다고 알려져 있지만 꼭 빨간색으로만 변하는 것은 아니고 식물성 플랑크톤의 종류에 따라 갈색, 녹갈색, 황갈색 등으로 다양한 색깔을 보여준다. 이 현상으로 인해 물 속의 산소가 고갈되어 물고기가 집단 폐사하기도 하며 유독 플랑크톤까지 번식하여 이것을 먹은 물고기가 사람에게까지 피해를 입힐 수 있다.

(3) 해양오염

지구표면의 약 71%는 물로 덮여 있으며, 물로 덮여있는 면적의 97%가 바다이다. 바다는 지구표면의 물 순환과 기후를 조절하여 생물의 서식에 적합한 환경을 유지하는 데 중심적인 역할과 육지에서 흘러 들어온 모든 물질들의 최종집결지로 자정작용에 의해 오염물질을 처리하여 지구생태계 내로 재순환시키는 역할을 한다. 그러나 각종 산업폐수와 핵발전소에서 유출되는 방사성 폐기물 또는 유조선에서 버려진 폐유나 유출되는 원유로 인해 해양이 오염되고 있으며, 따라서 해양생물에 심각한 영향을 미치고 있다.

해양오염의 주된 원인 물질은 유기물, 질소나 인 등의 영양물질 그리고 기름이다. 해양에 미생물의 영양물질들이 과다하게 유입되면 적조현상을 일으켜 수산자원에 큰 영향을 미치며 유조선을 청소할 때 나오는 기름은 연간 100만 톤 정도로 해영오염의 큰 오염원 중의 하나이다. 유조선 사고로 인한 원유 유출은 전체 유출량에 비하면 적은 양이지만 많은 양이 한번에 유출되므로 피해가 크다고 볼 수 있다. 해양은 일단 오염되고 나면 단 시간에 회복하기가 어려우므로 사전에 해양보호대책을 세워 해양오염을 사전에 예방하는 것이 최선책이라 할 수 있다.

15.6 중금속으로 인한 영향

고농도의 중금속 또는 유기염소계의 농약이 수역에 유입되어 ppb 이하의 농도로 희석되어 존재한다. 이와 같이 오염된 수역에서 미생물이나 조류의 세포내로 옮겨진 다음 먹이사슬을 거치면서 배설되지 못하고 생물체 안에 쌓여 생물농축되어 ppb농도가 아닌 ppm상태 이상으로 농도가 짙어지기 때문에 오염된 어패류를 먹게 되면 중금속에 의한 중독현상이 나타난다. 인체나 생물체를 오염시켜 질병을 일으키는 중금속은 표 15.3과 같다.

표 15.3 중금속의 발생원과 영향

금속류	발생원	영 향
수은(Hg)	제지, 농약, 염화바이닐, 온도계 및 압력계 제조 공장	신경계통, 언어 및 지각장애, 수족 및 호흡마비
납(Pb)	공장폐수, 제련소, 화장품, 납 축전지, 도자기, 인쇄, 페인트	신경장애, 빈혈, 복통, 두통, 시력장애, 망상증
카드뮴(Cd)	도자기, 사진재료, 건전지제조, 비금속의 정련, 광석의 분쇄, 합금제조	요통, 관절통, 빈혈증, 만성호흡기질환, 식욕부진, 위장장애
크롬(Cr)	염색, 피혁, 석탄, 인쇄공업, 도금공장, 석유정제	피부염, 기침, 구토, 호흡곤란, 폐암유발
비소(As)	농약제조, 유리공업, 안료 및 염료공업, 광산제련	지각장애, 수족마비, 빈혈, 피부염, 색소침착
구리(Cu)	도금 및 동제련공업, 전기용품제조, 농약	만성중독시 간경변, 위장장애

15.7 토양오염

토양은 물, 대기와 접하면서 상호 물질교환 중 각종 오염물질이 토양에 유입되어 물리·화학·생물학적 작용에 의하여 자정능력이 떨어진다. 토양 속에 오염물질이 유입되어 축적되면 생물이 자라는데 지장을 주게 되며 나아가 인체에 해를 입히게 된다. 이것을 토양오염이라고 한다. 토양오염은 각종 물질의 개발, 사용 및 폐기를 통한 순환과정에서 직·간접으로 오염물질이 토양으로 유입되어 일어난다.

오염이 되면 동식물 성장은 물론 주변 수질오염으로 인하여 인간에게 영향을 직접 받게 된다. 토양을 오염시키는 것은 유기물(분뇨, 합성세제, 생활오물, 가축폐기물), 화공약품, 합성고분자 화합물, 중금속 등이다.

연습문제

15.1 하천이 생활하수에 오염되면 BOD와 DO값은 어떻게 변하겠는가?

15.2 수원의 종류에 대하여 나열하고 각각을 간단히 설명하여라.

15.3 성층현상에 대하여 간단히 설명하여라.

15.4 수중에 $[H^+]$이온의 농도가 2.0×10^{-5} mole/ℓ 들어 있을 때 $[OH^-]$이온의 농도는 얼마인가?

15.5 어느 자료의 수질분석결과가 다음과 같다. 이 자료의 $CaCO_3$ 값으로 나타낸 경도(hardness)는 얼마인가? (단, 각원소의 원자량은 Ca=40, Mg=24.3, C=12, O=16, S=32, Na=23이다.)

+이온		−이온	
Ca^{2+}	29.0	HCO_3^-	171
Mg^{2+}	16.4	SO_4^{2-}	36.0
Na^+	23.0	Cl^-	24.0
K^+	17.5		

(단위 : mg/ℓ)

15.6 Bacteria 6 g의 이론적인 COD는 몇 g인가? (단, bacteria 분자식은 $C_5H_7O_2N$이고, 각 원자량은 C=12, H=1, O=16, N=14이다.)

15.7 C_2H_5OH 420 mg/ℓ이 함유된 폐수의 이론적인 COD값은 몇 mg/ℓ인가?

15.8 다음 각 항을 간략히 설명하여라.

(1) 부영양화

(2) 생화학적 산소요구량(BOD)

(3) 화학적 산소요구량(COD)

(4) 적조현상

제 16 장 대기화학

공기 중에 정상적으로 존재하지 않는 오염물질이 대기 중에 방출되어 공기와 혼합된 상태를 대기오염(air pollution)이라 한다. 대기오염 물질은 연료의 불완전 연소에 의해서 생기는 매연, 먼지, 악취 및 가스 등은 대기오염의 원인이라 할 수 있다.

대기 중의 공기가 CO_2와 오염물질로 변화되는 과정에서 난방용 연료의 연소, 사람의 경우는 신진대사를 통해서 각종 생산활동이나 교통수단에서 연소에 의해 CO_2와 오염물질이 배출된다. 이러한 물질들은 기상변화에 의해서 공기 중에 희석됨에 따라 오염물질이 제거되기도 한다. 그러나 오염물질의 양이 늘어남에 따라 동·식물, 토양, 하천, 바다 등을 오염시키기도 하며, 생태계에도 오염이 확인되어 충격을 주고 있다.

미국의 Engineer's Joint Council에서 다음과 같이 대기오염을 정의하고 있다.

"**대기오염**은 인간과 동·식물의 생명 그리고 재산에 피해를 주거나 혹은 안락한 생활과 재산에 방해가 될 만큼의 양과 특성을 지닌 먼지·훈연(fume), 가스, 박무(mist), 냄새(order), 매연(smoke) 그리고 증기(vapor)와 같은 한 종류 또는 그 이상의 오염물질들이 일정한 기간 동안 외기(外氣, outdoor)에 존재하는 것을 뜻한다."

대기오염물질은 일차오염물과 이차오염물로 분류한다.

일차오염물(primary pollutants)은 발생원에서 직접 대기로 방출되는 오염물을 말하며, **이차오염물**(secondary pollutants)은 일단 배출된 일차오염물이 대기중에서 물리적·화학적인 작용에 의하여 새로운 물질로 형성되는 물질을 말한다. 이러한 일차 및 이차 오염물질은 인체, 식물, 동물, 건축물, 기후 등에 영향을 미친다. 따라서 피해를 방지하기 위해서는 오염물질의 배출량이 적은 연료 또는 원료의 사용에서부터 각종 방지장치의 사용, 배출허용기준의 강화, 기술적·경제적인 타당성 여부의 검토 등이 필요하다.

16.1 대기오염물질

대기오염의 원인은 인위적 또는 자연적으로 발생하는 데 우리가 대기오염을 일으킨다 하더라도 자정작용(auto purification)에 의하여 스스로 정화되어 대기는 항상 인간과 동·식물이 살기에 적합하게 된다.

그러나 대기의 자정능력에는 한계가 있어서 좁은 지역에 오염물질이 대량 또는 계속해서 방출되면 자정능력만으로는 오염물질을 동시에 처리할 수 없게 되어 대기오염 현상이 생기게 된다.

대기오염물질은 성상에 따라 가스상태의 오염물과 입자상태의 오염물로 분류한다.

가스상물질은 물질의 연소·합성·분해 시 또는 물리적 성질에 의해서 발생하는 물질이며 황산화물, 질소산화물, 산소화합물, 할로젠화합물, 유기화합물 및 일산화탄소 등이 있다.

입자상 물질은 고체상이나 액체상의 미세한 물질로서 연무질, 먼지, 재, 안개, 훈연, 연무, 매연, 검댕 등을 말한다.

대기오염물질의 입자나 먼지의 크기는 보통 μ(micron)으로 표시하며, 기체상태의 오염물질농도는 ppm(part per million) 단위로 나타낸다. 1 ppm은 공기와 오염물질을 포함한 전체 부피 10^6 중에서 오염물질의 부피가 1인 경우의 농도를 말하며, 10^{-4}%가 된다. 또한 대기오염 물질의 농도는 $\mu g/m^3$로도 표현된다.

표 16.1 대기오염물질의 발생원과 대상물질

구 분	발생공정	발생원	비 고
자연적 발생	–	먼지, 매연, 유황가스, 산불, 波浪(파랑)	–
인위적 발생	연소공정	매연, 먼지 및 세사	SO_2, CO, HCl, NO_2
	배(焙)와 가열공정	먼지, 흄	SO_2, H_2S, HF
	채광 및 채석	선별, 분쇄에서의 먼지	–
	조리공정(식품가공)	냄새	불쾌한 취기
	화학반응 공정	분말 흄, 유해가스	Be, Pb, As, HCl, SO_2, NO_3, NO_2, HF, H_2S
	원자력이용	방사성의 먼지 및 가스	–

16.2 입자상의 대기오염물질

대기 중에 존재하고 있는 오염물질로는 유해가스와 미세한 크기의 입자상 물질이 총량의 약 10% 정도 존재한다. 이러한 입자상 물질, 즉 에어러솔(aerosol)을 구성하고 있는 colloid 입자가 고체, 액체 또는 그 생성기전 여하에 따라 먼지(dust), 비산재(fly ash), 훈연(fume), 박무(mist), 연무(haze), 매연(smoke), 검댕(soot) 등으로 구분된다. 대기 중에 존재하는 입자상 물질은 대부분 그 크기가 0.01~100 μm의 입자들이다.

(1) 에어러솔(aerosol)

연무와 같이 가스 내에 미세한 고체 또는 액체 입자가 분산된 물질이며, 예를 들면 매연(smoke), 안개(fog), 박무(mist) 등이다.

(2) 먼지(dust)

일반적으로 고체입자를 말하는데 colloid 입자보다는 크고 공기나 가스 내에서 부유할 수 있는 물질이며 또한 확산되지 않으며 중력의 영향으로 내려앉게 된다.

(3) 비산재(fly ash)

연료의 연소로부터 생기는 굴뚝 연기 내의 미세한 재 입자로서 불완전연소된 연료를 함유할 수 있다.

(4) 안개(fog)

미세한 물방울이 공기 중에 많이 떠 있는 현상으로서 시정 수평거리(horizontal visibility)가 1 km 미만이며, 습도는 100% 또는 연기에 가까운 경우로 눈에 보이는 입자상 물질이다. 기상학적으로는 물 혹은 얼음이 분산되어 있는 것을 말한다.

(5) 훈연(fume)

물질의 연소에 따른 물리·화학반응, 즉 기체상태로부터 응축된 고체입자를 말한다. 다시 말해서 용융된 물질이 증발되어 생긴 것이다. 이때 생긴 고체입자는 1 μm 이하며 활발한 Brown 운동을 한다. Pb, ZnO, 산화우라늄 등의 미립자는 금속정련 방법에 따라 볼 수 있는 전형적인 흄이다.

(6) 박무(mist)

미립자 등의 핵(核) 주위에 증기가 응축하여 생기는 경우와 큰 물체로부터 분산하여 생기는 입자로서 표면장력에 의하여 구상(球狀)을 형성하여 공기중에 부유하기도 하고 큰 것은 침강하기도 한다. 기상학으로 말할 때에는 낙하될 수 있는 물방울이 분산되어 있는 상태를 말한다.

(7) 연무(haze)

아주 작고 건조한 입자가 수많이 공기 중에 부유함으로써 공기를 탁하게 하여 유백색으로 보이며 밤에는 청색을 띠지만 밝을 때는 황색 또는 오렌지색으로 보인다.

(8) 매연(smoke)

보통 연기라고 하며 연료가 불완전 연소에 의해 생기며 0.01~1 μm 범위의 크기를 가진 입자이다.

(9) 검댕(soot)

탄소화합물의 불완전연소로 형성된 tar가 함유된 탄소입자가 뭉쳐진 것이다.

16.3 가스상의 대기오염물질

가스상 오염물질의 오염원은 물질의 연소, 합성, 분해시 또는 물리적 성질에 의하여 대기 중으로 발산되는 기체상 물질을 말한다. 여기에는 황산화물, 질소산화물, 암모니아, 일산화탄소, 탄화수소 등이 속한다.

(1) 황산화물

대기오염물 중에서 가장 중요한 것의 하나인 **황산화물**(sulfur oxides, SO_x)은 주로 화석연료를 태울 때 방출되며, 아황산가스(SO_2), 삼산화황(SO_3), 아황산(H_2SO_3), 황산(H_2SO_4), 황산동($CuSO_4$), 황산칼슘($CaSO_4$), 황산마그네슘($MgSO_4$) 등이 있으나, 특히 대기오염과 밀접한 관계가 있고 문제가 되는 것은 SO_2와 SO_3이다.

아황산가스는 색이 없고 자극성이 강하여 대기오염에서 중요하게 다루어지고 있다. 황산화물의 배출원은 석탄이나 석유를 연료로 하여 사용하면 총 배출량의 80%는 연소과정에서 대기로 배출된다. SO_2는 태양광선의 영향으로 SO_3로 산화되어 수분과 함께 H_2SO_4로 변화된다.

황분함량의 약 80%는 연소되어 연기로 배출되고 나머지는 재와 함께 황산염으로 배출된다. 유기화합물과 황화합물은 연소하여 SO_2로 된다.

$$S + O_2 \rightarrow SO_2$$

SO_2의 일부(1%)는 산화되어 SO_3를 생성한다. 대기 중의 먼지 또는 질소산화물이 촉매로 작용할 때

$$SO_2 + O \rightarrow SO_3$$

$$SO_2 + \frac{1}{2}O_2 \rightarrow SO_3$$

SO_3는 공기 중의 수증기와 반응해서 부식성이 매우 강한 황산방울이 형성되므로 대기의 가시도를 감소시키기도 한다.

$$SO_3 + H_2O \rightarrow H_2SO_4$$

(2) 질소산화물

질소산화물(nitrogen oxides, NO_x)은 연료의 연소과정에서 배출되는 주요한 대기오염물질 중의 하나이다.

기체상태의 질소산화물에는 NO(nitrogen monoxide), NO_2(nitrogen dioxide), N_2O(nitrous oxide), N_2O_3(nitrogen trioxide) 및 N_2O_5(nitrogen pentoxide) 등이며, 이들 중에서 일산화질소(NO)와 이산화질소(NO_2)는 대기 중에 많은 양이 존재하며 질소산화물이라 하는 것은 일반적으로 NO와 NO_2를 뜻하며 NO_x라고 표기한다.

NO는 무색이고 악취는 없으며 독성이 있는 기체이며 **NO_2**는 갈색이고 독성이 강한 질식성 기체이다. 광화학 스모그 생성의 활성물질로 아래와 같은 반응으로 생성된다.

$$N_2 + O \rightleftarrows NO + N$$

$$N + O_2 \rightleftarrows NO + O$$

$$N_2 + O_2 \rightleftarrows 2NO$$

NO_2는 호흡기를 대단히 자극하는 데 다음과 같은 반응식으로 생성된다.

$$2NO + O_2 \rightleftarrows 2NO_2$$

질소산화물은 자연에서 질소순환의 주요한 물질이다. NO_x가 대기에서 침강 및 질산염 등의 산화작용으로 질산이 생성된다. **대기 중의 질산은 산성비를 내리는 주요한 물질이 된다.**

$$2NO_2 + H_2O \rightarrow HNO_3 + HNO_2$$

$$3NO_2 + H_2O \rightarrow 2HNO_3 + NO$$

$$2NO_2 + O_3 \rightarrow N_2O_5 + O_2$$

$$N_2O_5 + H_2O \rightarrow 2HNO_3$$

(3) 일산화탄소

일산화탄소(carbon monoxide, CO)는 주로 연소의 불완전연소에 의해 발생하며, 특히 우리나라의 경우 난방용으로 연탄을 사용하여 CO 중독이 발생한 예가 많다. CO는 공기보다 약간 가볍고 기체의 밀도는 1.25 mg/cm^3로, 매우 유독한 기체이다.

CO의 배출은 주로 탄소를 함유한 연료의 불완전연소에 의해 발생하는 것과 용광로 안에서 산화철을 철로 환원시킬 때 기체의 누출로 발생된다.

CO의 생성은 일반적으로 산소의 공급이 불충분한 상태에서 탄소화합물로는 탄소가 연소할 때 다음과 같은 화학반응으로 발생한다.

$$2C + O_2 \rightarrow 2CO + 29.400\ kcal/kmol$$
$$C + CO_2 \rightarrow 2CO - 38.8\ kcal/kmol$$

CO가 흡입되면 혈액의 혈색소(hemoglobin)와 결합하여 혈색소의 결합능력을 약화시킨다. 즉 CO는 O_2에 비해 혈색소에 대해서 상당히 강한 친화력가지고 있으므로 인체조직의 산소결핍으로 인한 중독증상을 일으킨다.

(4) 황화수소

황화수소(hydrogen sulfide, H_2S)는 달걀 썩는 냄새를 내며 연소되면 SO_2로 바뀌므로 연소과정에서는 거의 배출되지 않는다. 이것은 특수지역에서 오염되는 가스상의 물질로 비스코스 공장, 석유 정유 공장, 피혁·의약품 및 가스공장 그리고 코크스제조 및 타르증류 과정에서 배출된다.

H_2S부식성은 매우 부식성이 강한 가스로서 특히 수분이 공존될 때 부식작용은 현저하다. 따라서 H_2S의 제조와 사용에 있어서는 충분한 내식성의 재료를 이용해야 한다.

(5) 탄화수소

탄화수소(hydrogen carbon, HC)류는 paraffin계, oleffin계, acetylene계 및 방향족계 탄화수소 등으로 그 종류가 다양하다. 반응성이 큰 탄화수소류는 광화학스모그의 발생에 중요한 역할도 한다. 이들 물질은 자동차의 배기가스, 고체 폐기물 소각, 공장 등의 매연, 정유공장 등에서 주로 배출된다.

(6) 염화수소, 불화수소

염화수소(hydrogen chloride, HCl)는 무색으로서 자극성 냄새가 있으며, 대기중에서 접촉하여 산성인 백색의 연무를 발생한다. 그리고 상온에서 기체이며 무색, 자극성 냄새가 있고 물에 잘 녹는다.

농도가 높은 염화수소와 염소는 식물에 피해를 주며 강한 자극성이 있어 후두 및 흉부자극과 호흡곤란을 일으킨다.

불화수소(hydrogen fluoride, HF)는 알루미늄과 철의 제련소로부터 발생되며 공장주변의 산림 또는 녹작물의 피해를 준다.

(7) 암모니아

암모니아(ammonia, NH_3)에 의한 대기오염은 주로 비료공장, 냉동공장, 표백 또는 색소제조공장 등에서 발생한다. 그리고 자연적으로는 질소를 함유한 유기화합물이 토양에 유입될 때 토양의 박테리아에 의하여 NO, NO_2와 같이 배출된다.

무색의 기체로서 불쾌한 자극성 냄새를 가지며 눈, 호흡기의 자극을 일으키며 농도가 높으면 호흡곤란 및 의식불명을 일으킨다.

(8) 오존

오존(O_3)은 3개의 산소원자로 구성된 단순분자이다. 오존은 주로 광화학반응에 의해 발생하기 때문에 계절별로는 일조량이 많은 여름철에, 하루 중에는 직사광선이 내리쬐는 오후 2시를 전후해 많이 발생한다. 기상조건과도 밀접한 관계가 있어 맑고 바람이 없는 날에 오존 발생량이 많아진다. 오존은 특히 호흡기관에 영향을 미친다.

대기 중 0.1 ppm 이상의 오존농도가 1시간 이상 지속되면 호흡기자극, 기침, 눈물 등의 증상이 나타난다. 심하면 폐기종, 기관지염 등을 일으킬 수도 있다. **오존주의보가 내려지면** 가급적 자동차운행과 야외운동을 삼가고 어린이나 노약자는 바깥출입을 하지 않는 것이 좋다. 비타민 C나 E를 충분히 섭취하는 것도 도움이 된다.

16.4 광화학 산화물

대기 중의 탄화수소, 질소산화물, 산소 등의 여러 가지 물질이 태양광선 중 자외선과 파장이 짧은 가시광선에 의해 광화학적 반응의 결과로 생긴 물질을 광화학산화물(photochemical oxidants)이라 하며, 이들 물질들의 화학반응에 의해 연무질과 같은 물질이 생성되어 대도시에서 문제가 되고 있는 **광화학스모그**가 발생된다. 스모그(smog)란 연기(smoke)와 안개(fog)의 합성어로 대기오염에 의해 나타나는 **연무현상**을 말한다.

스모그는 크게 두 종류로 나눌 수 있는데,

첫째가 황산화물과 먼지에 의한 런던형 스모그이고,

둘째는 여러 오염물질의 복합적인 광화학반응에 의한 로스엔젤레스형 스모그이다.

자동차의 엔진 내에서 연료가 폭발하며 연소할 때 질소산화물이 생기고 이때 연료가 불완전 연소를 하면 탄화수소가 배출된다. 이들 질소산화물과 탄화수소는 대기 중에 섞여 있다가 금방 반응하지는 않지만 태양으로부터 강한 자외선을 받으면 광화학반응을 일으켜 산화력이

큰 **옥시단트**(oxidant : 광화학산화제)를 2차적으로 발생시켜 안개가 낀 것처럼 대기가 변하는 현상을 말한다. **광화학 스모그**란 이때 발생하는 옥시단트가 일으키는 스모그 현상을 가리킨다. 옥시단트 가운데 주요한 것은 오존(ozone)이며 전 발생량의 90%를 차지한다. 오존은 강한 산화력을 띠고 있기 때문에 생체에 여러 가지 좋지 못한 영향을 끼치게 된다. 고농도의 오존은 일찍이 이산화질소와 함께 폐수종을 일으키기 쉬운 가스이다. 옥시단트의 농도가 0.1 ppm이면 눈에 통증을 느끼는 사람이 생기고, 0.13 ppm이면 목의 점막을 두드러지게 자극한다. 광화학스모그는 눈과 목의 점막을 자극하여 따가움을 느끼게 하거나 심할 때에는 눈병과 호흡기질환을 일으키고 급성중독일 때에는 폐수종을 유발하기도 하며 심하면 목숨까지 잃게 된다. 또 식물의 성장을 방해하여 산림을 황폐화하고 자동차 타이어 등 고무제품도 부식시켜 내구성을 떨어뜨리기도 한다.

스모그 방지 방안으로 황성분이 많이 들어 있는 화석연료를 에너지원으로 이용하였을때는 아황산가스가 많이 발생하게 된다.

따라서 아황산가스가 주범이 되는 런던형 스모그를 줄이기 위해서는 황성분이 전혀 없거나 적게 들어간 연료를 사용하여야 한다.

즉, **청정연료**(LNG, LPG 등)의 사용을 확대하고 연탄, 고유황연료의 사용을 줄여야 한다. 겨울철에는 특히 자동차의 매연에 섞여 발생하는 탄화수소의 질소산화물이 증가하여 광화학스모그의 발생 가능성이 높다. 그러므로 자동차의 배기가스를 줄이는데 신경써야 하며 가급적이면 함께 타기 운동, 가까운 거리는 걸어가거나 자전거타기, 대중교통수단 이용하기 등을 실천하여 환경보호에 앞장서야 한다.

16.5 대기오염으로 인한 지구환경 문제

(1) 산성비

빗물의 산도는 pH값으로 나타내는데 보통 pH가 5.6 이하인 빗물, 눈, 안개, 먼지 등을 총칭해서 산성강수물이라 부르며, 일반적으로 빗물의 pH가 5.6 이하의 산도를 가질 때 이를 **산성비**(acid rain)라고 한다.

산성비의 원인으로는 자동차에서 배출되는 질소산화물과 공장이나 발전소, 가정에서 사용하는 석탄, 석유 등의 연료가 연소되면서 나오는 황산화물이 대기 등에 있는 수증기나 다른 혼합물과 만나 황산이나 질산으로 변하기 때문이다. 즉, 산성비의 주요 원인 물질은 황산화물과 질소산화물이다. 산성비에 대기오염물질로 방출된 수은, 카드뮴 등의 중금속이 용해하면 독성은 크게 증가된다.

산성비는 그 자체의 낮은 pH 때문에 농작물 등의 식물과 물고기 등이 수중생물에 독성을 일으킬 뿐만 아니라 지층을 흘러내릴 때, 칼슘, 칼륨, 알루미늄 등의 광물질을 용해시켜 식물의 성장에 저하를 가져온다. 또한, 각종 구조물의 재료를 부식시켜 막대한 피해를 야기시키고 있다.

산성비 피해 중 가장 심각한 것은 토양 산성화이다. 토양이 산성화 되면 딱딱하게 굳고 식물성장에 필요한 토양 속 금속성분을 제거한다. 또 직접 식물의 잎에 묻게 되면 시들게 하고 플랑크톤이나 물고기가 자랄 수 없는 죽음의 호수를 만들기도 한다. 더욱이 석조건물이나 예술품을 훼손시키기도 한다.

산성비는 특히 국경을 넘어 다른 나라에까지 피해를 주는 대표적인 월경성(越境性) 대기오염 물질이다. 석탄 사용량이 많은 중국에서 발생한 대기오염이 산성비 형태로 우리나라나 일본에까지 영향을 주는 것이 그 예이다.

산성비에 의한 호수나 하천의 **산성화(acidification)를 방지하기 위하여** 석회 등의 알카리성 물질이 이용될 수 있지만, 산성비에 의한 광범위한 자연의 산성화를 인위적인 화학약품의 주입으로 방지한다는 것은 불가능하므로 **산성비의 원인이 되는 SO_2와 NO_x의 방출을 감소시키는 것이 최선의 방법이라 하겠다.**

(2) 구멍이 뚫리는 오존층

오존(O_3)은 3개의 산소원자로 구성된 단순분자로서 대기 중에 포함되어 있는 오존의 90%가 성층권에 있으며 10%가 대류권에 포함되어 있고, 특히 성층권내에서도 25 km 부근에 밀집되어 있어서 이층을 **오존층**이라 한다.

오존층은 대기 중에 있는 산소가 태양에서 나오는 자외선을 받아 화학작용을 일으켜 형성되며 생물의 중요한 세포분자를 파괴하는 짧은 파장의 자외선을 대부분 흡수, 차단하는 여과장치의 역할을 함으로써 생명체를 보호하고 지구의 온도를 적절히 조절해주는 중요한 기능을 하고 있다.

오존층을 파괴하는 물질로는 프레온 가스라 불리우는 염화불화탄소(CFO) 외에도 Halon, CCl_4, 1,1,1−TCE(1,1,1−trichloroethane) 등이며, 이것들은 대류권에서 거의 분해되지 않은 채 성층권에 도달하고 거기에서 태양으로부터 강한 자외선에 쪼이게 되어 분해된다. 여기서 염소원자 등을 방출하게 되는데 이것이 촉매가 되어 오존을 분해하는 반응이 연쇄적으로 발생하여 그 결과 오존층이 파괴되어 가는 것이다.

오존층이 파괴되면 지표면까지 도달하는 강한 자외선이 많아지므로 피부암 발생률이 증가하고, 백내장 등의 안질환을 유발시킬 수 있다. 더불어 식물의 성장이 둔화되고 곡물의 수확량이 감소되며 수중생물에도 해를 끼쳐 어획량도 줄어들게 된다.

프레온에 의한 오존파괴설은 1974년에 발표되었고, 1985년 3월과 1987년 9월에 '오존층 보호를 위한 비엔나 협약'과 '오존층 파괴물질에 관한 몬트리올 의정서'가 '국제환경계획(UNEP)'의 주도하에 각각 채택되었다. 그후 몬트리올 의정서는 몇 차례의 개정과 조정을 거쳤고 CFC는 96년 1월부터, Halone은 '94년 1월부터 생산 및 사용을 중지키로 하는 등, 전 세계적으로 오존층 파괴물질의 조기 전폐를 위한 규제일정을 강화해 나가고 있다.

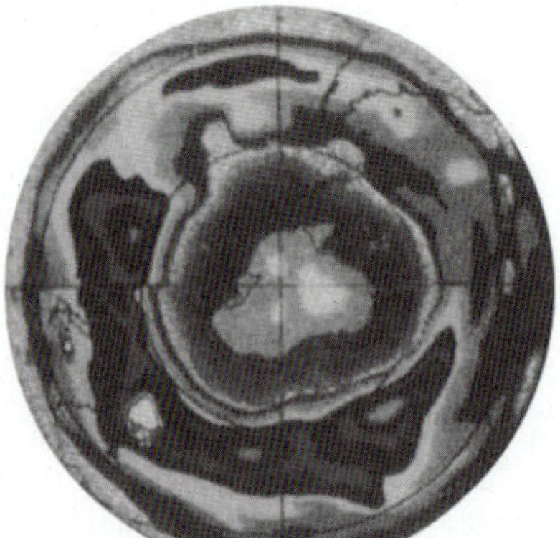

중앙의 하얀 부분이 오존층이 파괴되어 구멍이 뚫린 것이다.

그림 16.1 구멍이 뚫리는 오존층

(3) 지구의 온난화 현상

지구의 온난화란 대기 중에 이산화탄소(CO_2), 메탄(CH_4), 오존(O_3), 일산화이질소(N_2O), 수증기(H_2O) 등의 농도가 높아지면 온실효과에 의해 지구의 온도가 서서히 상승하는 것을 말한다.

이러한 현상은 집을 따뜻하게 하고 공장을 돌리는 에너지를 만들기 위해 석유나 석탄 등의 화석연료를 태울 때 발생하는 탄산가스가 가장 큰 영향을 미친다. 그림 16.2에서와 같이 대기권으로 배출된 탄산가스가 두텁게 막을 형성하여, 지표에 와 닿았다가 다시 대기권 밖으로 빠져 나가야 하는 태양의 복사열을 막고 있기 때문에 온도가 올라가는 현상이 생기게 된다.

지구 온난화에 가장 큰 영향을 주는 물질로는 석탄이나 석유같은 화석연료가 연소될 때 발생되는 CO_2가 50%에 이르며, 다음은 프레온이 20%를 차지하고 CH_4이 16%, 나머지가 O_3과 N_2O로 각각 8%와 6%의 순으로 나타나고 있다. 이러한 온실기체의 증가는 산업혁명 이후 석탄, 석유의 사용증가와 농업과 목축산업에서 배출된 CH_4, 그리고 과학문명의 산물인 냉장고, 에어콘 등에 사용되는 프레온 같은 인공합성물질이 대량으로 쓰이면서 급격히 증가하기 시작하였다.

지금처럼 지구의 기온이 계속 상승할 경우 극지방의 빙산이 녹아 2094년에는 바다의 수위가 최소 10 cm에서 최고 2 m까지 높아질 것으로 추정된다. 2 m까지 상승하면 낮은 곳에 있는 도시와 섬들이 침수화고, 농경지의 감소, 해안선의 변화 등이 일어나 수자원 관리에 많은 문제점이 발생하게 된다. 또한 미생물의 활동이 활발해짐에 따라 병충해의 피해가 크게 늘어나 농작물의 수확이 줄어들게 된다.

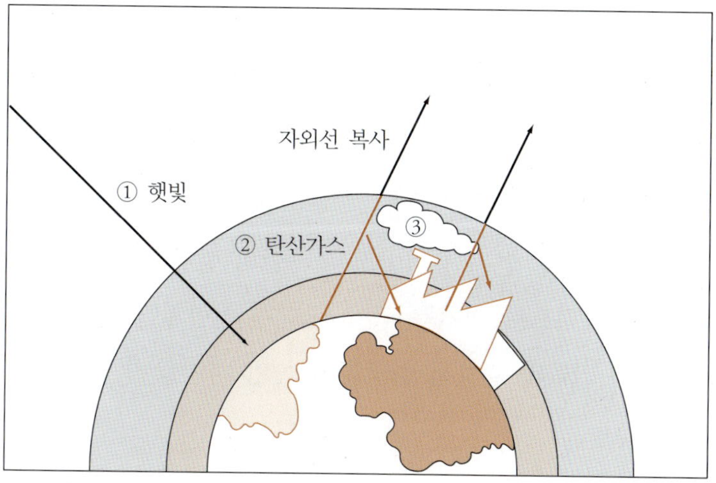

그림 16.2 **지구의 온난화 현상**

① 햇빛이 지표에 닿으면 적외선열 방출
② 대기 중 탄산가스가 열의 일부를 가두어 지구기온 유지
③ 탄산가스와 희석연료의 분출가스가 늘어나 열을 더 가두어 기온 상승

(4) 에너지 보존과 대체에너지

한정된 에너지 자원을 보존하는 첫 번째 길은 절약정신이라 할 수 있다. 우리는 지금까지 물과 전기를 아무런 의식도 없이 무한정 사용해 왔다. 그러나 불과 수십년 후면 우리의 후손들은 다시 원시시대로 돌아가야 할 형편에 놓일지도 모른다.

너나 할 것 없이 우리 모두가 에너지를 절약하고 재사용, 재활용해야 할 것이다. 두 번째는 조속한 시일 내에 대체에너지원을 개발해야 할 것이다. 선진국들은 제1차 석유위기 이후 대체에너지 개발과 실용화를 적극 추진해 왔으며, 최근에는 자원고갈에 대비하기 위해서 그리고 지구온난화 문제를 해결하기 위해서 대체 에너지 개발에 적극성을 보이고 있다. 또한 1992년 리우 환경회의 이후 화석연료에 대한 규제가 논의되고 있어 대체 에너지 개발에 더 많은 관심이 쏠리고 있다. 현재 중점적으로 연구되고 있는 대체에너지로는 수소를 연료화하는 일과 풍력과 조력, 지열 및 태양열을 이용하는 재생가능한 에너지 분야이다.

그리고 폐기물, 알코올 등을 이용한 바이오에너지, 연료전지 등이 신에너지원으로 연구되고 있다.

① 원자력에너지

원자력 발전소의 건설비용은 석유화력 발전소보다 약 2배 정도 비싸지만 전기를 생산하는데 드는 비용은 석유화력 발전소의 70%밖에 들지 않으며, 철저한 안전관리, 핵폐기물의 적정처리 등만 완벽하면 석유보다 훨씬 유리한 에너지자원이다.

② 태양에너지

태양에너지는 태양 내부의 수소원자 핵융합반응에 의해 생성되는데 한 시간 동안 지구에 비춰지는 양만해도 인류가 1년 동안 사용하는 에너지의 5배나 된다고 한다.

③ 풍력과 조력

바람의 힘을 이용하여 전기를 얻는 풍력발전은 바람의 방향과 속도가 시간에 따라 변하기 때문에 이를 조정하여 연속적으로 전기를 얻어 내기가 어렵지만 선진국에서는 거의 실용화 단계에 있다. 조력발전은 밀물과 썰물시 바닷물의 높이 차이를 발전에 이용하는 것이다. 원리는 수력발전과 같다.

④ 지열

땅 속 온도는 수백 도에서 수천 도까지 된다. 이 높은 지열로 더워진 지하수가 온천에서 사용하는 온천물이다. 요즈음에는 이런 지열을 이용하여 발전을 하는 기술이 개발되어 실용화되고 있다.

⑤ 바이오 매스

폐기물을 매립하면서 생기는 메탄가스, 식물을 발효시켜 얻는 알코올을 이용하여 만드는 에너지를 '바이오매스 에너지'라고 한다. 이 에너지는 자원의 효율적인 이용 측면에서 매우 유용하다.

⑥ 수소 에너지

수소에너지는 물을 분해할 때 만들어진 수소를 연료로 하여 만들어지는 동력이나 전기에너지를 말한다.

수소에너지는 태울 때 열을 내면서 물을 생성하기 때문에 환경을 오염시키는 물질이 생겨나지 않으며 물을 이용하여 얼마든지 생산할 수 있는 장점이 있다.

16.6 황사현상

우리나라에서 봄철이 되면 중국에서 날아오는 직경 0.002~0.05 mm의 미세 모래먼지와 중금속까지 섞여서 편서풍을 타고 이동하여 우리나라의 대기를 오염시킨다. 이를 **황사현상**(黃砂現象)이라 한다.

황사현상이 심할 때는 하늘이 황갈색으로 보이며 태양이 광채를 잃어 시계가 매우 나빠진다.

황사현상의 발생원인은 화북지방에서 발생하는 흙먼지인데 저기압으로 발생된 강풍이다.

이 저기압은 주로 봄철이면 3~4회 발생되는데 고비사막, 디클라마칸사막, 황화유역에서 주로 발생하여 우리 나라와 일본으로 날아와 매년 피해를 입고 있다.

황사의 화학적 성분은 규산, 알루미나(alumina), 석회분, 알카리가 포함되어 있다.

황사현상이 있을 때는 황사가 알칼리성을 함유하고 있기 때문에 비(rain)의 산도(酸度)는 급격히 떨어진다.

황사현상이 발생할 때는 눈병, 기관지염, 천식, 기타 알러지 등 인체에 피해를 입을 수 있으므로 노약자와 어린이들은 외출을 삼가고 외출한 후에는 노출부위를 깨끗이 씻도록 하여야 한다. 또 농작물의 생육에 지장을 주며, 자동차 엔진이나 전자제품도 수명을 단축시킨다.

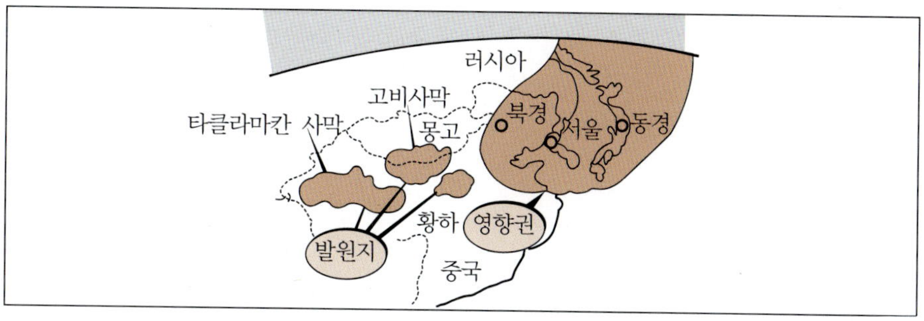

그림 16.3 **황사의 발원지 및 영향권**

연습문제

16.1 대기오염물질을 성상에 따라 가스상태의 오염물과 입자상태의 오염물로 분류한다. 예를 들어 간략히 설명하여라.

16.2 광화학 스모그의 3대 기인요소는 무엇인가?

16.3 광화학 스모그 현상에 대하여 간략히 설명하여라.

16.4 오염물질 가운데 NO_x 등이 대기 속에서 자외선과 탄화수소의 촉매로 광화학 반응을 일으켜 생성되는 광화학 산화물의 종류를 열거하여라.

16.5 지구의 온난화 방지책과 산성비가 내리지 않게 하려면?

16.6 황사현상이 발생할 때 유의할 사항은?

16.7 다음 각 항을 간략히 설명하여라.

(1) 황산화물(SO_x)

(2) 질소산화물(NO_x)

(3) 산성비(acid rain)

(4) 지구 온난화

제 17 장 탄소 화합물

C를 기본골격으로 하여 H, O, N, S, F, P, **할로젠** 등이 결합되어 만들어진 물질로, 과거에는 유기체 내에서만 만들어 진다고 생각하여 유기화합물(organic compound)이라고 하였다.

그런데 이와같은 개념에 수정이 가해진 것은 독일의 화학자 뵈엘러 Wöhler, F(1828)는 무기물질인 NH_4CNO을, 유기물질로 알려진 $(NH_2)_2CO$(요소)로 전환시킬 수 있다는 것을 발견함으로써, 생명력에 의해서만 합성하게 된다고 믿었던 유기화합물이 인공적으로 합성될 수 있다는 새로운 사실을 발견하게 되었다.

$$2KCNO + (NH_4)_2SO_4 \xrightarrow[\uparrow]{\text{농축}} K_2SO_4 + 2NH_4CNO$$

$$NH_4CNO \xrightarrow[\uparrow]{} \underset{\text{urea}}{(NH_2)_2CO}$$

그리하여 오늘날에는 유기화합물인 $(NH_2)_2CO$를 만든 후부터 유기화합물이라는 의미가 없어져 탄소 화합물로 부르게 되었다. 예외로 CO, CO_2, CS_2, −CN, CaC_2, Sic, $>CO_3$ 등은 C가 함유되어 있어도 무기화합물로 분류된다.

17.1 탄소 화합물의 구조와 분류

사슬 모양 화합물은 탄소 원자가 사슬(chain) 모양으로 결합하는 형식이며, 고리 모양 화합물은 탄소 원자가 고리(ring) 모양으로 된 형식을 말한다.

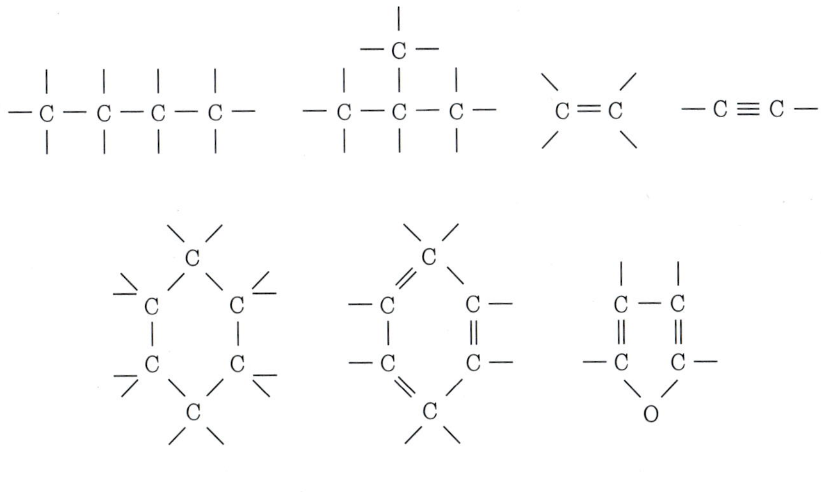

유기화합물의 구조식을 그리는 것은 다소 불편하고 시간낭비이다. 그래서 유기화학자들은 그 과정을 짧게 또는 축소시키는 방법을 제시하였다.

예를 들면,

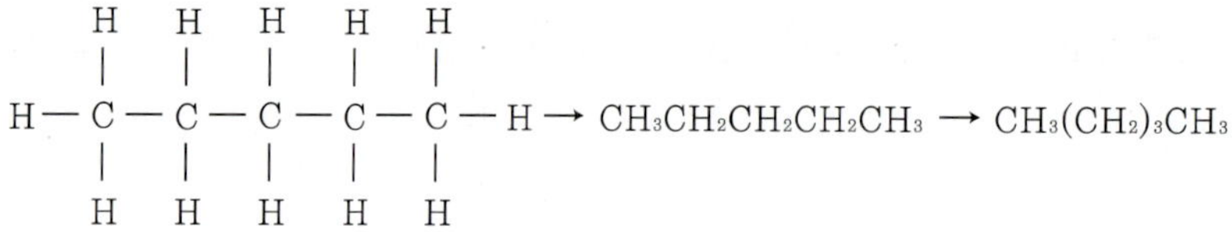

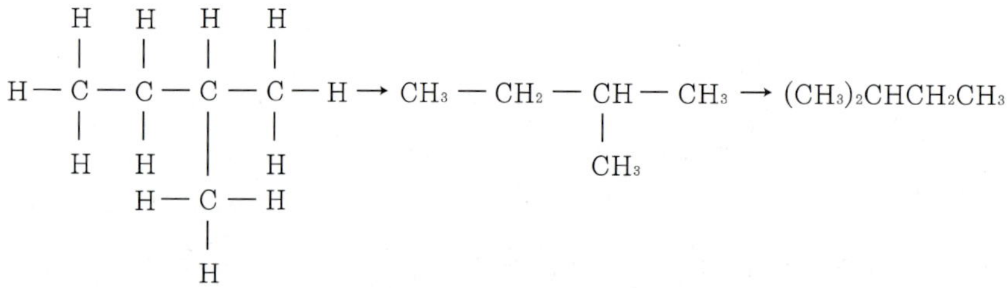

또는 분자의 일부분만을 그리고 나머지 부분은 짧게 표시하거나 R이라는 문자로 표시한다.

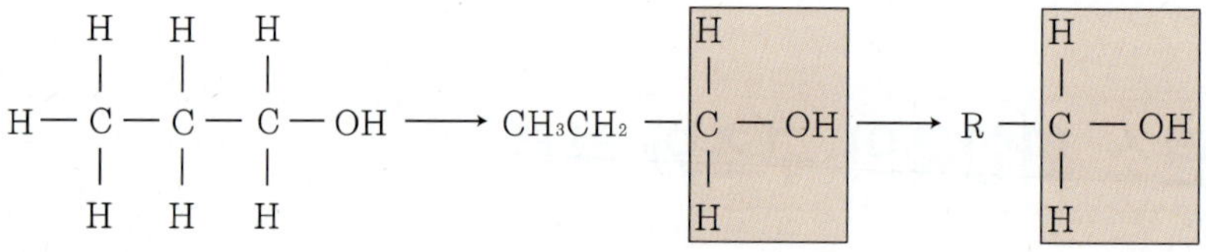

탄소화합물의 골격구조에 의해 분류하면 다음과 같다.

(1) 사슬화합물(쇄상화합물 : chain compound) 또는 지방족화합물(aliphatic compound)

① 포화 탄화수소(saturated compound)

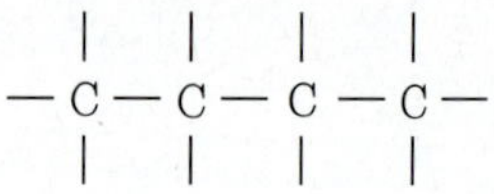 Alkane

② 불포와 탄화수소(unsaturated compound)

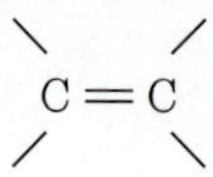 Alkene

 Alkyne

(2) 고리화합물(환상화합물 : cyclic compound)

① 탄소고리화합물(cyclic compound)

a) 지환족화합물(alicyclic compound)

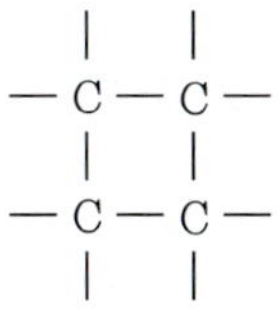

Cycloalkane

b) 방향족화합물(aromatic compound)

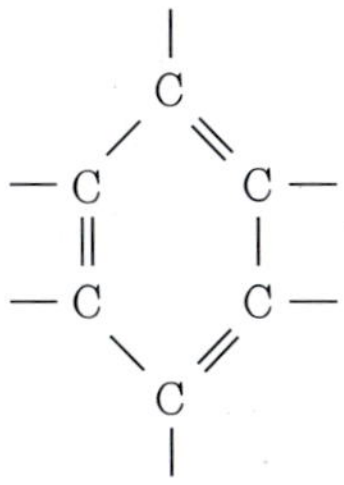

Benzene

② 이원소고리화합물(헤테로고리화합물 : heterocyclic compound)

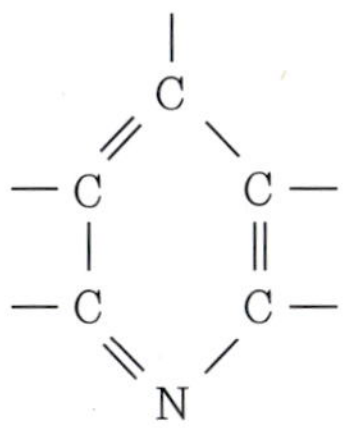

Pyridine

탄화수소의 조성과 성질에 따라 분류하면 다음과 같다.

- 탄화수소
  - 포화 탄화수소
    - 사슬모양(alkane 또는 paraffin)
    - 고리모양(cyclo alkane 또는 cyclo paraffin)
  - 불포화 탄화수소
    - Alkene(olefin계)
    - Alkyne(acethylene계)
    - Diene(diolefin계)
  - 방향족 탄화수소

원자단은 각각 특성이 있고, 그 특성에 의하여 유기화합물의 성질이 결정된다. 유기화합물에서 이와 같은 원자단은 관능기라 하며 관능기에 의하여 분류하면 다음과 같다.

표 17.1 중요한 관능기에 의한 탄소화합물의 분류

관능기	구 조	일반명	화합물의 예	시성식
수산기	$-O-H$	알코올 페놀류	메탄올 페놀	CH_3OH C_6H_5OH
카보닐기	$>C=O$	케톤	아세톤	CH_3COCH_3
폼일기	$-C(-H)=O$	알데하이드	아세트알데하이드	CH_3CHO
에스터	$-C(=O)-O-$	에스터	초산에틸	$CH_3COOC_2H_5$
에터결합	$-O-$	에터	메틸에터	CH_3OCH_3
카복실기	$-C(=O)-O-H$	카복실산	아세트산	CH_3COOH
나이트로	$-NO_2$	나이트로화합물	나이트로벤젠	$C_6H_5NO_2$
아미노기	$-N(-H)-H$	아닐린	아닐린	$C_6H_5NH_2$

17.2 탄소 화합물의 이성질체

① 구조 이성질체

탄소 화합물의 분자에서 탄소원자의 배열순서나 구조의 차이로 인하여 생기는 이성질체 현상을 보자.

알케인(C_nH_{2n+2})에 있어서, 프로페인(C_3H_8)까지는 한 분자식에 대하여 한 가지 구조식 밖에 없지만, 뷰테인(C_4H_{10})에서는 다음과 같이 두 가지 구조식이 가능하다.

$$CH_3-CH_2-CH_2-CH_3 \qquad CH_3-\underset{\displaystyle CH_3}{\underset{|}{CH}}-CH_3$$

n-부탄(b.p. -0.5℃)　　iso-부탄(b.p. -11.7℃)

또, 펜테인(C_5H_{12})의 경우에도 다음과 같은 세 가지 구조식이 가능함을 알 수 있다.

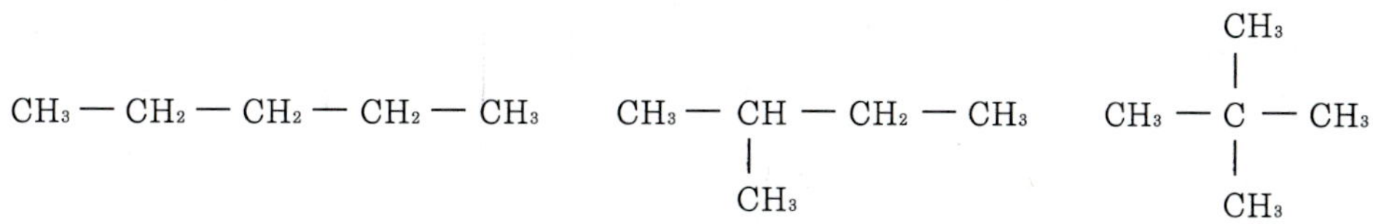

n-펜탄 (b.p. 36℃) iso-펜탄 (b.p. 27.9℃) neo-펜탄 (b.p. 9.5℃)

한편, 프로페인의 H 1개를 Cl로 바뀐 화합물의 구조식에는 다음과 같은 두 가지가 있다.

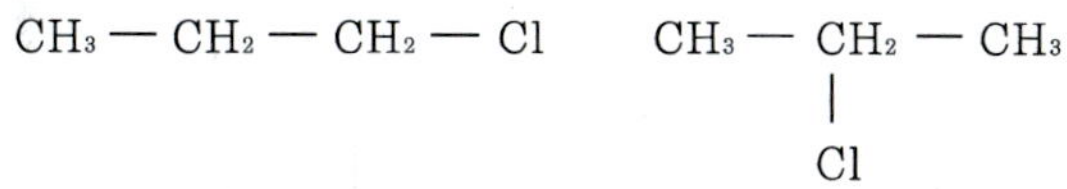

1-클로로프로판 2-클로로프로판

이와 같이, 분자식은 같으나 원자의 배열 순서나 구조의 차이로 생기는 이성질체를 **구조 이성질체**(constitutional isomer)라고 한다. C_2H_6O에 존재하는 두 가지의 구조, 즉 다이메틸에테(CH_3OCH_3)와 에탄올(CH_3CH_2OH)도 서로 구조 이성질체이다.

또, 벤젠(C_6H_6)의 H 2개가 다른 치환기(X)로 치환된 $C_6H_4X_2$에 존재하는 세 가지의 이성질체(*o*−, *m*−, *p*−)도 구조 이성질체이다.

② 기하 이성질체

에틸렌($CH_2=CH_2$) 분자 중의 각 탄소원자에 결합되어 있는 수소 원자 1개씩이 염소로 치환된 1,2−다이클로로 에틸렌(CHCl=CHCl)의 분자구조는 그림 17.1과 같은 두 가지 구조가 가능하다.

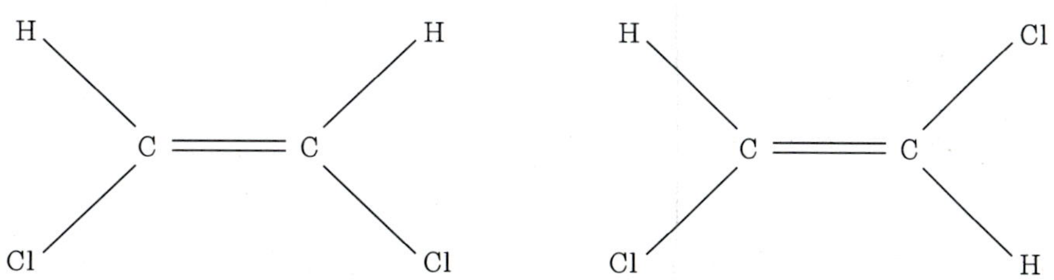

(a) 시스−1,2−다이클로로에틸렌 (b.p. 60℃)

(b) 트랜스−1,2−다이클로로에틸렌 (b.p. 48℃)

그림 17.1 **1,2−다이클로로에틸렌의 기하 이성질체**

즉, CHCl=CHCl은 탄소-탄소 원자 사이에 이중 결합을 가지고 있고, 6개의 원자가 같은 평면에 존재하므로 2개의 염소 원자가 이중 결합 축을 경계로 하여 같은 방향에 있는 구조(그림 17.1(a))와 반대 방향에 있는 구조(그림 17.1(b))의 두 종류의 구조식이 존재한다.

(a)와 같은 구조를 시스(cis)형, (b)와 같은 구조를 트랜스(trans)형이라고 한다. 이처럼, 입체 배지가 다른 이성질체를 **기하 이성질체**(geometrical isomer)라고 한다.

1,2-다이클로로에틸렌의 시스형과 트렌스형의 이성질체는 끓는점이 다르므로 증류에 의하여 분리할 수 있다.

기하 이성질체에는 탄소-탄소 이중 결합을 가진 화합물에서 볼 수 있는 시스형과 트랜스형 이외에 사이클로헥세인(C_6H_{12})에 존재하는 의자 모양과 배 모양도 있다.

즉, 사이클로헥세인은 6개의 탄소가 고리 모양으로 결합되어 육각형을 이루고 있는데, 평면으로 생각하면 탄소의 결합각이 120°가 되어 불안정하다. 따라서, 메테인의 경우처럼 탄소의 결합각이 109.5°가 되어 안정한 구조를 가지기 위해서는 평면이 아니고 입체 구조가 그림 17.2(b)처럼 의자 모양이나 배 모양으로 되어야 한다.

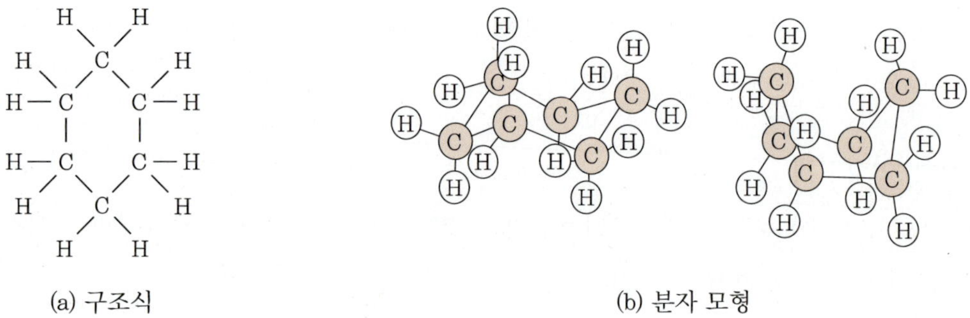

그림 17.2 **사이클로헥세인의 구조식과 분자 모형**

③ 광학 이성질체

메테인에 있는 탄소원자에 4개의 서로 다른 원자나 원자단이 결합되어 있는 입체구조, 즉 비태칭 탄소(asymmetric carbon)를 가진 구조에는 어떤 이성질현상이 있는가를 보자.

락트산($CH_3CH(OH)COOH$)은 메탄의 수소 원자 3개가 각각 카복실기, 수산기 및 메틸기로 치환되어 있어서, 중심 탄소가 곧 비대칭 탄소이고, 이와 같은 비대칭 탄소가 있는 화합물은 그림 17.3과 같은 실물과 그의 거울에 비친 상 관계에 있는 구조를 가진 것과의 두 가지 구조(또는 왼손과 오른손의 관계)가 있을 수 있다. 이런 관계에 있는 대장체는 어느 하나를 아무리 돌려 보아도 다른 하나와 일치되지 않는다.

이와 같은 대장체에 해당하는 두 락트산을 각 d-락트산과 l-락트산이라고 하는데, 이들은 물리적 및 화학적 성질이 같은 화합물로서 서로 구별이 되지 않는다.

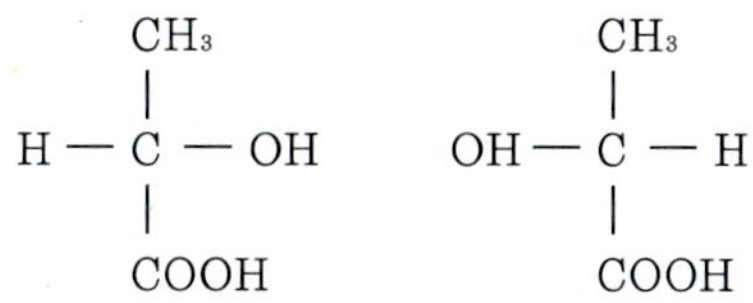

d-락트산 l-락트산

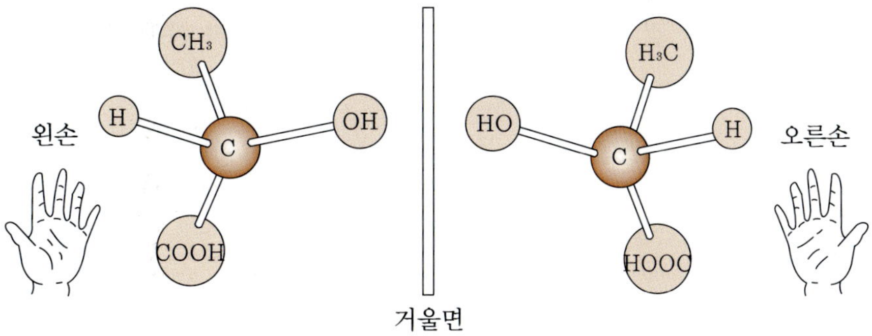

그림 17.3 **락트산의 광학 이성질체**

그러나 그림 17.4에 있는 편광판 사이에 이와 같은 화합물이 존재하면 편광의 진동면을 회전시키는 데, 이 때 그 화합물은 선광성을 가졌다고 말한다.

이때, 빛을 밝게 얻으려면 제 2의 편광판을 오른쪽 또는 왼쪽으로 돌려야 되는 데, 이와 같이 편광의 진동면을 오른쪽으로 회전시키는 이성질체를 우회전성(d형, dextro)이라 하고, 왼쪽으로 회전시키는 이성질체를 좌회전성(l형, laevo)이라고 한다. 또, d형 이성질체와 l형 이성질체를 같은 양으로 혼합해 놓으면 선광성이 없어지는 데, 이를 **라세미 혼합물**(racemic mixture)이라고 한다.

이와 같이, 비대칭 탄소가 존재하는 화합물이 편광에 대해 다른 성질을 갖는 것을 광학 활성이라고 하며, 이러한 이성질체를 **광학 이성질체**(optical isomer)라고 한다.

문제 17.1 **뷰테인(C_4H_8)에 있는 4종류의 이성질체의 구조식을 써라.**

17.3 탄화수소

(1) 알케인

Alkane은 파라핀계 탄화수소라고도 불리며 탄소와 탄소 사이의 결합은 단중결합이므로 포화 탄화수소라고도 한다.

알케인의 일반식은 C_nH_{2n+2}이며 탄소가 한 개인 경우 메테인(CH_4)이므로 메테인계 탄화수소라고도 한다. 알케인은 석유의 성분인 탄화수소로서 연료 등으로서도 가장 중요한 탄화수소이다. 알케인의 성질은 표 17.2에 나타내었다.

탄소수가 많은 것에서는 곁가지가 달린 모양의 것이 여러 가지 존재한다. 뷰테인에는 2개의 구조 이성질체가 존재하지만 분자 내의 탄소수가 증가하면 이성질체수도 증가한다.

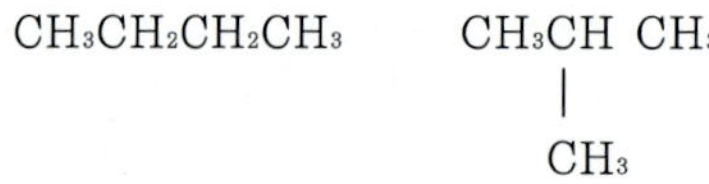

n-butane　　iso-butane

분자식은 같아도 구조가 다르면 그 성질도 다소 차이가 있다. 노멀 뷰테인의 끓는점은 −0.5℃이지만 아이소뷰테인은 −11.7℃이다.

가솔린의 주 성분인 octane은 18개의 구조 이성질체가 존재한다. 이 중 2, 2, 4-트라이메틸펜테인의 구조를 갖는 아이소 옥테인은 자동차 엔진 속에서 매우 잘 연소하며, 가솔린의 옥테인가 측정에 표준으로 사용된다.

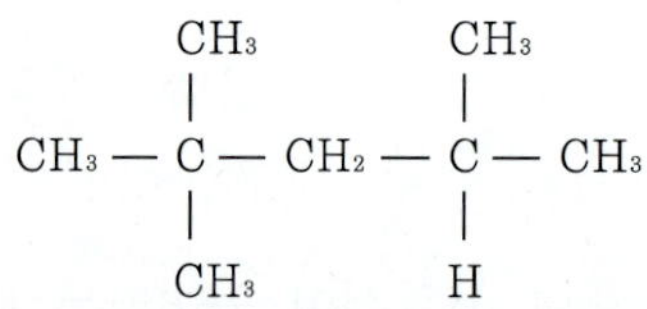

2,2,4-Trimethyl pentane

단중결합을 하는 알칸의 주요한 반응은 산화반응과 첨가반응이다.

예를 들면,

산화반응 : $CH_4 + 2O_2 \rightarrow CO_2 + 2H_2O$

첨가반응 : $CH_4 + HNO_3 \rightarrow CH_3NO_2 + H_2O$

$CH_4 + Cl_2 \xrightarrow{빛} CH_3Cl + HCl$

표 17.2 알케인의 성질

Alkane	분 자 식	용융점(℃)	비등점(℃)	이성질체수
methane	CH_4	−183	−162	1
ethane	C_2H_6	−172	−89	1
propane	C_3H_8	−188	−42	1
n−butane	n−C_4H_{10}	−135	−0.5	2
n−pentane	n−C_5H_{12}	−130	36	3
n−hexane	n−C_6H_{14}	−95	69	5
n−heptane	n−C_7H_{16}	−91	98	9
n−octane	n−C_8H_{18}	−57	126	18
n−nonane	n−C_9H_{20}	−54	151	36
n−decane	n−$C_{10}H_{22}$	−30	174	75

사이클로 알케인(cycloalkane) :

일반식은 C_2H_{2n}이다. 탄소고리의 크기는 여러 가지가 있는데 천연물에 존재하는 것은 대개 C_5 또는 C_6의 고리를 가지는 것들이다.

가장 작은 고리는 C_3인 사이클로프로페인이며 C원자 30개 이상을 가진 큰 고리의 것도 알려져 있다.

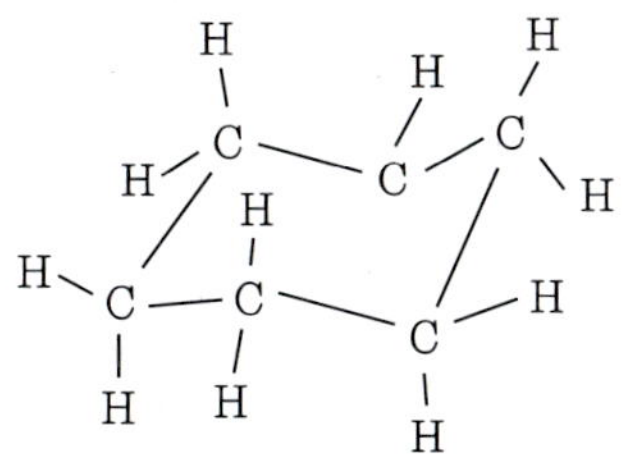
chair form

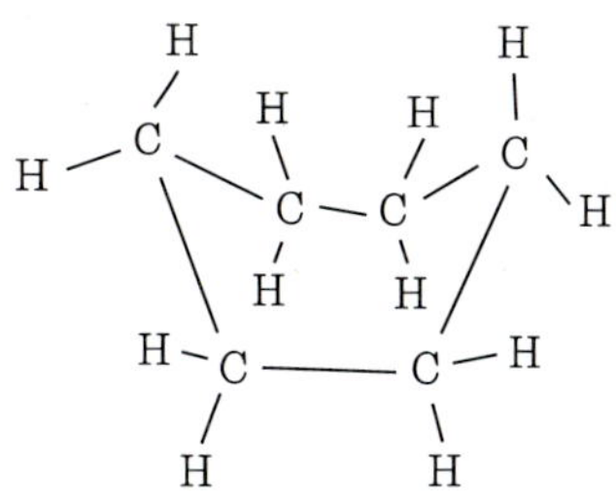
boat form

그림 17.4 사이클로헥세인의 구조

(2) 알켄

Alkene은 올레핀 탄화수소라고도 불리며 분자 속에 한 개 또는 그 이상의 탄소의 이중결합을 가지며 알케인에 비해 수소가 부족하기 때문에 불포화 탄화수소라고도 한다.

일반식은 C_nH_{2n}이며 가장 간단한 것은 n = 2일 때, 에틸렌(C_2H_4)이므로 에틸렌계 탄화수소라고도 한다. 알켄의 구조와 성질은 표 17.3에 나타내었다.

표 17.3 알켄의 성질

Alkene	구조식	용융점(℃)	비등점(℃)
ethene	$CH_2 = CH_2$	−169	−104
propene	$CH_3CH = CH_2$	−185	−48
1−butene	$CH_3CH_2CH = CH_2$	−185	−6
1−pentene	$CH_3(CH_2)_2CH = CH_2$	−165	30
cyclohexene		−104	83

에틸렌과 프로필렌은 이성실체를 갖지 않으나 뷰텐에는 이중결합의 위치에 따라 CH_2=$CHCH_2CH_3$와 CH_3CH=$CHCH_3$의 이성질체가 생기게 되는 데 배열상태에 따라 기하 이성질체라고 불리는 새로운 형태가 존재한다.

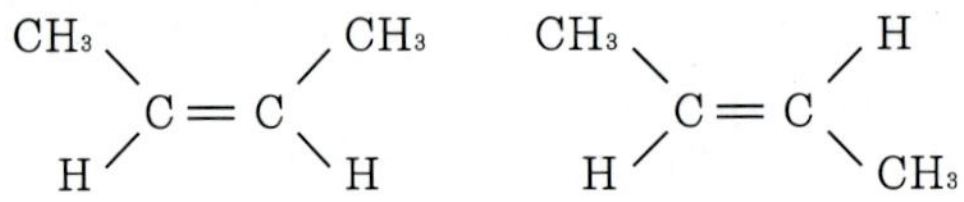

cis−2−butene　　trans−2−butene

이와 같은 이성질체에서 기(基) 또는 원자가 같은 쪽에 있는 경우 cis 화합물 반대쪽에 있는 경우를 trans 화합물이라고 한다.

알켄류의 화학적 성질은 산화반응, 부가반응, 치환반응, 중합반응 등이 일어나기 쉽다.

산화반응 :

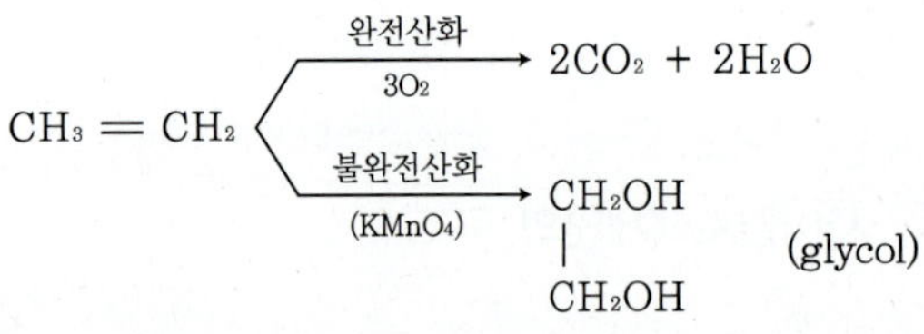

부가반응 :

$$CH_2 = CH_2 + H_2 \rightarrow CH_3 - CH_3$$

$$CH_2 = CH_2 + HCl \rightarrow CH_3CH_2Cl$$

치환반응 :

$$CH_2 = CH_2 \xrightarrow[400℃]{Cl_2} \underset{\text{(염화바이닐)}}{CH_2 = CHCl} + HCl$$

중합반응 :

$$nCH_2 = CH_2 \xrightarrow[2,000\text{기압}]{500℃} \underset{\text{(폴리에틸렌)}}{\left(CH_2 - CH_2 \right)_n}$$

(3) 알카인

Alkyne은 탄소원자 사이에 3중결합을 가지며 일반식은 C_nH_{2n-2}이다.

알켄과 마찬가지로 불포화 탄화수소이며 가장 간단한 것은 n=2일 때 아세틸렌(C_2H_2)이므로 아세틸렌계 탄화수소라고도 한다. 알카인류는 기하 이성질체가 존재하지 않는다.

저급화합물인 아세틸렌은 카바이트에 물을 가해서 만든다.

$$CaCO_3 \xrightarrow[\text{가열}]{} CaO + CO_2$$

$$3C + CaO \xrightarrow[2,500℃]{} \underset{\text{(카바이트)}}{CaC_2} + CO$$

$$CaC_2 + 2H_2O \rightarrow \underset{\text{(아세틸렌)}}{HC \equiv CH} + Ca(OH)_2$$

공업적으로는 메테인을 열분해하여 만든다.

$$2CH_4 \xrightarrow[1,500℃]{} HC \equiv CH + 3H_2$$

아세틸렌에는 할로젠, 염화수소, 물, 아세트산 등 여러 가지의 물질이 첨가 된다.

할로젠 첨가 :

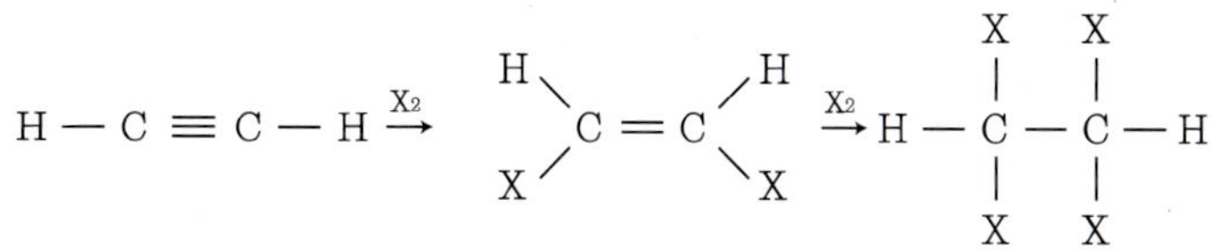

염화수소 첨가 :

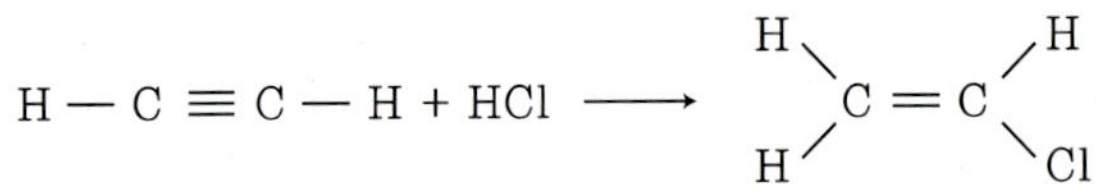

(염화바이닐)

물의 첨가 :

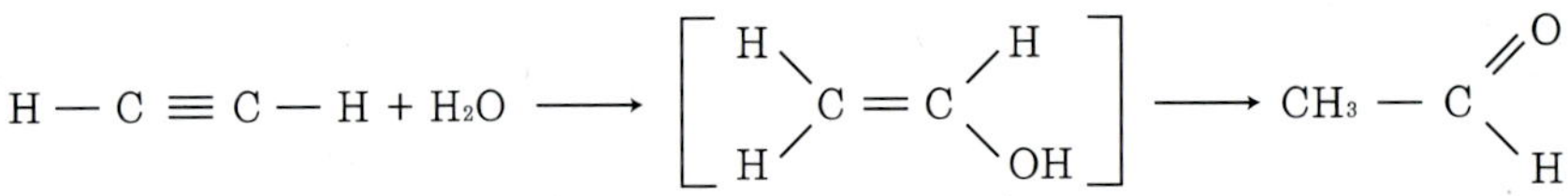

(바이닐알코올) 아세트알데히드

아세트산의 첨가 :

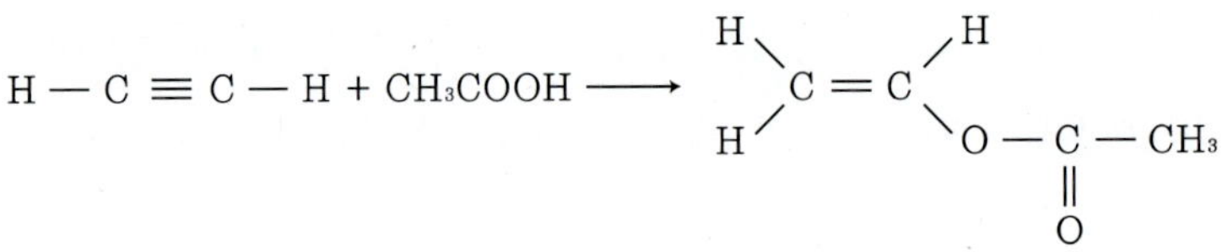

아세트산바이닐

염화바이닐 및 아세트산바이닐을 첨가 중합시키면 P.V.C와 합성섬유인 바이닐론을 만들 수 있다.

문제 17.2 **핵세인(hexane)의 완전한 산화(연소)를 위한 화학방정식을 써라.**

문제 17.3 **다음 반응에서 생성되는 물질을 써라.**

$$H-C\equiv C-H+H_2O \xrightarrow{\text{첨가반응}}$$

17.4 산소를 포함한 탄소화합물

(1) 알코올

알코올류는 알킬기에 수산기(−OH)가 결합한 화합물이며, 일반식은 $C_nH_{2n+1}\cdot OH$이다. 알코올은 −OH의 수에 따라 1가 알코올, 2가 알코올, 3가 알코올이라 하고, −OH의 수가 2개 이상인 것을 다가 알코올이라고 한다.

알코올의 구조와 성질은 표 17.4에 나타내었다.

$CH_3CH_2 - OH$

에틸알코올

$CH_2 - OH$
|
$CH_2 - OH$

에틸렌글라이콜

$CH_2 - OH$
|
$CH - OH$
|
$CH_2 - OH$

글리세린(글리세롤)

표 17.4 1가 알코올의 성질

구조식	국제명	관용명	용융점(℃)	비등점(℃)
CH_3OH	methnaol	methyl alcohol	−97	65
C_2H_5OH	ethanol	ethyl alcohol	−114	78
$CH_3(CH_2)_2OH$	1−propanol	n−propyl alcohol	−126	97
$(CH_3)_2CHOH$	2−propanol	iso−propyl alcohol	−89	82
$CH_3(CH_2)_3OH$	1−butanol	n−butyl alcohol	−90	118
$CH_3CH_2CH(CH_3)OH$	2−butanol	sec− butyl alcohol	−115	100
$(CH_3)_2CHCH_2OH$	2−methyl−1−propanol	iso−butyl alcohol	−108	108
$(CH_3)_3COH$	2−methyl−2−propanol	t−butyl alcohol	26	83

알코올은 분자 내에 −OH기의 위치에 따라 세 가지로 분류할 수 있다.

1차(primary) 알코올 :

$$R - CH_2 - OH \rightarrow CH_3CH_2CH_2CH_2OH \text{ (1−butanol)}$$

2차(secondary) 알코올 :

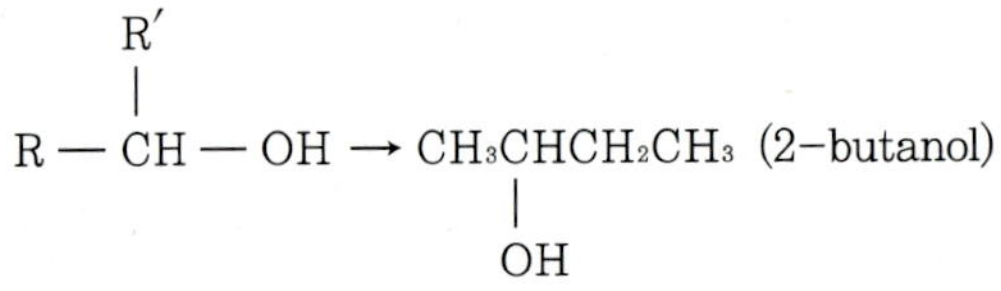

3차(tertiary) 알코올 :

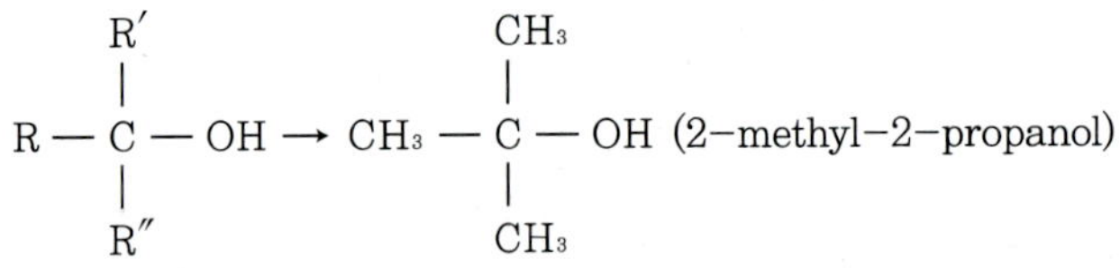

알코올은 화학반응에 있어서 용매나 중간체로서 매우 중요하다. 벤젠핵에 수소원자가 −OH기로 치환된 것을 페놀(C_6H_5OH, 석탄산)이라고 하며 방부제로 이용되며 의약품, 플라스틱 및 염료공업에 많이 사용된다.

(2) 에테

2개의 알킬기에 1개의 산소원자와 결합한 것을 에터(ether)라고 하며 일반식은 R−O−R′이다.

간단한 에터는 산소가 결합한 알킬기를 쓰는 관용명이 많이 사용된다.

예를 들어,

CH_3OCH_3 dimethyl ether이고

$CH_3OC_2H_5$ ethyl methyl ether이다.

일반적으로 에터라고 불리는 것은 $C_2H_5OC_2H_5$이다. 에터는 무색의 휘발성 액체로서 인화되기 쉽고 위험성이 많은 약품이며 용매, 마취제로서 사용한다.

(3) 알데하이드와 케톤

알데하이드와 케톤의 두 계열 화합물들은 카보닐기(carbonyl, >C = O)를 가진다.

알데하이드의 일반식은 R·CHO이고 케톤은 RCOR′이다.

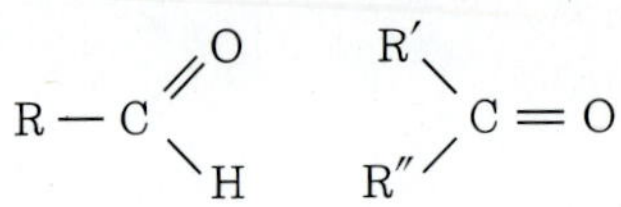

알데하이드 케톤

① 알데하이드

포름알데하이드(HCHO) :

공업적으로는 메탄올의 증기를 300℃에서 구리분말 위에서 공기로 산화시켜 얻는다.

$$CH_3OH \xrightarrow{(O)} HCHO + H_2O$$

자극성이 있는 무색기체로 물에 잘 녹으며 40% 수용액을 **폼아린**(formaline)이라 한다. 포름알데하이드는 살균, 소독제, 페놀수지, 요소수지의 원료로 사용한다.

아세트알데하이드(CH_3CHO) :

에탄올을 산화하면 아세트알데하이드가 얻어지고 산화하면 아세트산이 된다. 공업적 에틸렌으로부터 제조한다.

$$CH_3CH_2OH \xrightarrow{(O)} CH_3CHO + H_2O$$

$$CH_2 = CH_2 + \frac{1}{2}O_2 \rightarrow CH_3CHO$$

자극성이 있는 무색의 휘발성 액체로 물에 잘 녹으며, 초산, 에탄올 또는 유기화합물은 만드는데 사용한다.

$$CH_3CH_2OH \xleftarrow[Ni]{(H_2)} \boxed{CH_3CHO} \xrightarrow{(O)} CH_3COOH$$

② 케톤

아세톤 CH_3COCH_3(bp 56℃) : 2차 알코올을 산화시켜 얻는다.

$$\underset{\displaystyle\underset{OH}{|}}{CH_3CHCH_3} \xrightarrow[(-H_2)]{\text{산화}} CH_3COCH_3$$

아세톤은 방향이 있는 액체로서 물에 잘 녹으며, 많은 탄소화합물을 녹이기 때문에 용매로서 널리 사용된다.

(4) 카복실산과 에스터

① 카복실산

카복실기 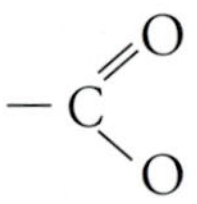 를 갖는 화합물을 **카복실산**(carboxylic acid)이라 한다.

지방족 탄화수소의 수소원자 1개가 카복실기로 치환한 것을 지방족 카복실산이라 하며, 방향족 탄화수소의 경우를 방향족 카복실산이라 한다.

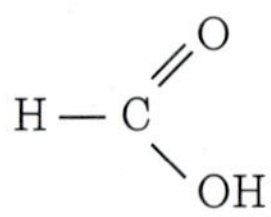

포름산(개미산)

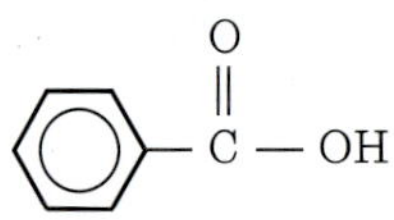

벤조산

표 17.5 여러 가지의 카복실산

카복실산	구 조	용융점(℃)	비등점(℃)
Formic acid	$HCOOH$	8	101
Acetic acid	CH_3COOH	17	118
Propionic acid	C_2H_5COOH	−22	141
Butyric acid	C_3H_7COOH	−6	164

개미산(formic acid) :

메탄올이나 포름알데하이드를 $K_2Cr_2O_7$과 H_2SO_4의 혼합용액을 떨어뜨려 산화하여 얻을 수 있다.

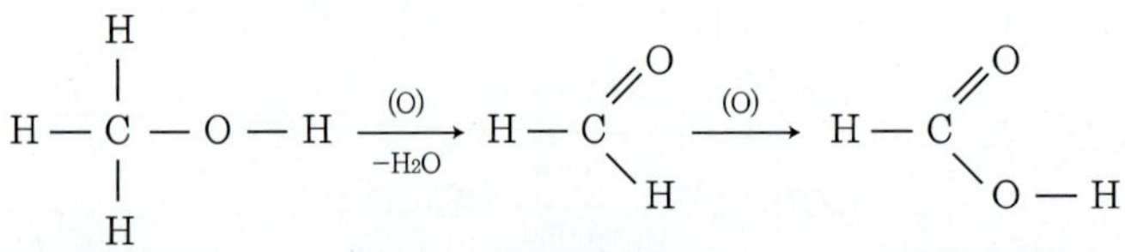

자극성 냄새를 가진 무색의 액체로서 물에 잘 녹고, 약한 산성을 나타낸다.
알데하이드(−CHO)기를 가지고 있기 때문에 강한 환원성을 가지고 있다.

아세트산(acetic acid) :

아세트산은 에탄올의 발효에 의해서도 생성된다. 그러나 일반적으로 아세틸렌이나 에틸렌으로부터 아세트알데하이드를 거쳐서 만든다.

$$CH_3CH_2OH \xrightarrow{(O)} CH_3CHO \xrightarrow{(O)} CH_3COOH$$

$$HC \equiv CH \xrightarrow{H_2O} CH_3CHO \xrightarrow{(O)} CH_3COOH$$

초산의 3~5% 수용액을 **식초**라고 하며, 무색의 자극성 액체이며 수분이 적은 것은 16.5℃ 이하에서 얼기 때문에 **빙초산**이라 한다. 식품이나 유기합성 원료로서 극히 중요한 유기산이다.

무수초산(acetic anhydride) :

초산과 오산화인을 혼합하여 가열 증류하면, 초산 2분자에서 물 1분자를 잃고 무수초산을 얻는다. 무수초산은 아세틸화에 이용된다.

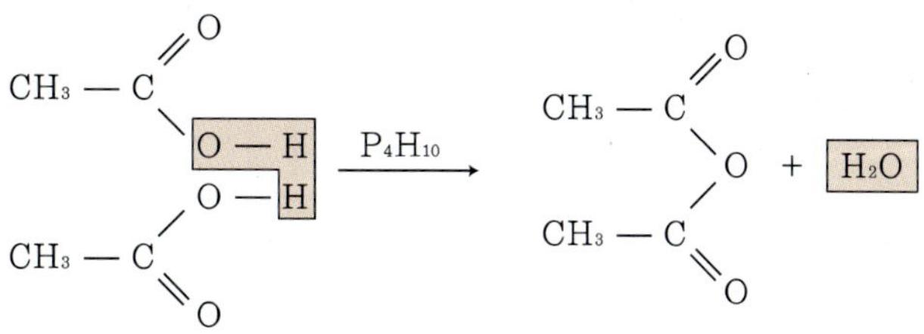

무수초산

② 에스터

카복실산으로부터 유래된 화합물 중 가장 중요한 것은 에스터(ester)류이다. 이것은 분자 내에 ester 작용기를 가진다.

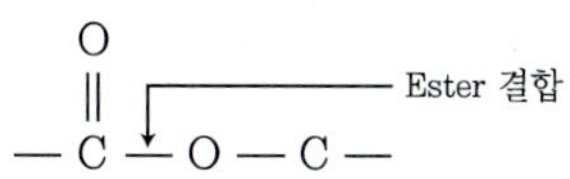

Ester functional group

에스터류가 지닌 향기는 우리와 친숙한 꽃내음과 과일 맛의 원천이다.

(표 17.6). 에스터류는 산촉매제의 존재 하에 알코올과 카복실산의 반응에 의해 생성된다. 이 반응을 **에스터화**(esterification)라고 한다. 에스터화는 카복실산 분자와 알코올 분자로부터 물분자를 제거함으로써 이루어진다.

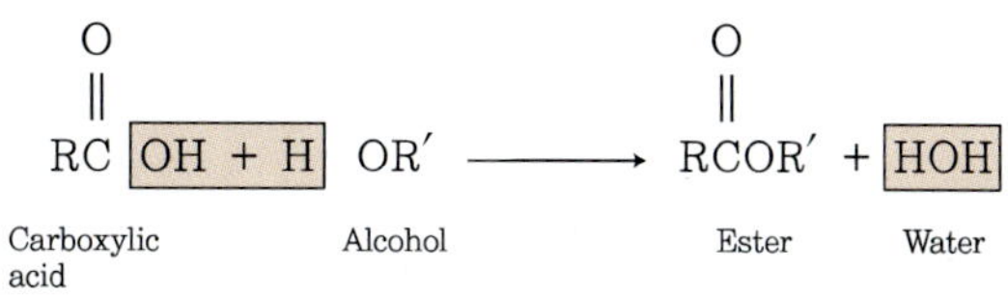

17.6 에스터의 종류와 냄새

시성식	이 름	냄새
$CH_3COOC_2H_5$	아세트산 에틸	사과
$CH_3COOC_5H_{11}$	아세트산 이소아밀	바나나
$C_3H_7COOC_5H_{11}$	부티르산 이소아밀	살구
$C_3H_7COOC_2H_5$	부티르산 에틸	파인애플
$C_4H_9COOC_5H_{11}$	아이소발레르산 아밀	바나나

두 개의 반응분자로부터 물분자가 제거되고 그 결과 하나의 분자를 생성하는 반응의 일반적인 이름을 축합반응(condensation reaction)이라고 한다. 설명한 이런 형태의 반응은 생물학 체계에서 많이 발생하는 화학반응의 하나이다.

에스터는 물에 녹기 어렵지만 탄소화합물을 잘 녹인다. 분자량이 작은 에스터는 휘발성이 크고 방향이 있다.

문제 17.4 다음 반응에서 생성되는 물질은?

$C_2H_5OH \xrightarrow{\text{산화}} (\quad) \xrightarrow{\text{산화}} (\quad)$

문제 17.5 다음 알코올 들의 이름을 쓰고 1차, 2차, 3차 알코올인지 구분하라.

(a) 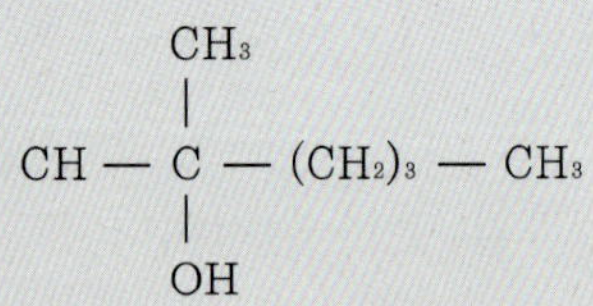

(b) 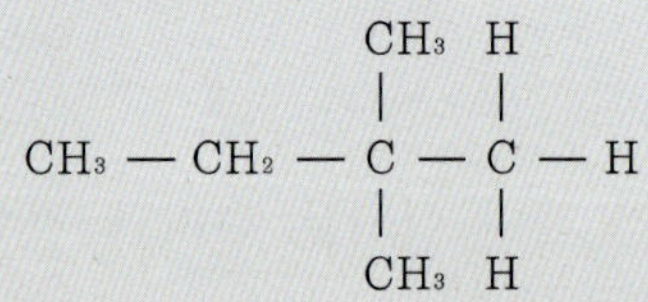

(c) 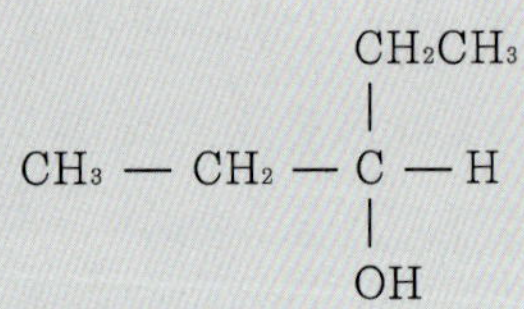

17.5 질소를 포함한 탄소화합물

질소를 포함한 원자단은 나이트로기($-NO_2$)와 아미노기($-NH_2$)가 있다.

(1) 방향족 나이트로화합물

벤젠, 톨루엔, 페놀에 질산과 황산의 혼합물을 나이트로화하여 나이트로벤젠, 트라이나이트로톨루엔(TNT), 피크린산을 얻을 수 있다. 트라이나이트로톨루엔(T.N.T)이나 피크린산은 황색결정으로 화약으로 이용된다.

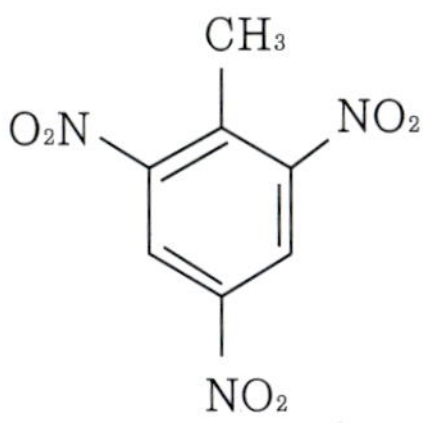

트라이나이트로톨루엔
(trinitro tolune)

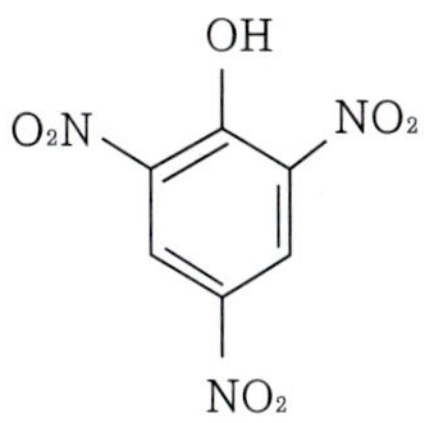

피크린산
(picric aicd)

나이트로벤젠(nitro benzene) : 방향성이 있는 노란색의 액체로서 물에 녹지 않으면 아닐린(aniline)의 제조 원료로 쓰인다.

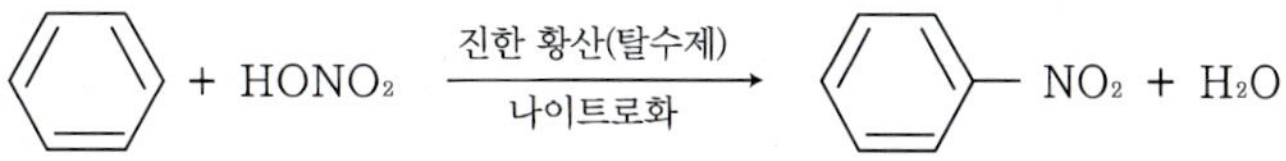

나이트로벤젠

(2) 방향족 아민

방향족 아민은 벤젠고리에 아미노기($-NH_2$)가 붙은 화합물이며 그 중 간단한 것은 아닐린이며 나이트로벤젠을 수소로써 환원하여 만든다.

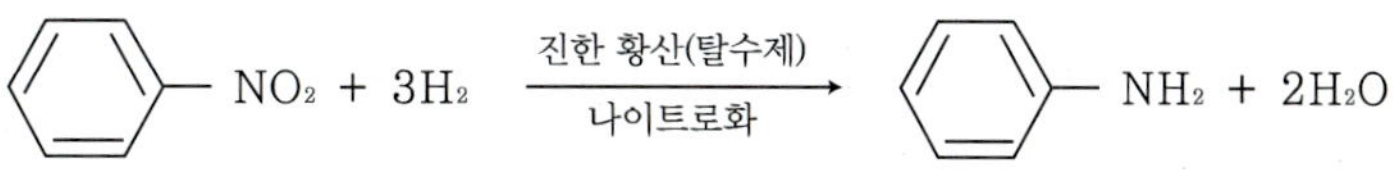

아닐린

아닐린은 기름 모양의 무색액체로서 물에 녹지 않으며 방치하면 갈색으로 된다. 합성염료의 제조원료, 즉 아닐린 염료의 원료이다.

17.6 방향족 화합물

(1) 방향족 탄화수소

벤젠고리를 가지고 있는 화합물을 방향족 화합물이라 하며, 방향족 탄화수소 혹은 그 유도체는 대부분 석탄을 건류하여 얻은 coal tar에서 얻어지나 지금은 석유에서 많이 얻고 있다 (표 17.7).

다수의 방향족 화합물은 이와 같이 간단한 화합물로부터 유도된다. 벤젠과 그 유도체는 안정하며 여러 특성을 가진다.

표 17.7 몇 가지 방향족 화합물들

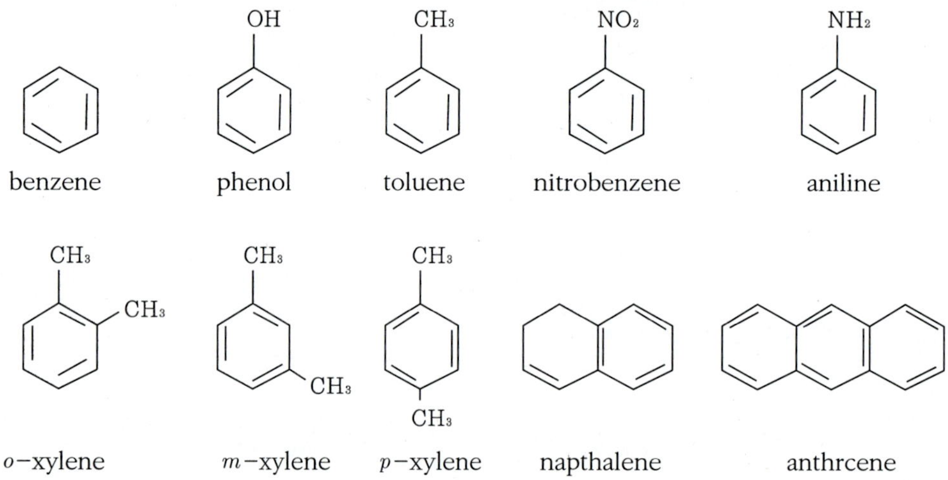

벤젠은 C와 H가 한 평면 내에서 6각형 구조로서 단일결합과 2중결합의 중간 상태를 가지고 있는 **공명혼성체**이다. 따라서 탄소와 탄소간의 거리는 단일결합과 2중결합의 중간이다.

방향족 화합물의 유도체는 벤젠분자의 수소 원자가 다른 원자 또는 원자단으로 치환된 화합물이다.

방향족 화합물은 치환반응과 부가반응을 하는 성질을 가지고 있다.

치환반응

① 클로로화 :

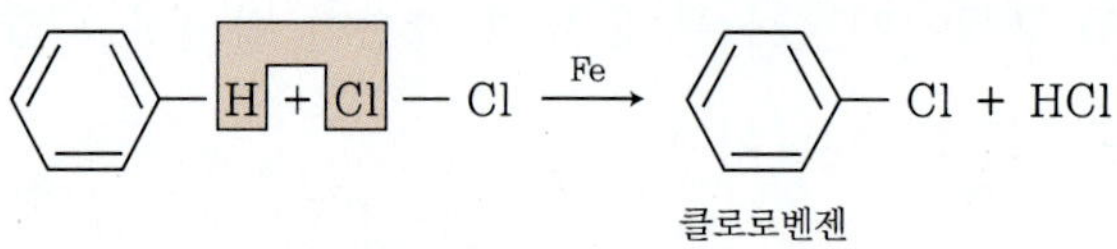

② **나이트로화 :**

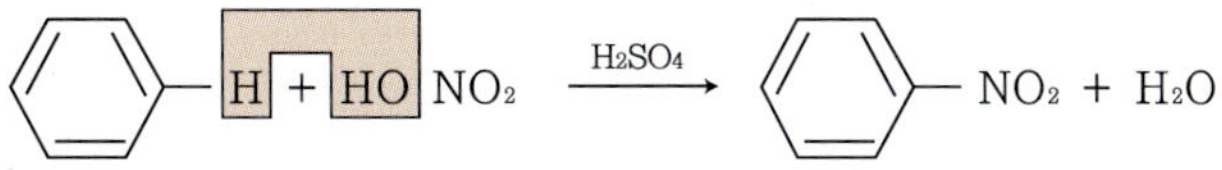

나이트로벤젠

③ **슬폰화 :**

벤젠슬폰산

부가반응

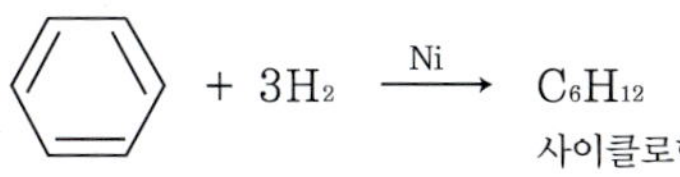

사이클로헥산

B.H.C.(benzene hexachloride)

(2) 페놀

벤젠고리의 수소 원자가 히드록시기로 치환된 화합물로 이온화하여 **약한 산성**을 띤다. 페놀은 방부제로 이용되며, 벤젠슬폰산과 고체 NaOH를 용융반응시켜 나트륨페놀레이트를 만들고 이것을 산으로 분해시켜 페놀을 만든다.

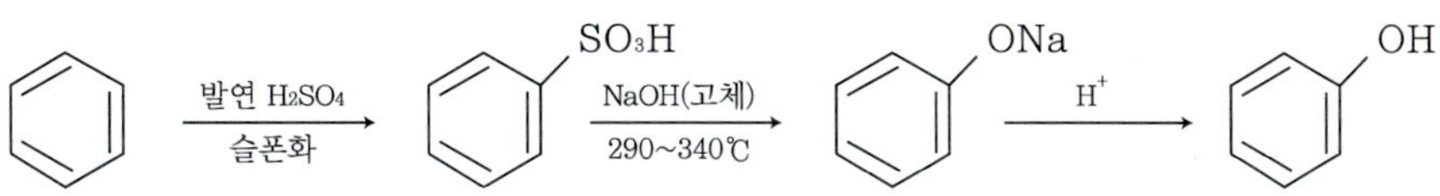

나트륨페놀레이트 페놀(석탄산)

페놀의 수산기는 카복실산과 반응되어 에스터를 생성한다. 벤젠핵에 -OH기가 붙어있는 페놀류는 수용액에 $FeCl_3$ 수용액을 작용시켜주면 보라색~청자색을 띤다. 이와 같은 반응을 **정색반응**이라 한다.

페놀은 자극성 냄새를 가진 무색의 결정이고, 진한 용액은 피부를 부식하며, 묽은 용액은 소독제이다.

크레졸(cresol)에는 $o-$, $m-$, $p-$의 3종의 이성질체가 있으며 소독, 살균제로 이용된다.

표 17.8 중요한 페놀류

명 칭	구조식	융 점	용 도
phenol	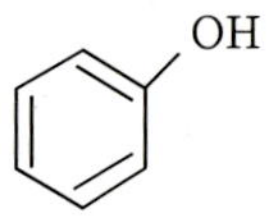	40.8℃	페놀수지(베이클라이트) 의약품, 염료의 원료
o−cresol	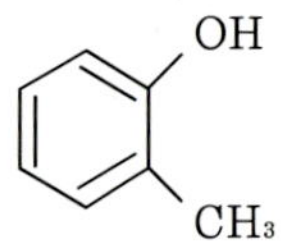	32	방부제
hydroquinone	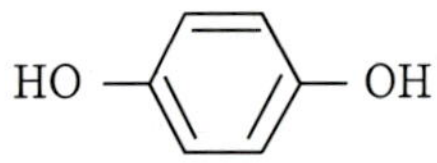	170.3	사진의 현상액, 분석시약
pyrogallol	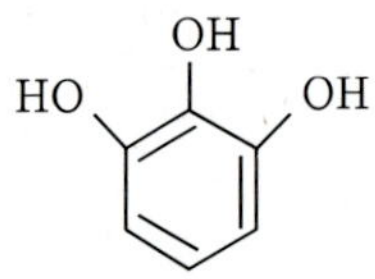	133~134	산소정량, 분석시약

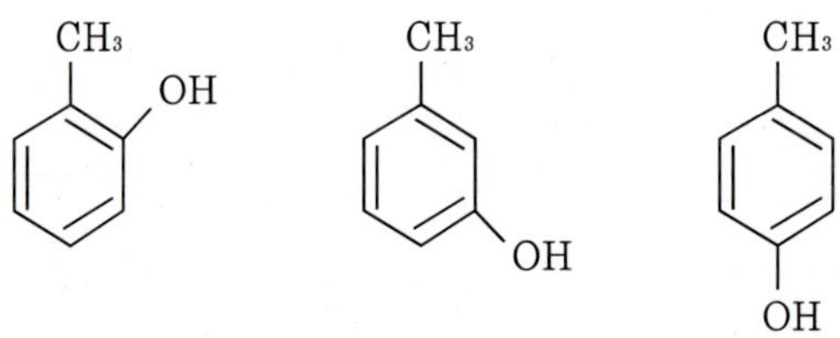

o−　　*m*−　　*p*−

그림 17.6 크레졸의 이성질체

나프톨(naphtol)은 *α*−, *β*−의 두 가지 이성질체를 가지고 있는 무색의 고체이며 β−나프톨은 염료에 사용한다.

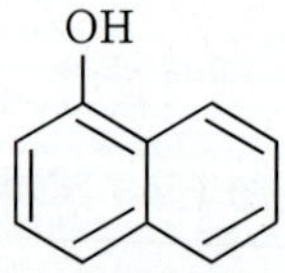

α−나프톨
(m.p. 96.1℃)

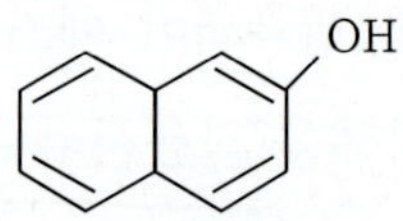

β−나프톨
(m.p. 123℃)

(3) 방향족 카복실산

살리실산(salicylic acid) :

벤젠핵에 $-OH$기와 $-COOH$기가 붙어 있는 화합물로 산성을 나타내며 $FeCl_3$ 수용액과 적자색의 정색반응을 한다. 살리실산은 카복실산이나 알코올과 에스테르화 반응을 한다.

살리실산 / 아세틸 살리실산(아스피린)

살리실산메틸

무색의 결정으로 물에 약간 녹으며 음식물의 방부제, 의약의 원료로 사용된다.

살리실산메틸은 신경통, 류마티스 치료제로 사용되며 아세틸 살리실산은 해열제로 이용된다.

안식향산(benzoic acid) :

톨루엔의 $KMnO_4$로 산화시켜 얻는다. 무색의 승화성 결정이며, 방부제로 이용한다.

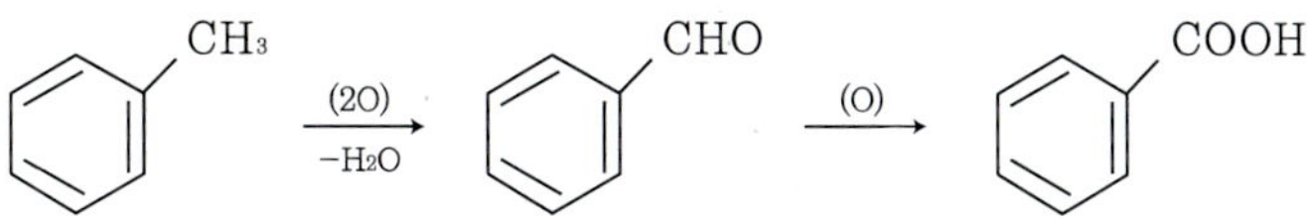

톨루엔 / 벤즈알데히드 / 안식향산

연습문제

17.1 사슬 모양 불포화 탄화수소에는 어떤 것들이 있는가?

17.2 C_5H_{12}와 C_6H_{14}의 구조 이성질체 수는 각각 몇 개인가?

17.3 사이클로 알케인 동족체 중에서 의자 모양과 배 모양의 두 가지 구조가 존재하는 물질을 써라.

17.4 2중결합만이 있는 사슬 모양 불포화 탄화수소 C_5H_8에 있는 2중결합의 수는 몇 개인가?

17.5 CH_3CHO가 산화되면 (　　　　)가 되고 환원되면 (　　　　)가 된다.

17.6 $CH_3CH(OH)CH_3$가 산화하여 생성되는 물질의 화학식을 써라.

17.7 벤젠에 진한 황산과 진한 질산의 혼합액을 반응시킬 때 생성되는 물질은?

17.8 페놀류가 물에 녹았을 때 수용액의 액성을 써라.

17.9 다음 각 항을 정의하여라.

(a) 구조 이성질체(constitutional isomer)
(b) 기하 이성질체(geometrical isomer)
(c) 광학 이성질체(optical isomer)
(d) 폼아린(formalin)
(e) 무수초산(acetic anhydride)
(f) 크레졸(cresol)과 나프톨(naphthol)
(g) 할로젠화(halogenation)
(h) 설폰화(sulfonation)

부 록

1. SI 기본단위
2. SI 유도단위의 명칭과 기호
3. 수를 나타내는 접두사
4. 일반 물리상수
5. 비 SI 단위와 SI 단위와의 관계
6. 단위환산
7. 물의 증기압
8. 원소의 전자 배치

1. SI 기본단위

물리적 양	단 위	기 호
길이	미터	m
질량	킬로그램	kg
시간	초	s
전류	암페어	A
온도	켈빈	K
물질의 양	몰	mol
광도	칸델라	cd

2. SI 유도단위의 명칭과 기호

물리변수	명 칭	기 호	정 의
힘	뉴튼	N	$kg \cdot m \cdot s^{-2}$
압력	파스칼	Pa	$kg \cdot m^{-1} \cdot s^{-2}$ $(= N \cdot m^{-2})$
에너지	주울	J	$kg \cdot m^{2} \cdot s^{-2}$
일률	와트	W	$kg \cdot m^{2} \cdot s^{-3}$ $(= J \cdot s^{-1})$
전기량	쿨롱	C	$A \cdot s$
전위차	볼트	V	$kg \cdot m^{2} \cdot s^{-3} \cdot A^{-1}$ $(= J \cdot A^{-1} \cdot s^{-1})$
전기저항	옴	Ω	$kg \cdot m^{2} \cdot s^{-3} \cdot A^{-2}$ $(= V \cdot A^{-1})$
진동수	헤르쯔	Hz	s^{-1} (cycle per second)

3. 수를 나타내는 접두사

수	접두사	기 호	수	접두사	기 호
10^{-1}	deci	d	10	deka	da
10^{-2}	centi	c	10^{2}	hecto	h
10^{-3}	milli	m	10^{3}	kilo	k
10^{-6}	micro	μ	10^{6}	mega	M
10^{-9}	nano	n	10^{9}	giga	G
10^{-12}	pico	p	10^{12}	tera	T
10^{-15}	femto	f	10^{15}	peta	P
10^{-18}	atto	a	10^{18}	exa	E

4. 일반 물리상수

상　수	기 호	값	SI 단위	CGS 단위
빛의 속도	c	2.9979	$\times 10^{8}$ m·s^{-1}	$\times 10^{10}$ cm·s^{-1}
기본하전량	e	1.6022	10^{-19} C	10^{-20} cm$^{1/2}$·g$^{1/2}$
Avogadro 상수	N_A	6.0220	10^{23} mol^{-1}	10^{23} mol^{-1}
원자질량단위	amu	1.6606	10^{-27} kg	10^{-24} g
전자의 질량	m_e	9.1095	10^{-31} kg	10^{-28} g
양성자의 질량	m_p	1.6726	10^{-27} kg	10^{-24} g
중성자의 질량	m_n	1.6750	10^{-27} kg	10^{-24} g
Planck 상수	h	6.6262	10^{-34} J·s	10^{-27} erg·s
Rydberg 상수	R_∞	1.0974	10^{7} m^{-1}	10^{5} cm^{-1}
기체상수	R	8.3144	10^{0} J·K^{-1}·mol^{-1}	10^{7} erg·K^{-1}·mol^{-1}
기체몰부피(STP)	V_0	2.2414	10^{-2} m^{3}·mol^{-1}	10^{1} l·mol^{-1}

5. 비 SI 단위와 SI 단위와의 관계

물리변수	단위 이름	기호	SI 단위
길　이	inch	in.	2.54×10^{-2} m
길　이	angstrom[a]	Å	1×10^{-10} m
질　량	pound(avoirdupois)	lb	0.45359237 kg
압　력	atmosphere[a]	atm	1.01325×10^{5} Pa
압　력	torr	Torr	(101,325/760) Pa
압　력	millimeter of mercury	mmHg	$13.5951\times980.665\times10^{-2}$ Pa
에너지	British Thermal Unit	Btu	1.055056×10^{3} J
에너지	kilowatt-hour	kWh	3.6×10^{6} J
에너지	calorie	cal	4.184 J
방사능	curie[a]	Ci	3.7×10^{10} S^{-1}
노출량	roentgen[a]	R	2.58×10^{-4} C·kg^{-1}

6. 단위환산

1 m = 39.370 in	1 kg = 2.2045 lb(avoirdupois)
1 in. = 2.54 cm(exact)	1 lb(avoirdupois) = 453.59 g
1 angstrom(Å) = 1×10^{-10} m(exact)	1 oz(avoirdupois) = 28.350 g
1 km = 0.62137 mi	1 atm = 1.01325×10^{5} Pa(exact)
1 m^3 = 1,000 l(exact)	1 atm = 760 mmHg(exact)
1 m^3 = 264.17 gal	1 mmHg = 133.32 Pa
1 m^3 = 35.315 ft^3	1 atm = 14.696 psi
1 dm^3 = 1 l(exact)	1 J = 10^7 ergs(exact)
1 l = 1.0567 qt(U.S.)	1 J = 0.23901 cal
1 gal(U.S.) = 3.7854 l	1 J = 2.7777×10^{-7} kW·hr
1 ft^3 = 28.316 l	1 eV = 1.6022×10^{-19} J
1 ml = 1 cm^3(exact)	1 eV = 3.8293×10^{-20} cal
1 ml = 0.061024 in^3	1 cal = 4.184 J(exact)
1 in^3 = 16.387 ml	1 Btu = 1054.3 J
⊿1℃ = ⊿1.8°F(exact)	1 Btu = 251.98 cal

7. 물의 증기압

온도 (℃)	증기압		온도 (℃)	증기압	
	(mmHg)	(kPa)		(mmHg)	(kPa)
−10	1.95	0.260	33	37.73	5.030
−5	3.01	0.401	34	39.90	5.320
0	4.58	0.611	35	42.18	5.624
5	6.54	0.872	40	55.32	7.375
10	9.21	1.228	45	71.88	9.583
11	9.84	1.312	50	92.51	12.33
12	10.52	1.403	55	118.04	15.74
13	11.23	1.497	60	149.38	19.91
14	11.99	1.599	65	187.54	25.00
15	12.79	1.705	70	233.7	31.16
16	13.63	1.817	75	289.1	38.54
17	14.53	1.937	80	355.1	47.34
18	15.48	2.064	85	433.6	57.81
19	16.48	2.197	90	525.8	70.10
20	17.54	2.338	95	633.9	84.51
21	18.65	2.486	99.0	733.2	97.75
22	19.83	2.644	99.2	738.5	98.46
23	21.07	2.809	99.4	743.9	99.18
24	22.38	2.984	99.6	749.2	99.89
25	23.76	3.168	99.8	754.6	100.6
26	25.21	3.361	100	760.0	101.3
27	26.74	3.565	105	906.1	120.8
28	28.35	3.780	110	1074.6	143.3
29	30.04	4.005	115	1268.0	169.1
30	31.82	4.242	120	1489.1	198.5
31	33.70	4.493	125	1740.9	232.1
32	35.66	4.754	130	2026.2	270.1

8. 원소의 전자배치

Atomic number	Element	Electron configuration
1	H	$1s^1$
2	He	$1s^2$
3	Li	[He] $2s^1$
4	Be	$2s^2$
5	B	$2s^2 2p^1$
6	C	$2s^2 2p^2$
7	N	$2s^2 2p^3$
8	O	$2s^2 2p^4$
9	F	$2s^2 2p^5$
10	Ne	$1s^2 2s^2 2p^6$
11	Na	[Ne] $3s^1$
12	Mg	$3s^2$
13	Al	$3s^2 3p^1$
14	Si	$3s^2 3p^2$
15	P	$3s^2 3p^3$
16	S	$3s^2 3p^4$
17	Cl	$3s^2 3p^5$
18	Ar	$1s^2 2s^2 2p^6 3s^2 3p^6$
19	K	[Ar] $4s^1$
20	Ca	$4s^2$
21	Sc	$3d^1 4s^2$
22	Ti	$3d^2 4s^2$
23	V	$3d^3 4s^2$
24	Cr	$3d^5 4s^1$
25	Mn	$3d^5 4s^2$
26	Fe	$3d^6 4s^2$
27	Co	$3d^7 4s^2$
28	Ni	$3d^8 4s^2$
29	Cu	$3d^{10} 4s^1$
30	Zn	$3d^{10} 4s^2$
31	Ga	$3d^{10} 4s^2 4p^1$
32	Ge	$3d^{10} 4s^2 4p^2$
33	As	$3d^{10} 4s^2 4p^3$
34	Se	$3d^{10} 4s^2 4p^4$
35	Br	$3d^{10} 4s^2 4p^5$
36	Kr	$1s^2 2s^2 2p^6 3s^2 3p^6 3d^{10} 4s^2 4p^6$
37	Rb	[Kr] $5s^1$
38	Sr	$5s^2$
39	Y	$4d^1 5s^2$
40	Zr	$4d^2 5s^2$
41	Nb	$4d^4 5s^1$
42	Mo	$4d^5 5s^1$
43	Tc	$4d^5 5s^2$
44	Ru	$4d^7 5s^1$
45	Rh	$4d^8 5s^1$
46	Pd	$4d^{10}$
47	Ag	$4d^{10} 5s^1$
48	Cd	$4d^{10} 5s^2$
49	In	$4d^{10} 5s^2 5d^1$
50	Sn	$4d^{10} 5s^2 5d^2$
51	Sb	$4d^{10} 5s^2 5d^3$
52	Te	$4d^{10} 5s^2 5d^4$

Atomic number	Element	Electron configuration
53	I	$4d^{10}5s^25d^5$
54	Xe	$1s^22s^22p^63s^23p^63d^{10}4s^24p^54d^{10}5s^25p^6$
55	Cs	[Xe] $6s^1$
56	Ba	$6s^2$
57	La	$5d^16s^2$
58	Ce	$4f^26s^2$
59	Pr	$4f^36s^2$
60	Nd	$4f^46s^2$
61	Pm	$4f^56s^2$
62	Sm	$4f^66s^2$
63	Eu	$4f^76s^2$
64	Gd	$4f^75f^16s^2$
65	Tb	$4f^96s^2$
66	Dy	$4f^{10}6s^2$
67	Ho	$4f^{11}6s^2$
68	Er	$4f^{12}6s^2$
69	Tm	$4f^{13}6s^2$
70	Yb	$4f^{14}6s^2$
71	Lu	$4f^{14}5d^16s^2$
72	Hf	$4f^{14}5d^26s^2$
73	Ta	$4f^{14}5d^36s^2$
74	W	$4f^{14}5d^46s^2$
75	Re	$4f^{14}5d^56s^2$
76	Os	$4f^{14}5d^66s^2$
77	Ir	$4f^{14}5d^76s^2$
78	Pt	$4f^{14}5d^96s^1$
79	Au	$4f^{14}5d^{10}6s^1$
80	Hg	$4f^{14}5d^{10}6s^2$
81	Tl	$4f^{14}5d^{10}6s^26p^1$
82	Pb	$4f^{14}5d^{10}6s^26p^2$
83	Bi	$4f^{14}5d^{10}6s^26p^3$
84	Po	$4f^{14}5d^{10}6s^26p^4$
85	At	$4f^{14}5d^{10}6s^26p^5$
86	Rn	$1s^22s^22p^63s^23p^63d^{10}4s^24p^64d^{10}4f^{14}5s^25p^65d^{10}6s^26p^6$
87	Fr	[Rn] $7s^1$
88	Ra	$7s^2$
89	Ac	$6d^17s^2$
90	Th	$6d^27s^2$
91	Pa	$5f^26d^17s^2$
92	U	$5f^36d^17s^2$
93	Np	$5f^46d^17s^2$
94	Pu	$5d^67s^2$
95	Am	$5d^77s^2$
96	Cm	$5f^76d^17s^2$
97	Bk	$5f^86d^17s^2$
98	Cf	$5f^{10}7s^2$
99	Es	$5f^{11}7s^2$
100	Fm	$5f^{12}7s^2$
101	Md	$5f^{13}7s^2$
102	No	$5f^{14}7s^2$
103	Lr	$5f^{14}6d^17s^2$
104	(Ku)	$5f^{14}6d^27s^2$
105	(Ha)	$5f^{14}6d^37s^2$

참고문헌

1. 일반화학, 일반화학교재편찬회편, 대학서림, 1996.
2. 일반화학실험, 신광문화사, 2002.
3. 신 대기오염개론, 대학서림, 1995.
4. 신 환경위생학, 대학서림, 1995.
5. 대학화학교재편찬회편, 일반화학, 지구문화사, 1990.
6. 대학교재편찬위원회, 대학기초화학, 자유아카데미, 1992.
7. 환경화학, 문지사, 1996.
8. 일반화학, 보건교육연구회편, 보문서원, 2004.

찾아보기

ㅈ

ㅊ

ㅋ

ㅌ

ㅍ

ㅎ

INDEX

일반화학

1995년 11월 20일 초판 발행
1996년 12월 20일 개정 2판 발행
2001년 2월 26일 개정 2판 2쇄 발행
2004년 2월 26일 개정 3판 발행
2010년 2월 12일 전면개정 4판 발행
2012년 2월 10일 개정 5판 발행
2013년 2월 25일 개정 5판 2쇄 발행
2014년 3월 13일 개정 5판 3쇄 발행
2019년 2월 22일 개정 6판 발행

펴낸이 일반화학교재편집위원회
발행인 윤 진 영
발행처 도서출판 대학서림

03076
서울특별시 종로구 혜화로2길 8
전 화 (02)745-1220, 763-1220
팩 스 (02)744-1210
등록번호 제1-0088호

정 가 20,000 원

ISBN 978-89-6940-192-2 93430